AM OUTFITTING EQUIPMENT 실습

(Aveva Marine 12.1.SP3)

이 창 근 저

머 리 말

지난 10년 동안 Tribon 프로그램 및 AVEVA Marine 프로그램을 학생들에게 강의를 하였다. 본 책은 의장설계의 기본인 OUTFITTING EQUIPMENT에 대한 실습으로 EQUIPMENT MODELLING에 중급자 수준의 실습예제들을 다루고 있다. 본 책은 OUTFITTING EQUIPMENT MODELLING 강의를 듣고 기본 OUTFITTING EQUIPMENT MODELLING을 익힌 학생들이 실습 예제들을 통하여 실무능력을 배양하고 스스로 실습할 수 있도록 EQUIPMENT들을 다루고 있다. 또한 본 책은 저자가 강단에서 조선설계 프로그램인 AVEVA Marine으로 의장설계를 강의할 때 교재로 사용하도록 집필하였다. 그러므로 본 책은 강의에서 배운 것을 활용할 수 있는 학생들이 보는 것이 바람직하다고 생각한다.

마지막으로 본 책의 출판을 위하여 적극적으로 후원하여 주신 컴원미디어 출판사 홍정표 사장님과 직원 여러분께 감사를 드립니다.

2017. 12. 저자

차례 C•o•n•t•e•n•t•s

1장 : EQUIPMENT MODELLING 실습 I

2장 : EQUIPMENT MODELLING 실습 II

3장 : EQUIPMENT MODELLING 실습 Ⅲ

4장 : EQUIPMENT MODELLING 실습 Ⅳ

1장 EQUIPMENT MODELLING 실습 I

1-1. EQUIPMENT 예제-1

다음 EQUIPMENT을 모델링한다.

Site : MY-EQUI-SITE-01
Zone : MY-EQUI-ZONE-02
Equi : MY-EQUI-1_1

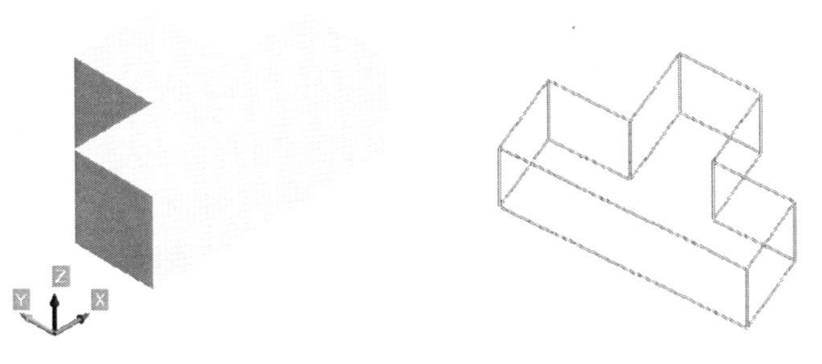

그림 1-1-1: Equipment

1. Extrusion을 선택한다.

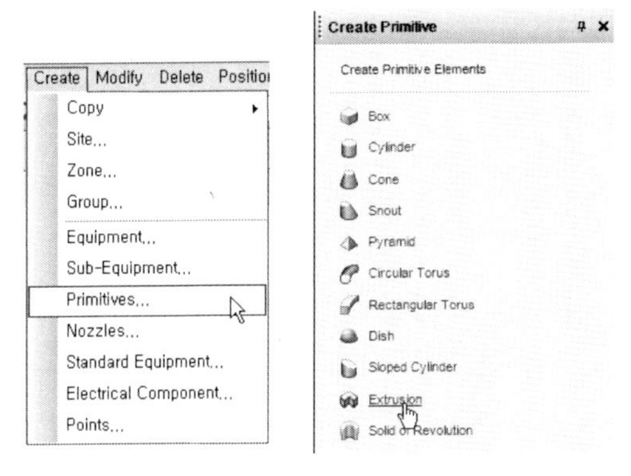

그림 1-1-2: Extrusion

2. Define Vertex에서 X 300 Y 600 Z 0을 입력하고 Apply를 선택한다.

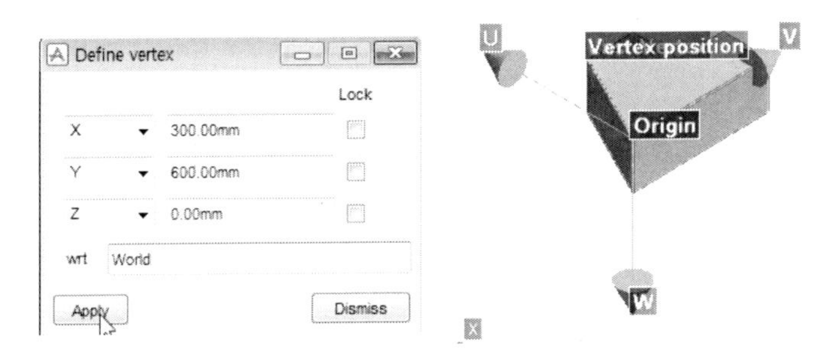

그림 1-1-3: Define Vertex

3. Define Vertex에서 X 0 Y 300 Z 0을 입력하고 Apply를 선택한다.

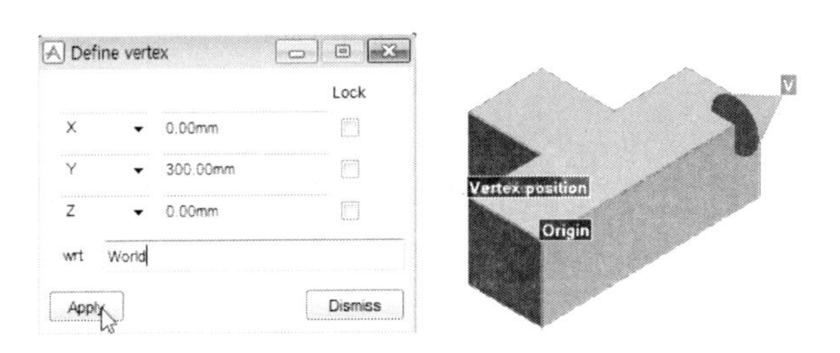

그림 1-1-4: Define Vertex

4. Define Vertex에서 dismiss를 선택한다. Create Extrusion에서 OK를 선택한다.

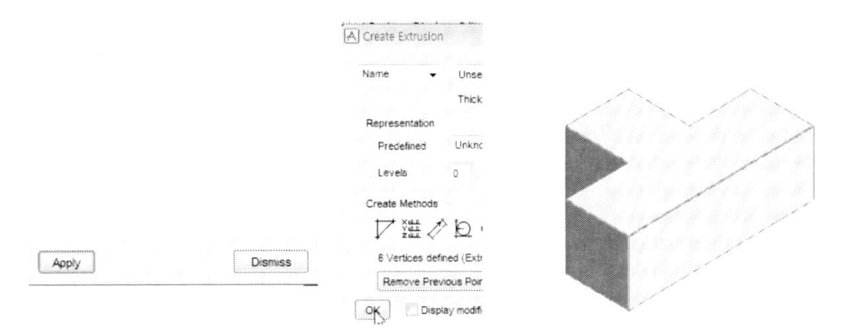

그림 1-1-5: Define Vertex

5. IOS 3을 선택한다. Design Explore에서 EXTR 1을 선택하고 Attribute를 선택한다.

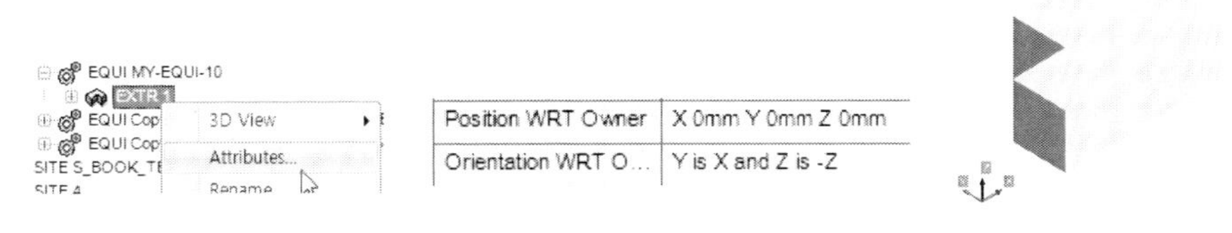

그림 1-1-6: Attribute

6. Orientation Y is X and Z is -Z를 확인한다. Orientation Y is X and Z is Z을 입력한다.

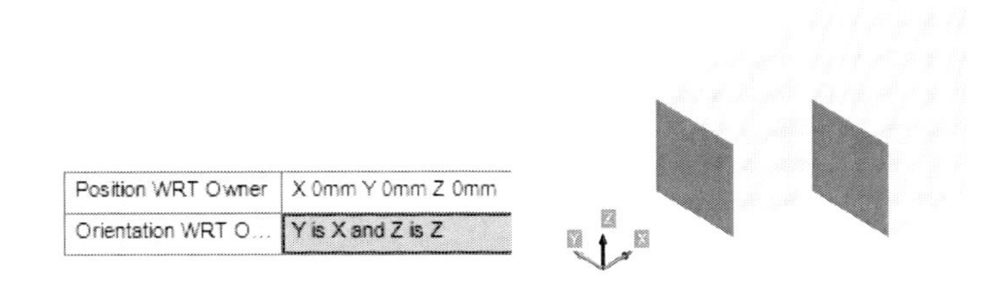

그림 1-1-7: Orientation

7. Orientation WRT에서 Y is -X and Z is Z를 입력한다.

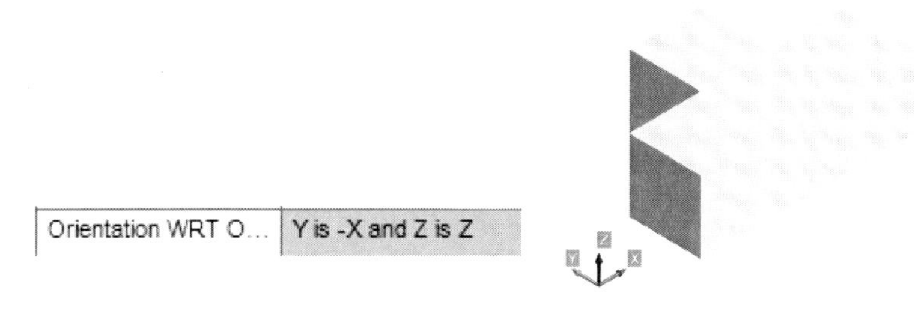

그림 1-1-8: Orientation WRT

8. Orientation WRT에서 Y is Y and Z is Z를 입력한다.

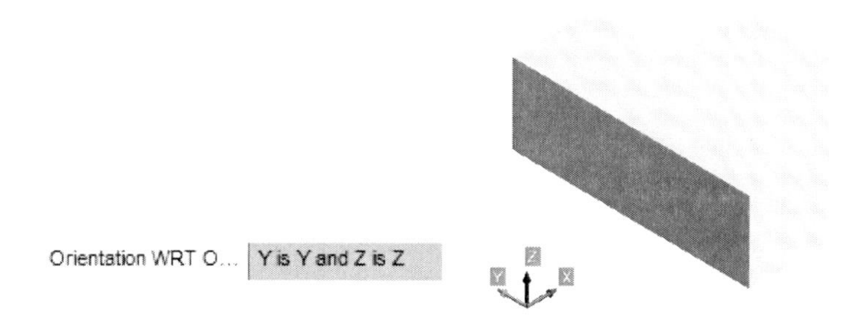

그림 1-1-9: Orientation WRT

9. Orientation WRT에서 Y is -Y and Z is Z를 입력한다.

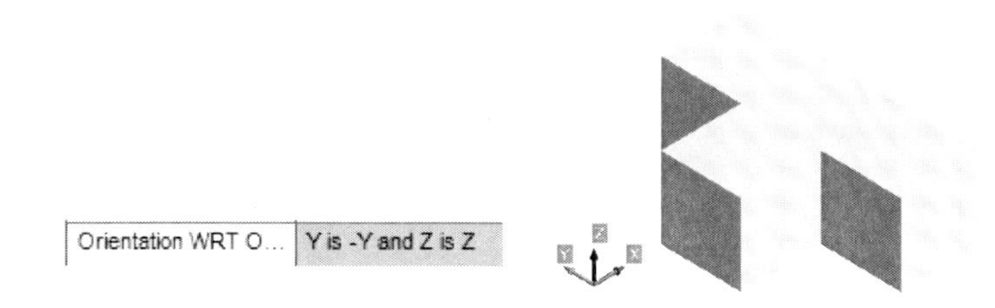

그림 1-1-10: Orientation WRT

10. Orientation WRT에서 Y is -Y and Z is X를 입력한다.

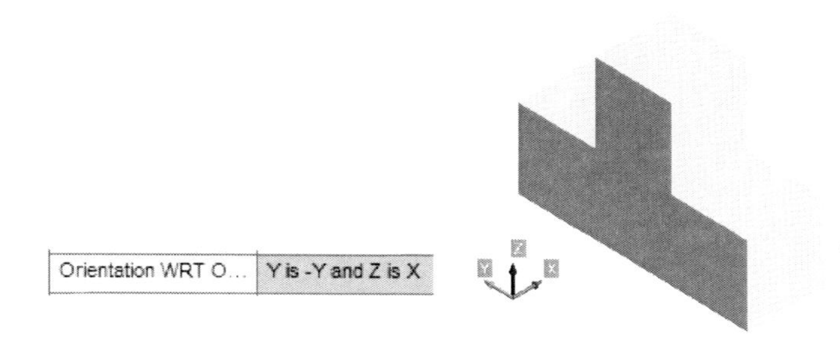

그림 1-1-11: Orientation WRT

11. Orientation WRT에서 Y is -Y and Z is -X를 입력한다.

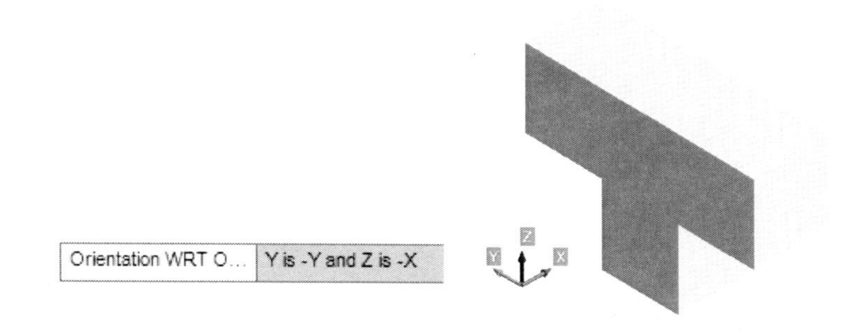

그림 1-1-12: Orientation WRT

1-2. EQUIPMENT 예제-2

다음 EQUIPMENT을 모델링한다.

Site : MY-EQUI-SITE-01
Zone : MY-EQUI-ZONE-01
Equi : MY-EQUI-1_2

Cylinder Dia 6000 Height 200 POS X 4000 Y 0 Z 0,
Cylinder Dia 6000 Height 200 POS X -4000 Y 0 Z 0

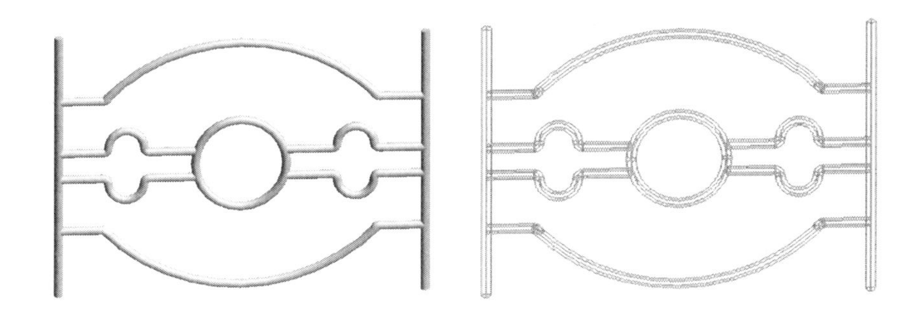

그림 1-2-1: Equipment

1. 실린더를 선택한다.

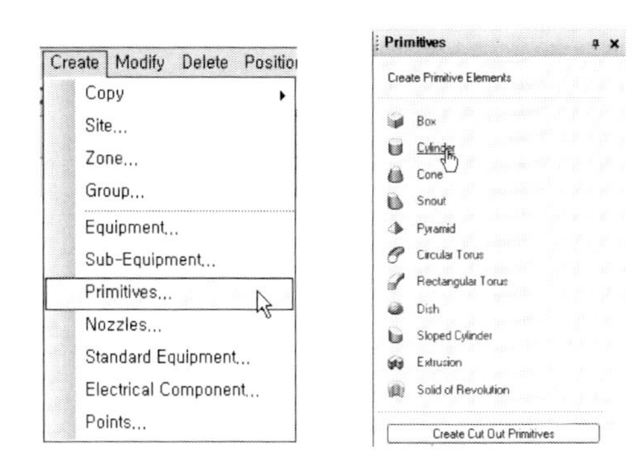

그림 1-2-2: Cylinder

2. 높이 6000과 지름 200을 입력하고 Create를 클릭한다. Position에 X 4000, Y 0, Z 0을 입력한다. Next를 선택한다.

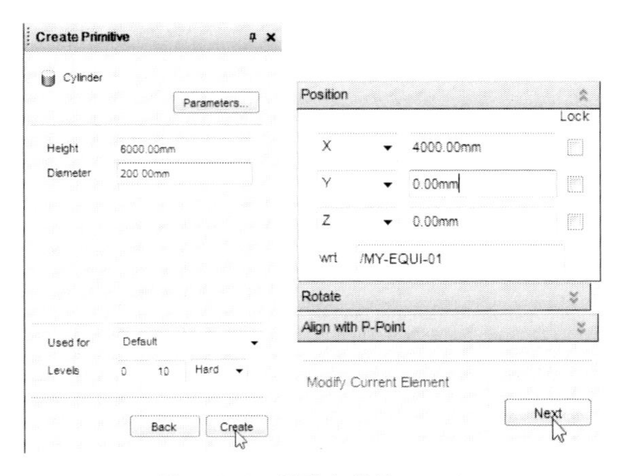

그림 1-2-3: 실린더 생성 Position

3. ISO 3을 선택한다.

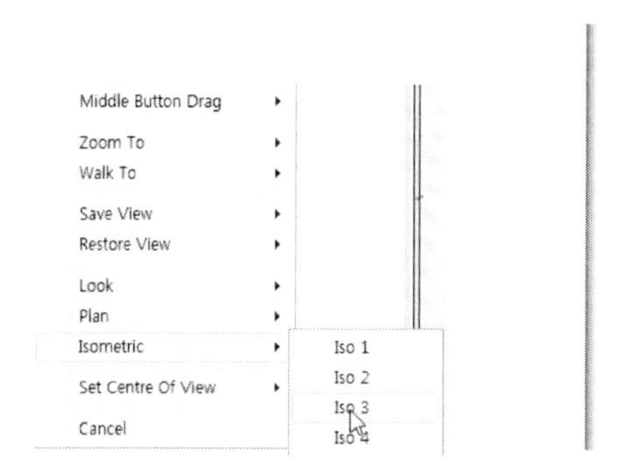

그림 1-2-4: ISO 3

4. 실린더를 복사하고 Position에 X -4000, Y 0, Z 0을 입력한다. Next를 선택한다.

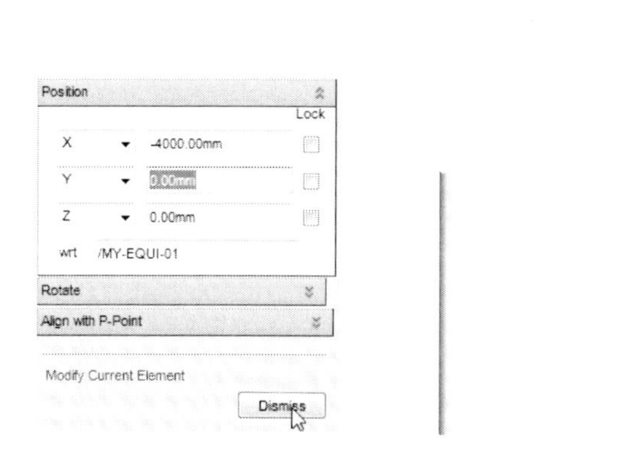

그림 1-2-5: Position

5. Primitives에서 Circular Torus를 선택한다. Inside radius에 900, Outside Radius에 1100을 입력하고 Angle에 180을 입력하고 Create를 선택한다.

그림 1-2-6: Circular Torus

6. Rotate에 Angle 90 Direction About U를 선택하고 Apply Rotation을 선택한다. Next를 선택한다.

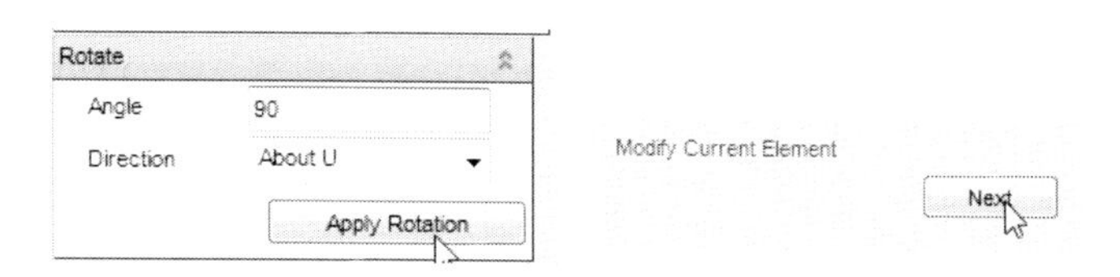

그림 1-2-7: Rotate

7. CTOR 1를 선택하고 메뉴에서 Create ➡ Copy ➡ Mirror를 선택한다. Mirror 창에서 Direction -Z를 입력하고 Apply를 선택한다.

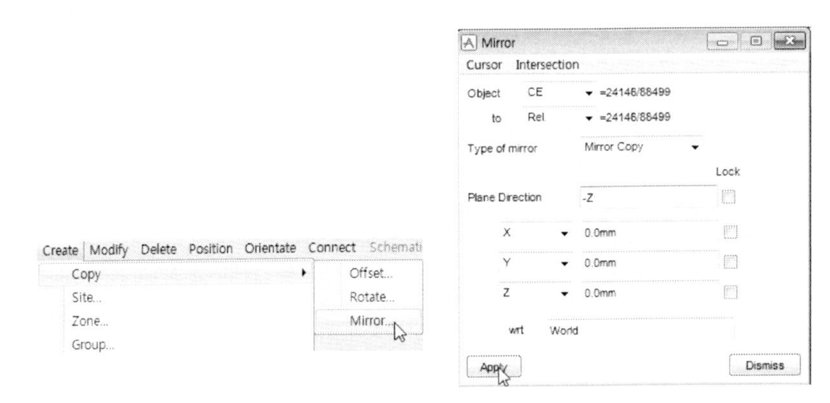

그림 1-2-8: Mirror

8. Confirm 창에서 Yes를 선택한다. Mirror 창에서 Dismiss를 선택한다.

그림 1-2-9: Confirm

9. 실린더를 선택한다. 높이 1000과 지름 200을 입력하고 Create를 클릭한다. Rotate에 Angle 90 Direction About V를 선택하고 Apply Rotation을 선택한다.

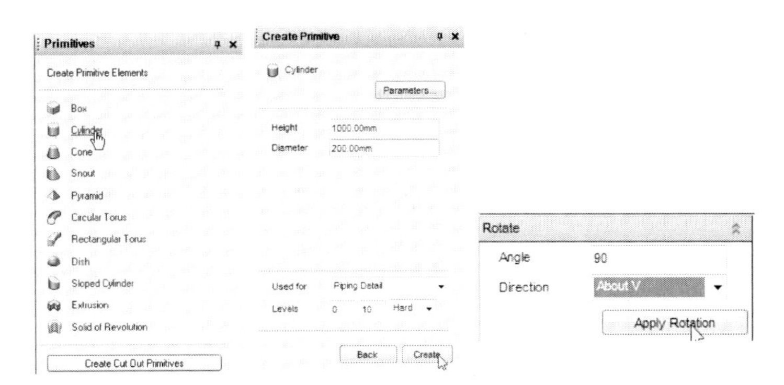

그림 1-2-10: Cylinder

10. Position에 X 1500, Y 0, Z 300을 입력한다. Next를 선택한다.

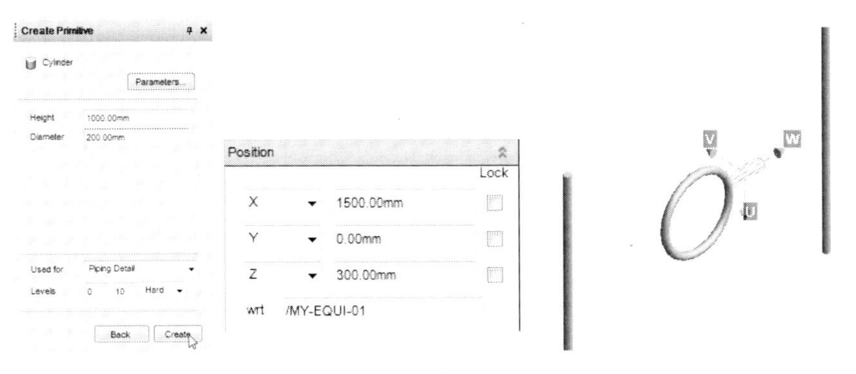

그림 1-2-11: Position

11. CYLI3을 복사하고 Modify 메뉴에서 Position에 X 3500, Y 0, Z 300을 입력한다. dismiss를 선택한다.

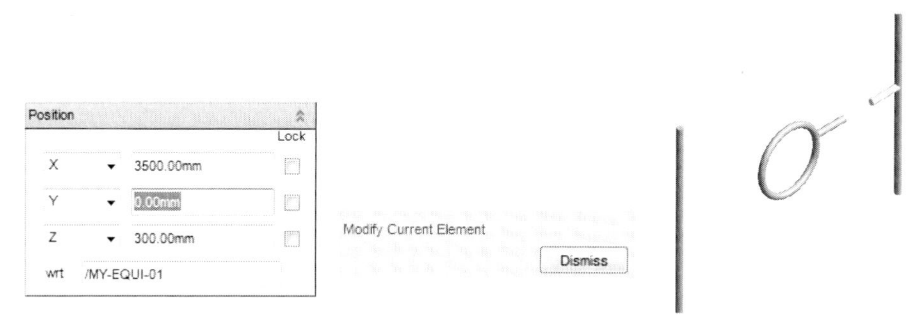

그림 1-2-12: Modify

12. Primitives에서 Circular Torus를 선택한다. Inside radius에 0, Outside Radius에 200을 입력하고 Angle에 90을 입력하고 Create를 선택한다.

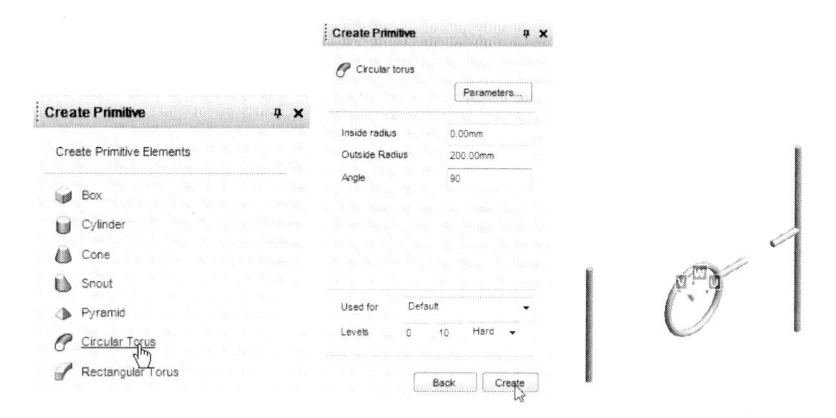

그림 1-2-13: Circular Torus

13. CTOR 3을 복사하고 Modify 메뉴에서 Position에 X 2000, Y 0, Z 400을 입력한다. Rotate에 Angle 90 Direction About U를 선택하고 두 번 Apply Rotation을 선택한다.

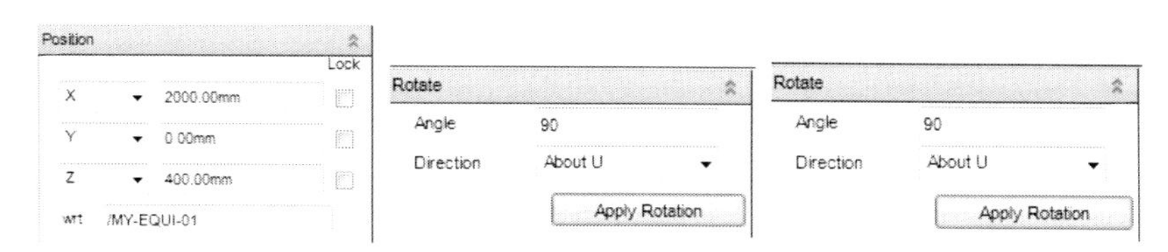

그림 1-2-14: Rotate

14. dismiss를 선택한다.

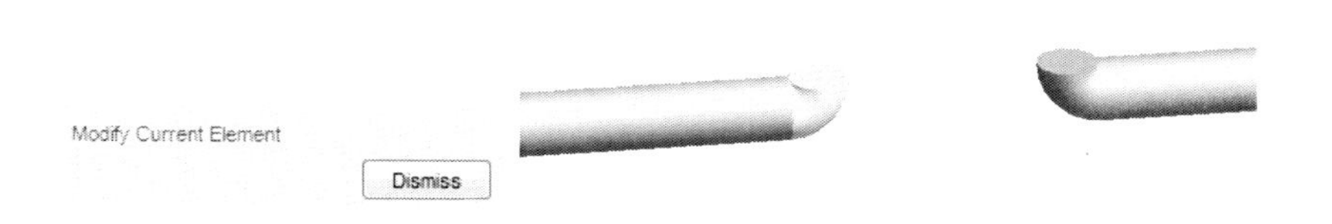

그림 1-2-15: Dismiss

15. Primitives에서 Circular Torus를 선택한다. Inside radius에 300, Outside Radius에 500을 입력하고 Angle에 180을 입력하고 Create를 선택한다.

그림 1-2-16: Circular Torus

16. Position에 X 2500, Y 0, Z 400을 입력한다. Rotate에 Angle -90 Direction About U를 선택하고 3번 Apply Rotation을 선택한다. Next를 선택한다.

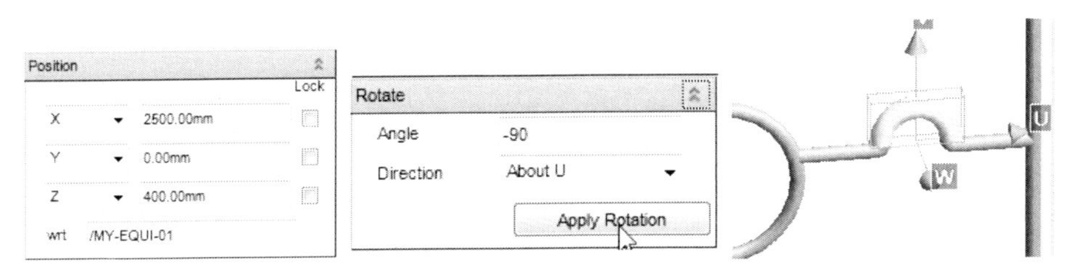

그림 1-2-17: Position

17. CYLI 3을 선택하고 메뉴에서 Create ➡ Copy ➡ Mirror를 선택한다. Mirror 창에서 Direction Z를 입력하고 Apply를 선택한다. dismiss를 선택한다.

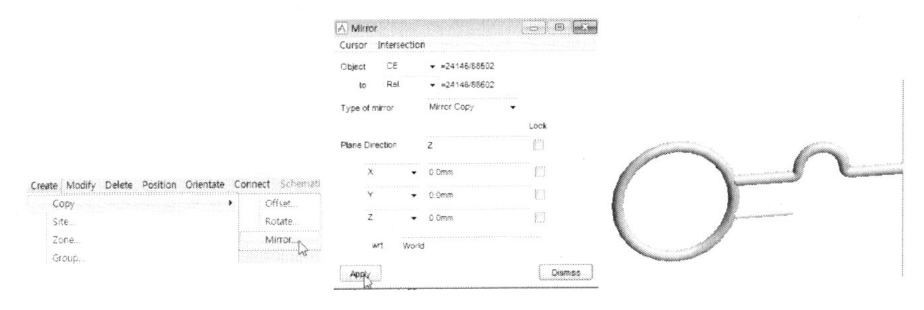

그림 1-2-18: Mirror

18. 같은 방법으로 CYLI 5을 선택하고 Z축으로 Mirror한다.

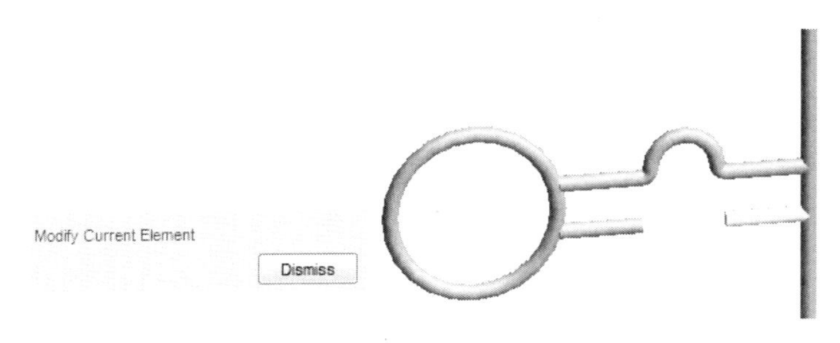

그림 1-2-19: Mirror

19. CTOR 3, CTOR 4, CTOR 5를 Z축으로 Mirror한다.

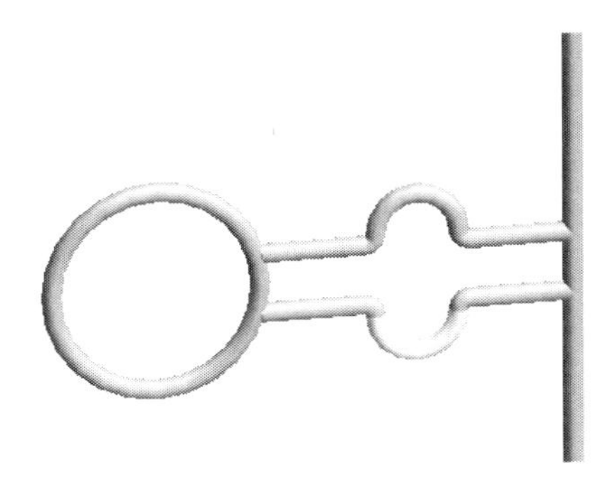

그림 1-2-20: Mirror

20. CYLI 5을 선택하고 X축으로 Mirror한다.

그림 1-2-21: Mirror

21. 같은 방법으로 CYLI 7을 선택하고 X축으로 Mirror한다.

그림 1-2-22: Mirror

22. 계속하여 CTOR 3, CTOR 4, CTOR 5, CTOR 6, CTOR 7, CTOR 8을 X축으로 Mirror한다.

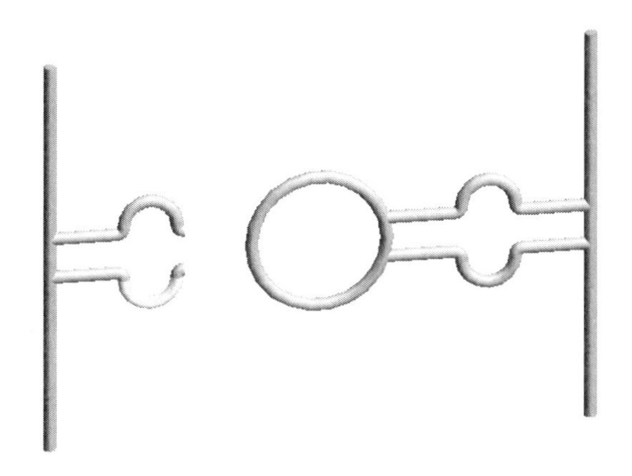

그림 1-2-23: Mirror

23. CYLI 3, CYLI 4을 선택하고 X축으로 Mirror한다.

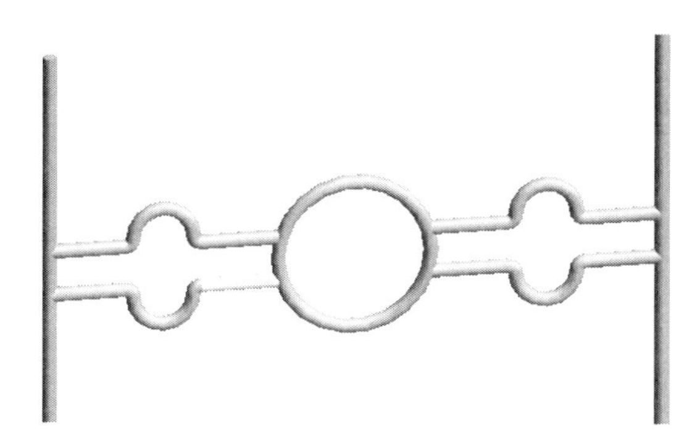

그림 1-2-24: Mirror

24. 실린더를 선택한다. 높이 1000과 지름 200을 입력하고 Create를 클릭한다. Rotate에 Angle 90 Direction About V를 선택하고 Apply Rotation을 선택한다.

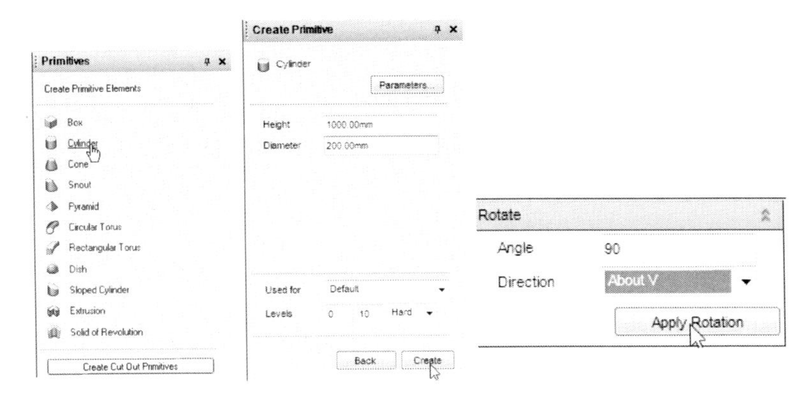

그림 1-2-25: Cylinder

25. Position에 X 3500, Y 0, Z 1500을 입력한다. Next를 선택한다.

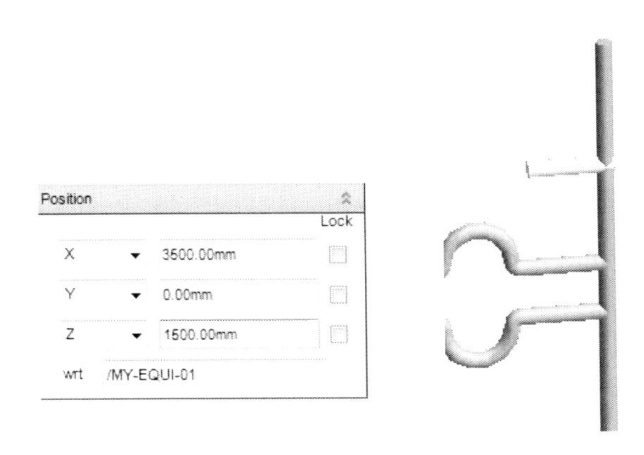

그림 1-2-26: Position

26. Circular Torus를 선택한다. Inside radius에 0, Outside Radius에 200을 입력하고 Angle에 90을 입력하고 Create를 선택한다.

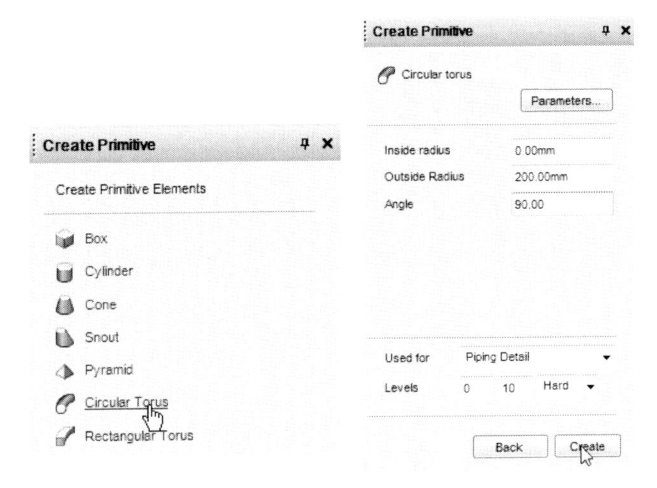

그림 1-2-27: Circular Torus

27. Rotate에 Angle -90 Direction About U를 선택하고 Apply Rotation을 선택한다.

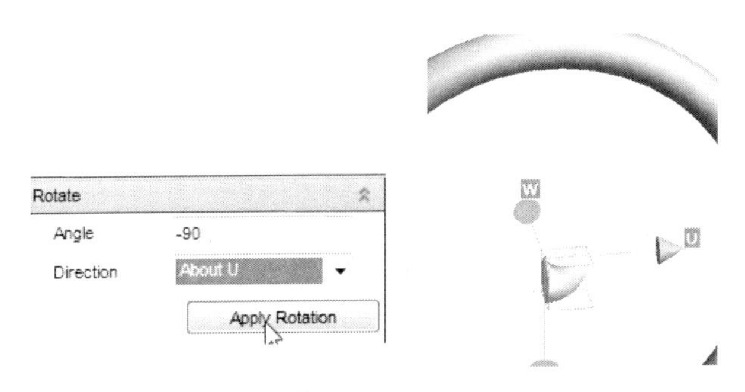

그림 1-2-28: Rotate

28. Rotate에 Angle 90 Direction About W를 선택하고 Apply Rotation을 선택한다.

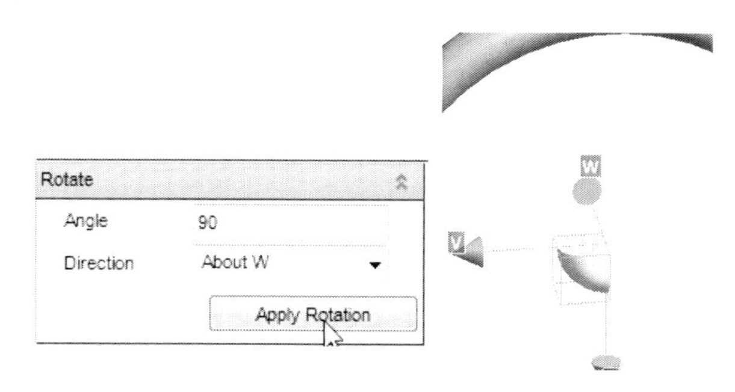

그림 1-2-29: Rotate

29. Position에 X 3000, Y 0, Z 1600을 입력한다. Next를 선택한다.

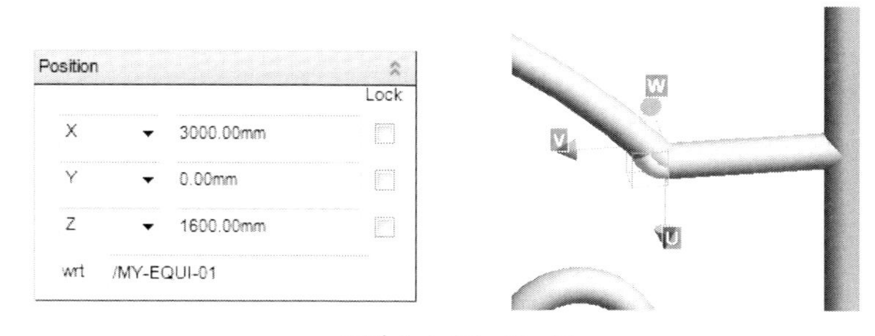

그림 1-2-30: Position

30. CTOR 11를 선택하고 메뉴에서 Create ➡ Copy ➡ Mirror를 선택한다. Mirror 창에서 Direction X를 입력하고 Apply를 선택한다.

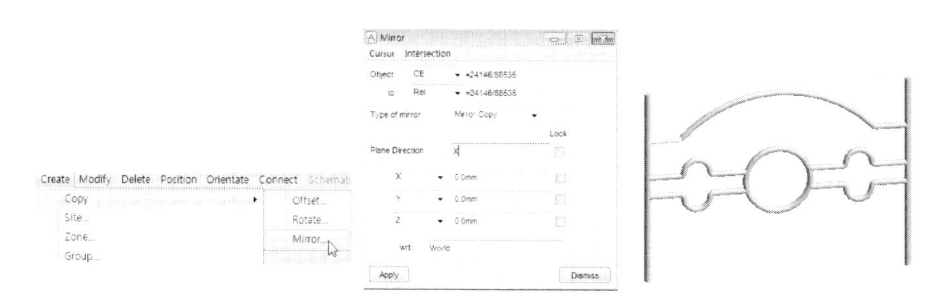

그림 1-2-31: Mirror

31. 같은 방법으로 CYLI 16을 선택하고 X축으로 Mirror한다.

그림 1-2-32: Mirror

32. 계속하여 CYLI 3, CYLI 11을 Z축으로 Mirror한다. CTOR 15, CTOR 16, CTOR 17을 Z축으로 Mirror한다.

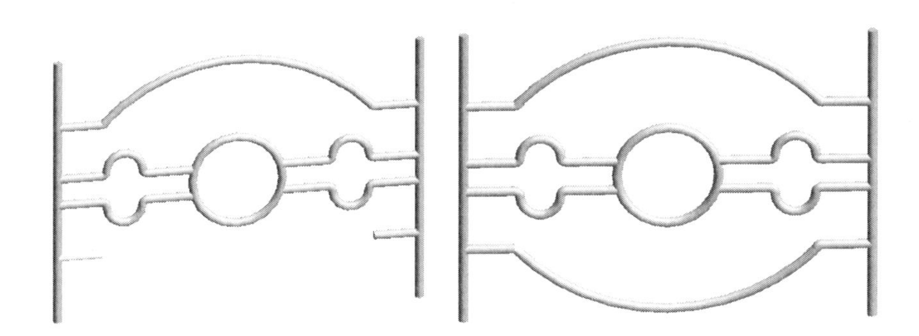

그림 1-2-33: Mirror

1-3. EQUIPMENT 예제-3

다음 EQUIPMENT을 모델링한다.

Site : MY-EQUI-SITE-01
Zone : MY-EQUI-ZONE-01
Equi : MY-EQUI-1_3

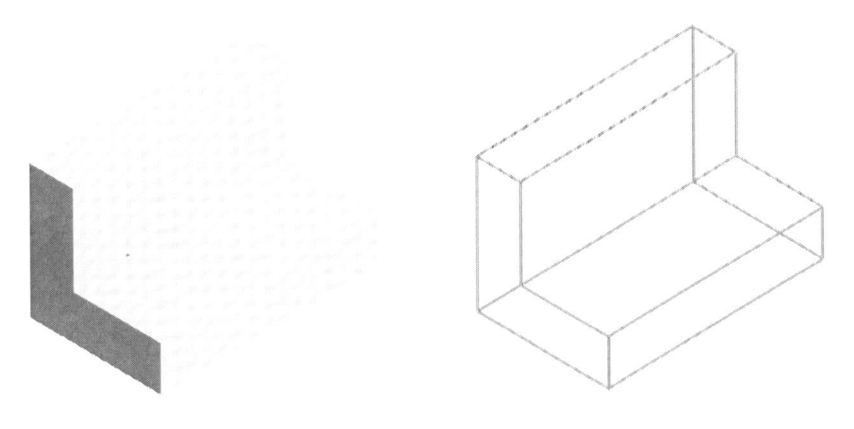

그림 1-3-1: Equipment

1. Extrusion을 선택한다.

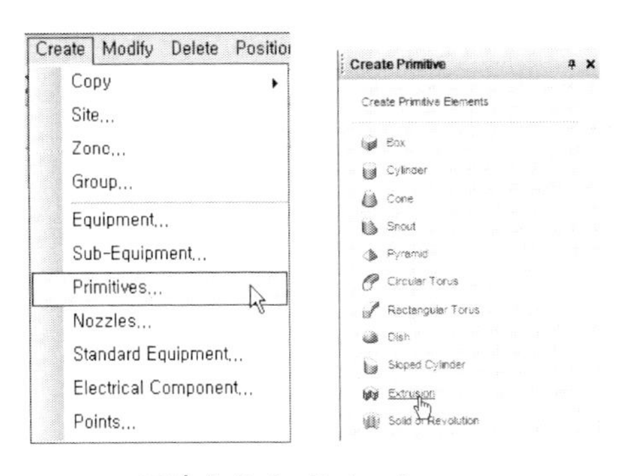

그림 1-3-2: Extrusion

2. Define Vertex에서 X -20 Y 20 Z 0을 입력하고 Apply를 선택한다.

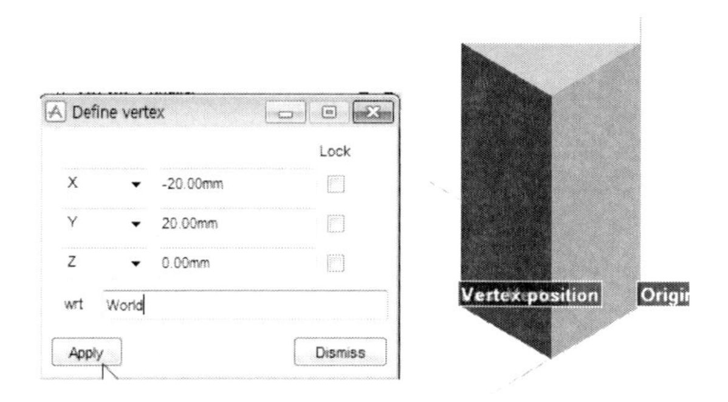

그림 1-3-3: Define Vertex

3. Define Vertex에서 X -30 Y 20 Z 0을 입력하고 Apply를 선택한다.

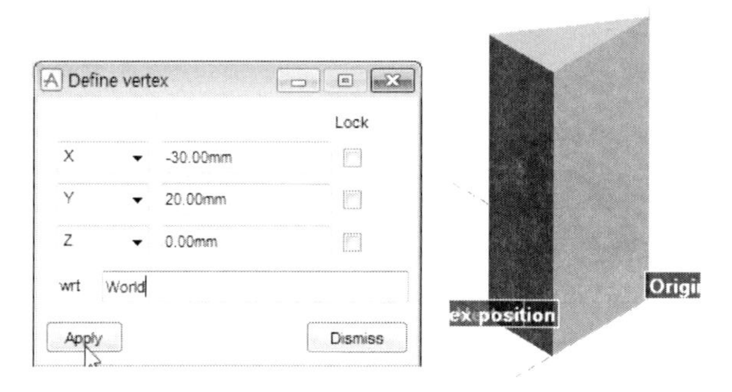

그림 1-3-4: Define Vertex

4. Define Vertex에서 X 0 Y -10 Z 0을 입력하고 Apply를 선택한다.

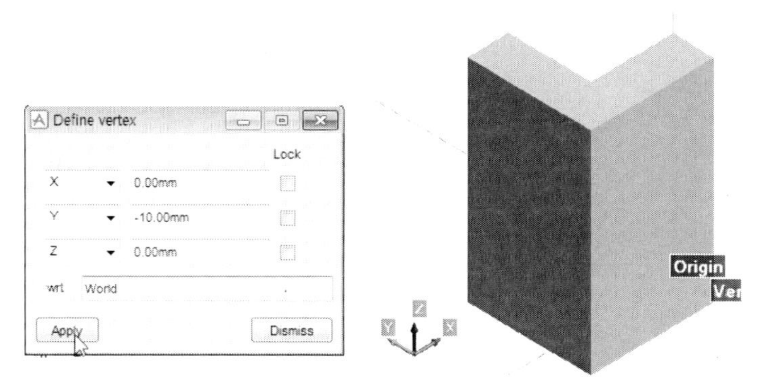

그림 1-3-5: Define Vertex

5. Define Vertex에서 dismiss를 선택한다. Create Extrusion에서 OK를 선택한다.

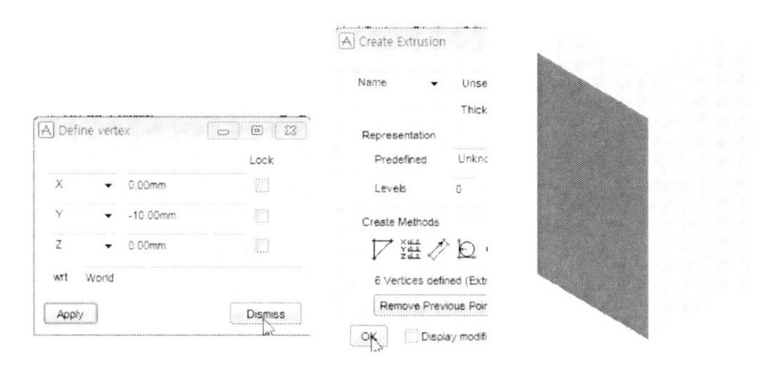

그림 1-3-6: Dismiss

6. Attribute Orientation WRT에서 Y is Z and Z is -Y를 입력한다.

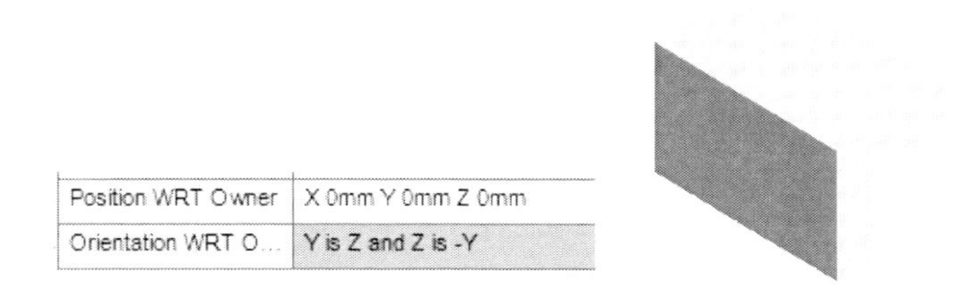

Position WRT Owner	X 0mm Y 0mm Z 0mm
Orientation WRT O...	Y is Z and Z is -Y

그림 1-3-7: Orientation WRT

7. Attribute Orientation WRT에서 Y is Y and Z is -Z를 입력한다.

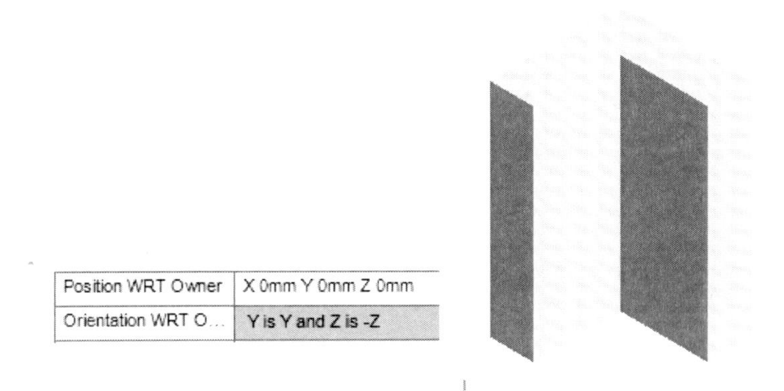

그림 1-3-8: Orientation WRT

8. Attribute Orientation WRT에서 Y is Y and Z is -X를 입력한다.

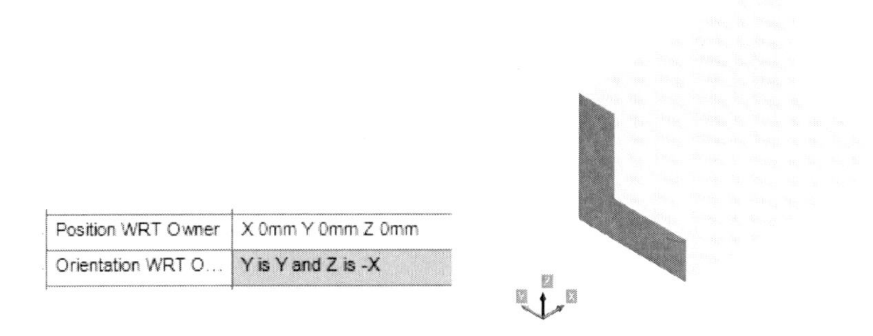

그림 1-3-9: Orientation WRT

1-4. EQUIPMENT 예제-4

다음 EQUIPMENT을 모델링한다.

Site : MY-EQUI-SITE-01

Zone : MY-EQUI-ZONE-01

Equi : MY-EQUI-1_4

BOX X Length 75 Y Length 5 Z Length 10

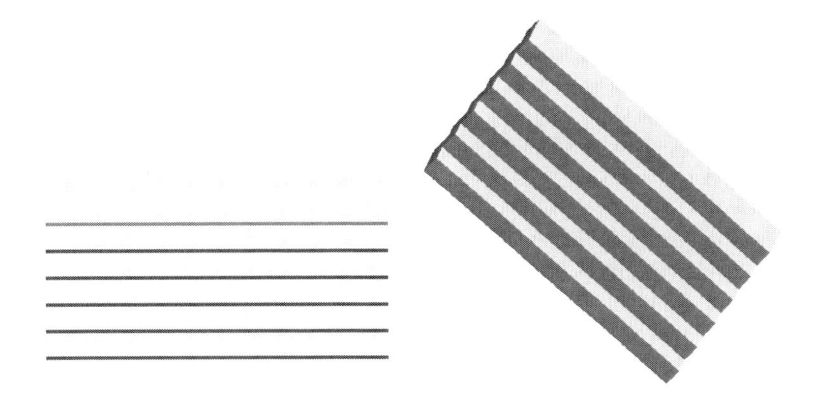

그림 1-4-1: Equipment

1. X 75, Y 5, Z 10 Box를 생성한다. ISO 3을 선택한다.

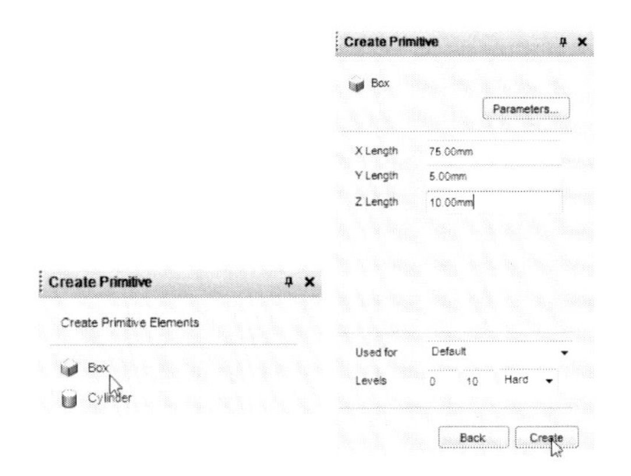

그림 1-4-2: Box

2. Attribute Orientation WRT에서 Y is Z and Z is -Y를 입력한다.

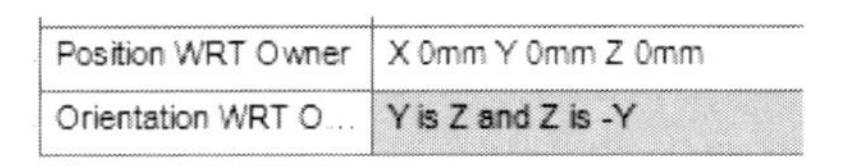

Position WRT Owner	X 0mm Y 0mm Z 0mm
Orientation WRT O...	Y is Z and Z is -Y

그림 1-4-3: Orientation WRT

3. Attribute Orientation WRT에서 Y is X 45 -Y and Z is X 45 Y를 입력한다.

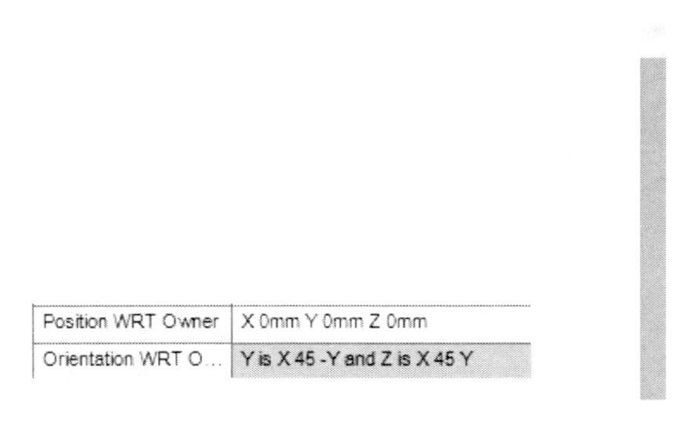

Position WRT Owner	X 0mm Y 0mm Z 0mm
Orientation WRT O...	Y is X 45 -Y and Z is X 45 Y

그림 1-4-4: Orientation WRT

4. 메뉴에서 Create ➡ Copy ➡ Offset를 선택한다. Number of copies 5, Offset Z 7을 입력한다. Apply를 선택한다.

그림 1-4-5: Offset

5. Retain created copies에서 yes를 선택한다. Dismiss를 선택한다.

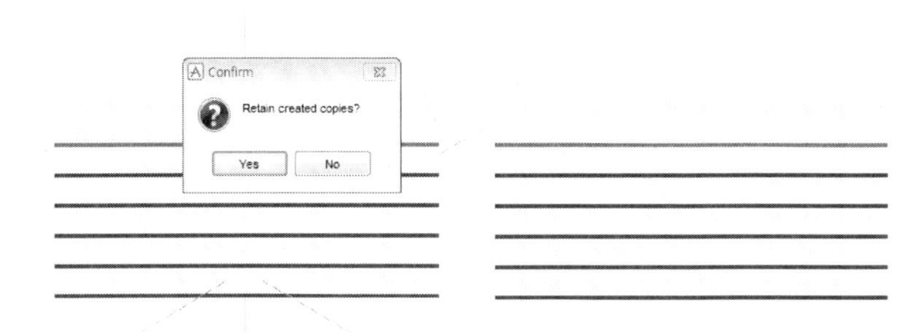

그림 1-4-6: Retain

6. Design Explore에서 Equipment를 선택한다. Attribute Orientation WRT 에서 Y is Y and Z is X 30 Z 를 입력한다.

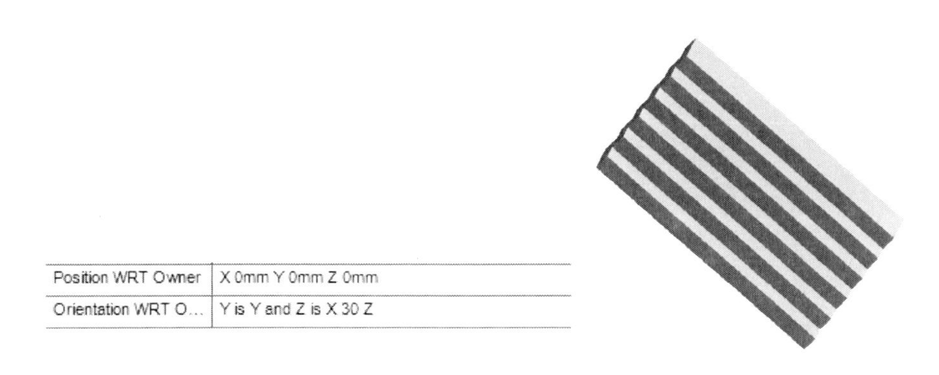

그림 1-4-7: Orientation WRT

1-5. EQUIPMENT 예제-5

다음 EQUIPMENT을 모델링한다.

Site : MY-EQUI-SITE-01
Zone : MY-EQUI-ZONE-01
Equi : MY-EQUI-1_5

BOX X Length 75 Y Length 5 Z Length 10
BOX X Length 300 Y Length 50 Z Length 150

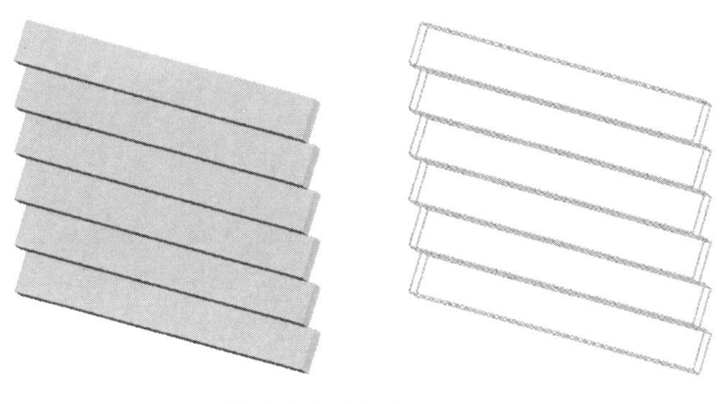

그림 1-5-1: Equipment

1. X 75, Y 5, Z 10 Box를 생성한다. ISO 3을 선택한다.

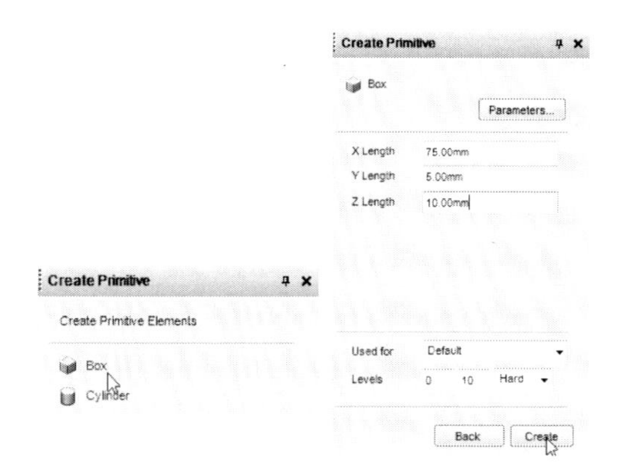

그림 1-5-2: Box

2. 메뉴에서 Create ➡ Copy ➡ Offset를 선택한다. Number of copies 5, Offset Z -13을 입력한다. Apply를 선택한다.

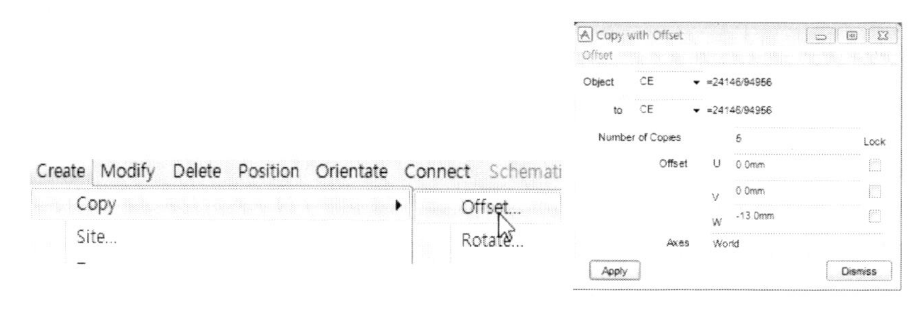

그림 1-5-3: Offset

3. Retain created copies에서 yes를 선택한다. Dismiss를 선택한다.

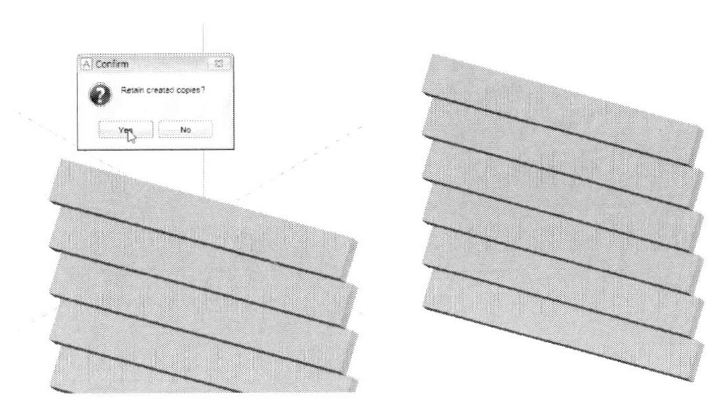

그림 1-5-4: Retain

4. X 300, Y 50, Z 150 Box를 생성한다.

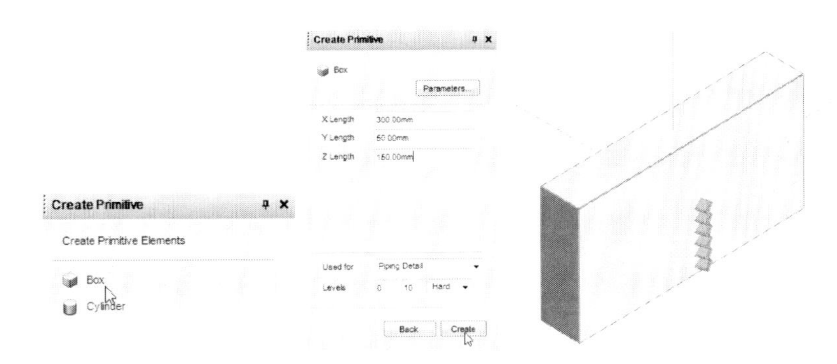

그림 1-5-5: Box

5. Rotate에 Angle 90 Direction About U를 선택하고 Apply Rotation을 선택한다. Next를 선택한다.

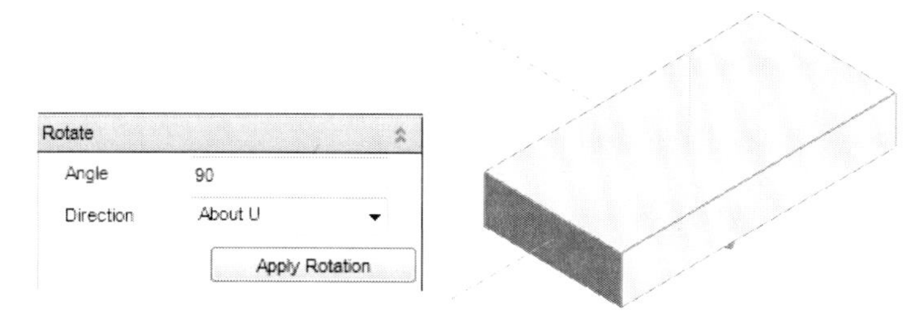

그림 1-5-6: Rotate

6. Rotate에 Angle 90 Direction About W를 선택하고 Apply Rotation을 선택한다.

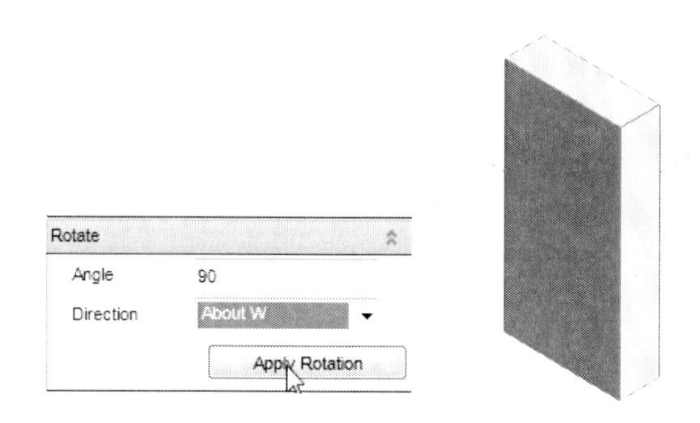

그림 1-5-7: Rotate

7. Position에 X 500, Y 0, Z 0을 입력한다. Next를 선택한다.

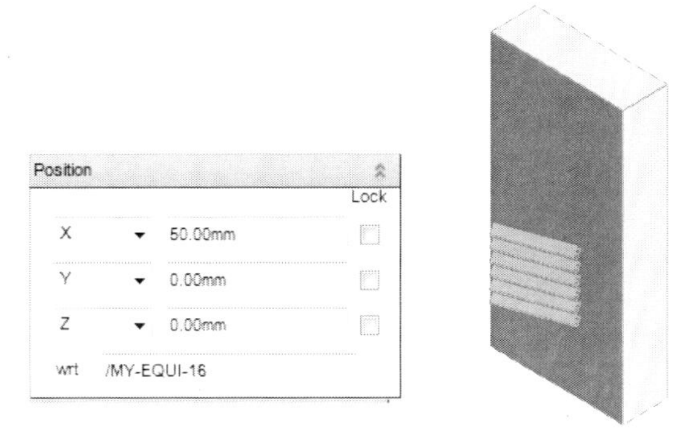

그림 1-5-8: Position

8. Attribute Orientation WRT에서 Y is X 21 Y and Z is Y 21 -X 를 입력한다. Position에 X 30, Y -10, Z -100을 입력한다.

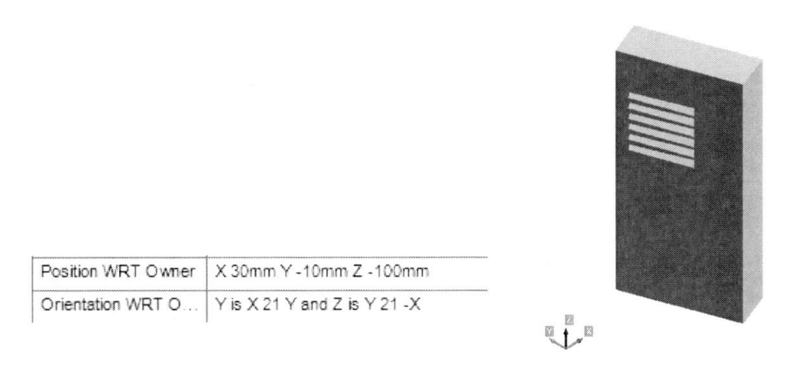

그림 1-5-9: Orientation WRT

1-6. EQUIPMENT 예제-6

다음 EQUIPMENT을 모델링한다.

Site : MY-EQUI-SITE-01
Zone : MY-EQUI-ZONE-01
Equi : MY-EQUI-1_6

BOX X Length 50 Y Length 25 Z Length 50
Cylinder Dia 15 Height 25, Cylinder Dia 15 Height 50,
Cylinder Dia 40 Height 5,
CTORUS RINS 17 ROUT 22 ang 90,
CTORUS RINS 12 ROUT 27 ang 90

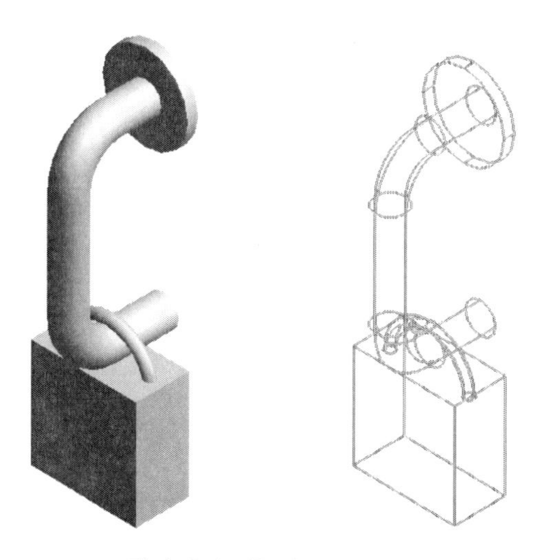

그림 1-6-1: Equipment

1. X 50, Y 25, Z 50 Box를 생성한다. ISO 3을 선택한다.

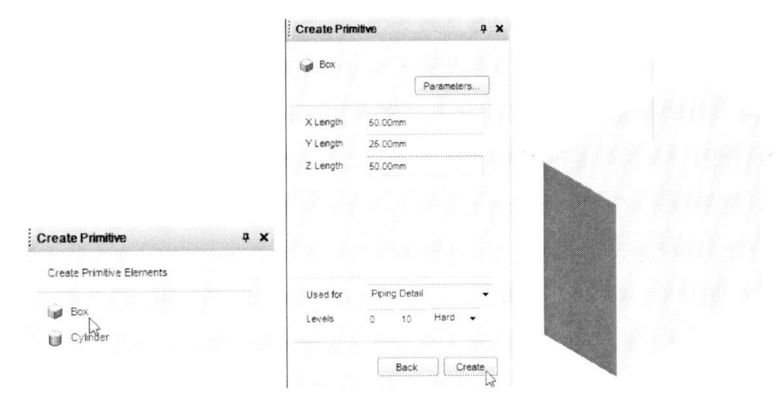

그림 1-6-2: Box

2. Attribute Orientation WRT에서 Y is -X and Z is Z 를 입력한다.

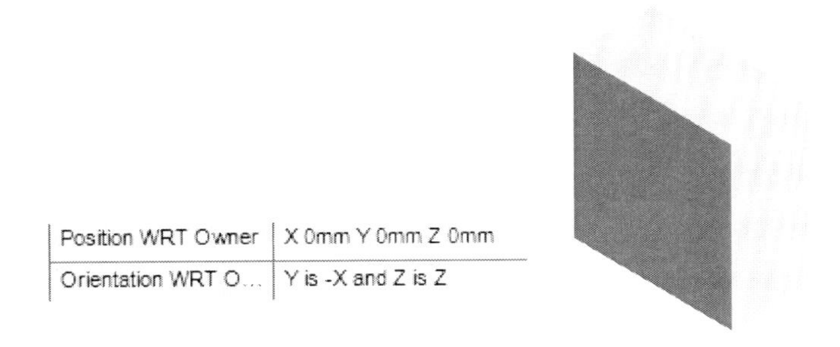

그림 1-6-3: Orientation WRT

3. Primitives에서 Circular Torus를 선택한다. Inside radius 17, Outside Radius에 22을 입력하고 Angle에 90을 입력하고 Create를 선택한다.

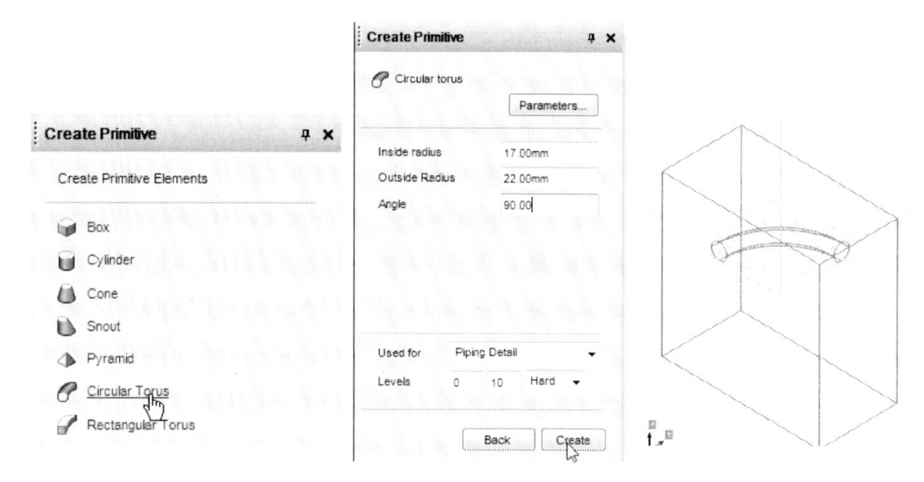

그림 1-6-4: Circular Torus

4. Rotate에 Angle 90 Direction About U를 선택하고 Apply Rotation을 선택한다. Next를 선택한다.

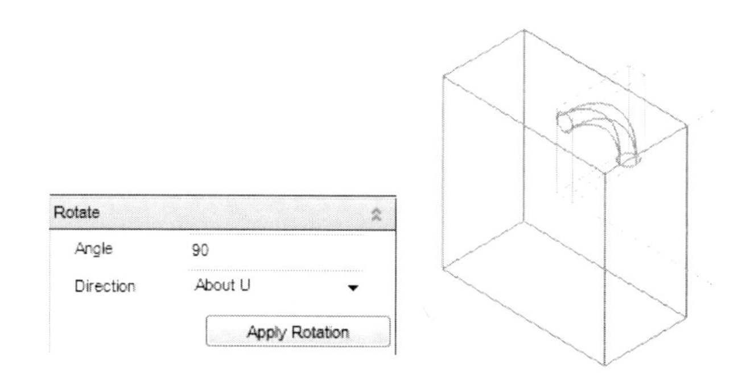

그림 1-6-5: Rotate

5. Rotate에 Angle 90 Direction About V를 선택하고 Apply Rotation을 선택한다.

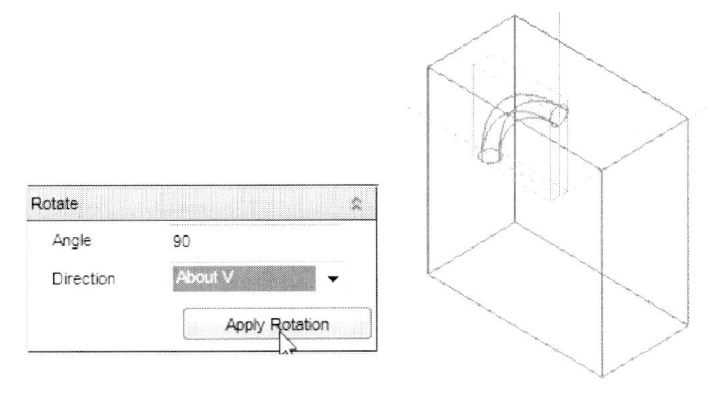

그림 1-6-6: Rotate

6. Position에 X 0, Y 0, Z 20 을 입력한다.

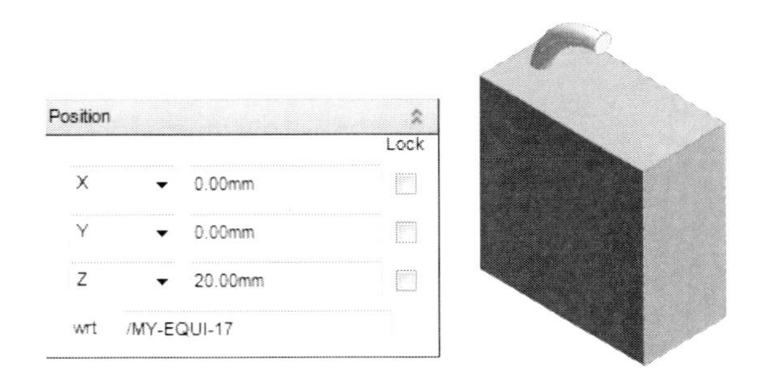

그림 1-6-7: Position

7. 메뉴에서 Create ➡ Copy ➡ Mirror 선택한다. Direction에 Y를 입력한다. Apply를 선택한다.

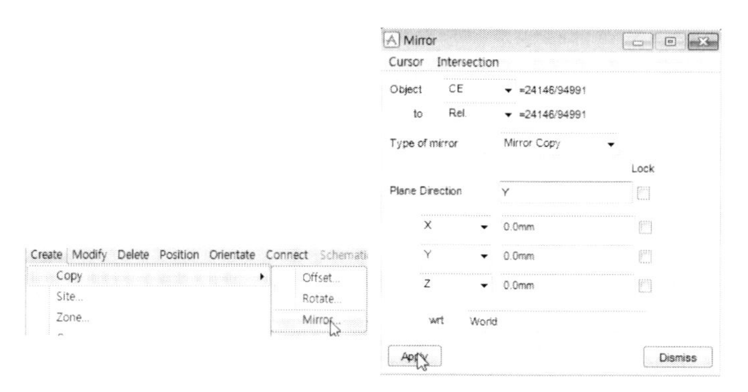

그림 1-6-8: Mirror

8. Retain created copies에서 yes를 선택한다. Dismiss를 선택한다.

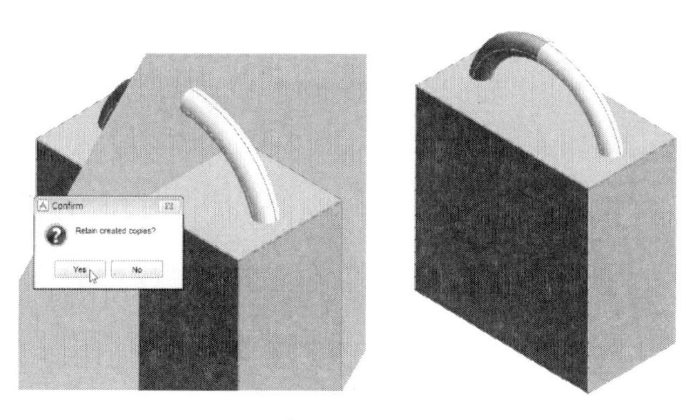

그림 1-6-9: Retain

9. Primitives에서 Circular Torus를 선택한다. Inside radius 12, Outside Radius에 27을 입력하고 Angle에 90을 입력하고 Create를 선택한다.

그림 1-6-10: Circular Torus

10. Rotate에 Angle 270 Direction About U를 선택하고 Apply Rotation을 선택한다.

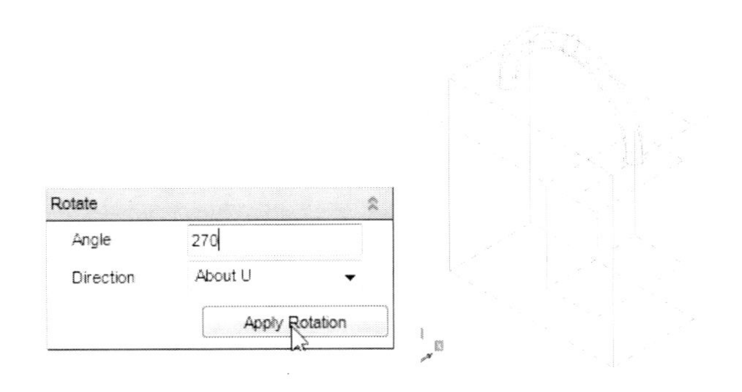

그림 1-6-11: Rotate

11. Rotate에 Angle 180 Direction About V를 선택하고 Apply Rotation을 선택한다.

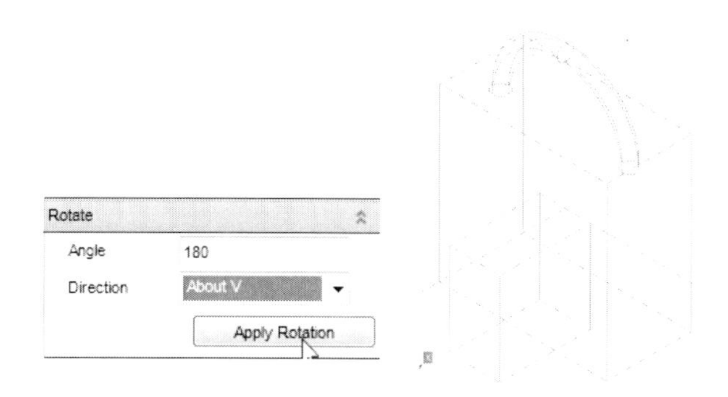

그림 1-6-12: Rotate

12. Position에 X 0, Y 0, Z 50 을 입력한다. Next를 선택한다.

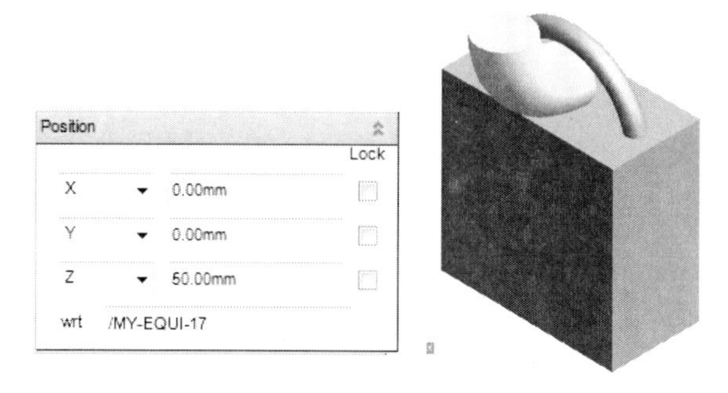

그림 1-6-13: Position

13. Height 25, Dia 15 실린더를 생성한다.

그림 1-6-14: Cylinder

14. CYLI 1을 선택하고 메뉴에서 Connect ➡ Primitive ➡ ID Point를 선택한다. CYLI 1의 ID Point를 선택한다.

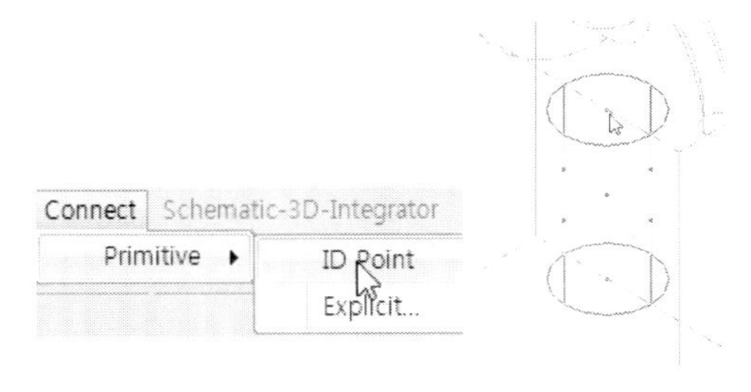

그림 1-6-15: ID Point

15. CTOR 3의 ID Point를 선택한다.

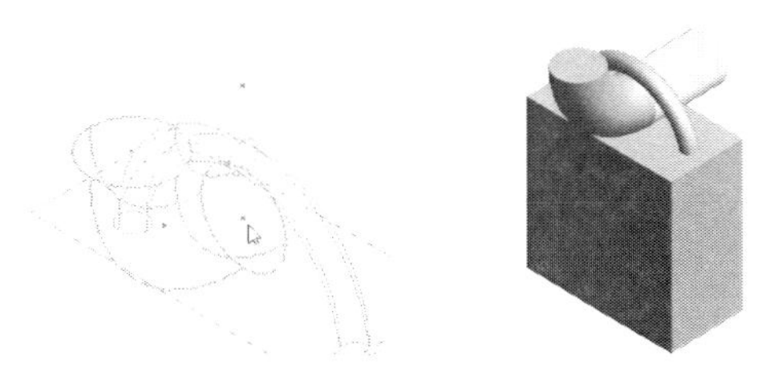

그림 1-6-16: ID Point

16. Height 50, Dia 15 실린더를 생성한다.

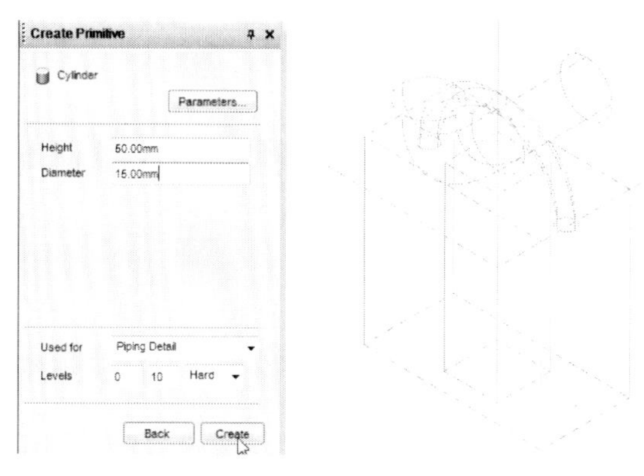

그림 1-6-17: Cylinder

17. CYLI 2을 선택하고 메뉴에서 Connect ➡ Primitive ➡ ID Point를 선택한다. CYLI 1의 ID Point를 선택한다.

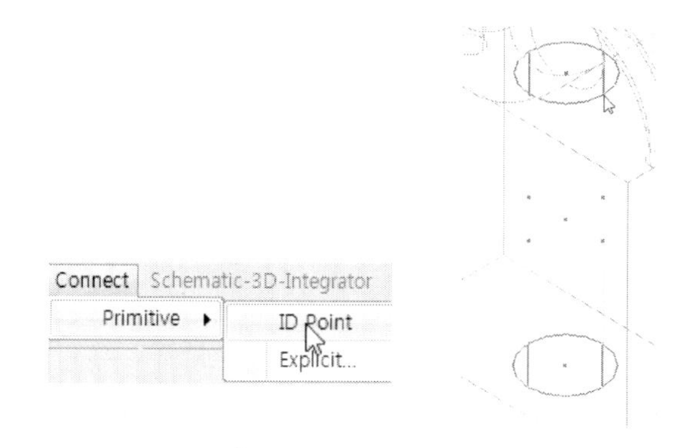

그림 1-6-18: ID Point

18. CTOR 3의 ID Point를 선택한다.

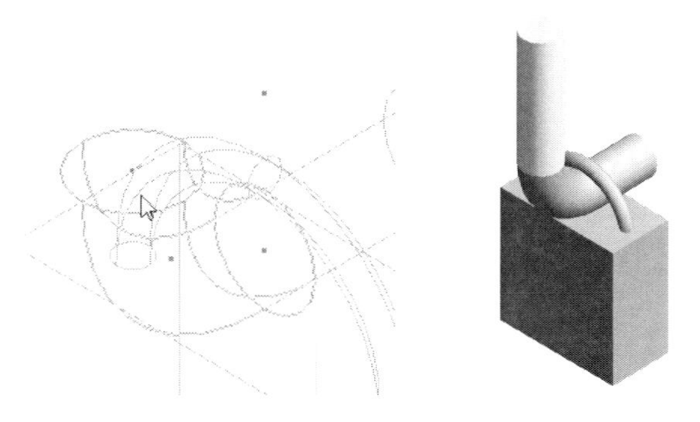

그림 1-6-19: ID Point

19. CTOR 3를 복사한다. CTOR 4를 선택한다. CTOR 4의 ID Point를 선택한다.

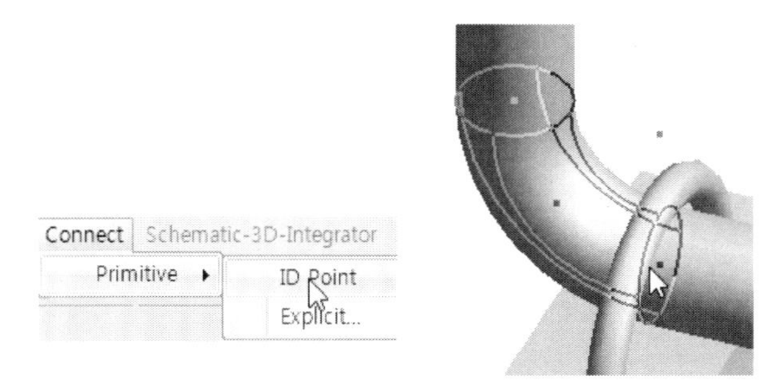

그림 1-6-20: ID Point

20. CYLI 2의 ID Point를 선택한다.

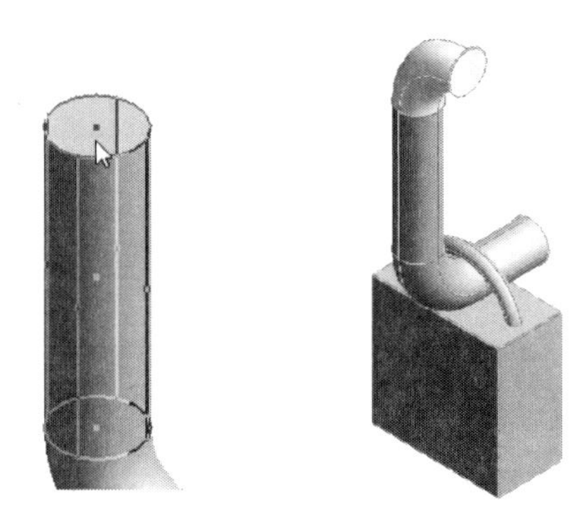

그림 1-6-21: ID Point

21. CTOR 4를 선택한다. 메뉴에서 Orientate ➡ Rotate를 선택한다. Angle 90, Direction X를 입력한다. Apply를 선택한다.

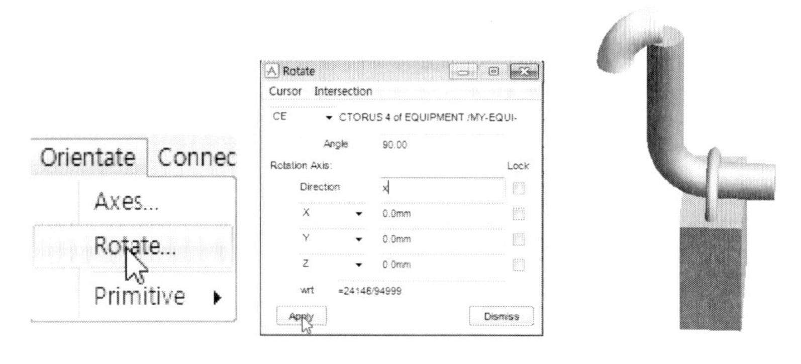

그림 1-6-22: Rotate

22. CTOR 4를 선택한다. Position에 X 0, Y 0, Z 100을 입력한다.

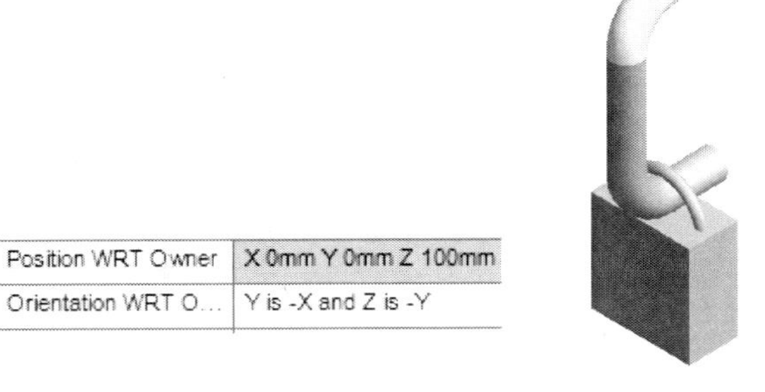

그림 1-6-23: Position WRT

23. CYLI 1(dia 15, Height25)를 복사한다. CYLI 2를 선택한다. CYLI 2의 ID Point를 선택한다.

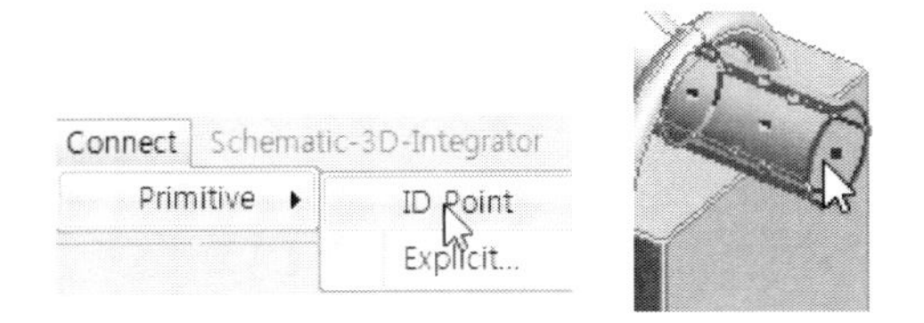

그림 1-6-24: ID Point

24. CTOR 4의 ID Point를 선택한다.

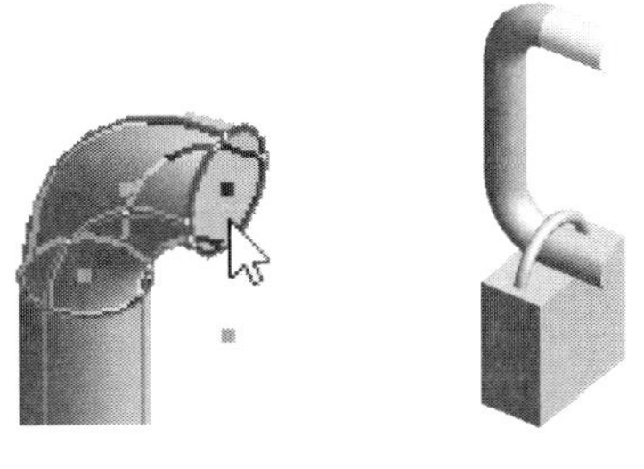

그림 1-6-25: ID Point

25. Height 40, Dia 40 실린더를 생성한다.

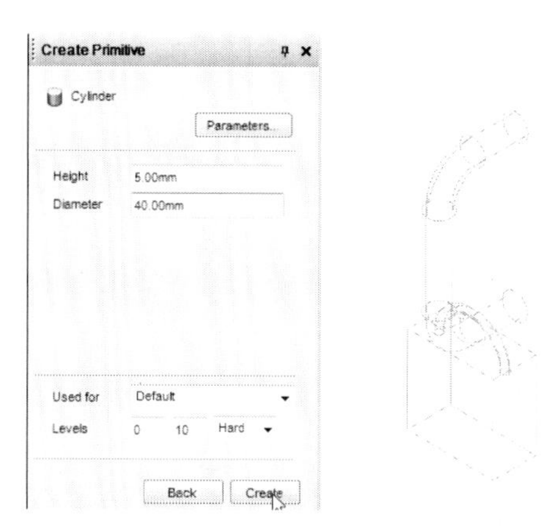

그림 1-6-26: Cylinder

26. CYLI 4을 선택하고 메뉴에서 Connect ➡ Primitive ➡ ID Point를 선택한다. CYLI 4의 ID Point를 선택한다.

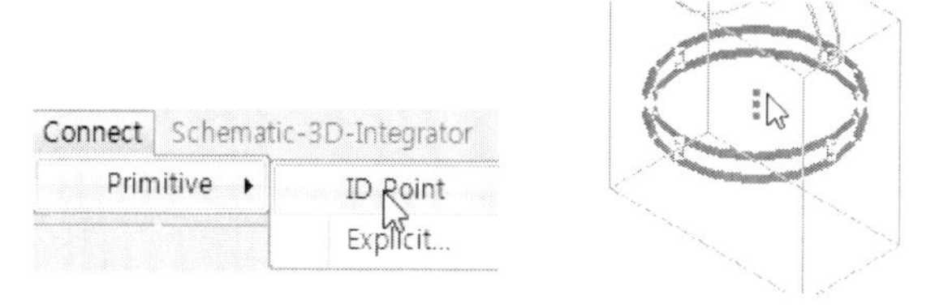

그림 1-6-27: ID Point

27. CYLI 2의 ID Point를 선택한다.

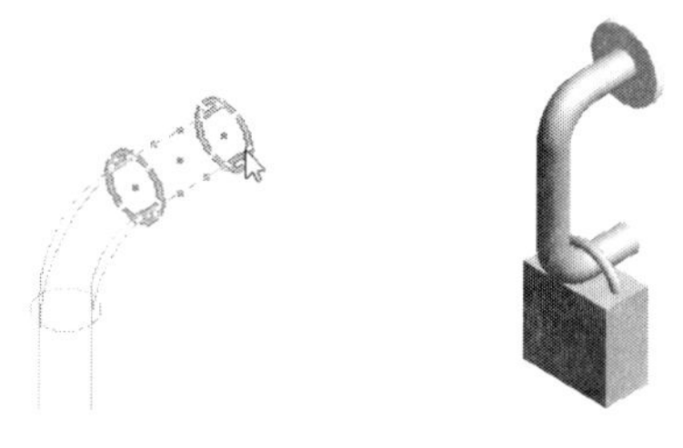

그림 1-6-28: ID Point

28. CYLI 4를 선택한다. Position에 X 19, Y 0, Z 119.5 입력한다.

Position WRT Owner	X 19mm Y 0mm Z 119.5mm
Orientation WRT O...	Y is Y and Z is -X

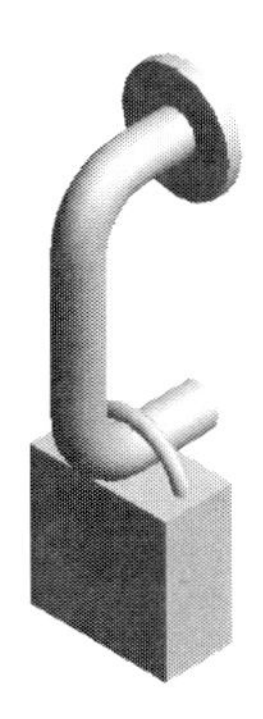

그림 1-6-29: Position WRT

1-7. EQUIPMENT 예제-7

다음 EQUIPMENT을 모델링한다.

Site : MY-EQUI-SITE-01

Zone : MY-EQUI-ZONE-01

Equi : MY-EQUI-20

BOX X Length 800 Y Length 450 Z Length 620

BOX X Length 800 Y Length 500 Z Length 25

BOX X Length 800 Y Length 20 Z Length 80

BOX X Length 20 Y Length 450 Z Length 80

BOX X Length 760 Y Length 20 Z Length 127

BOX X Length 50 Y Length 10 Z Length 10

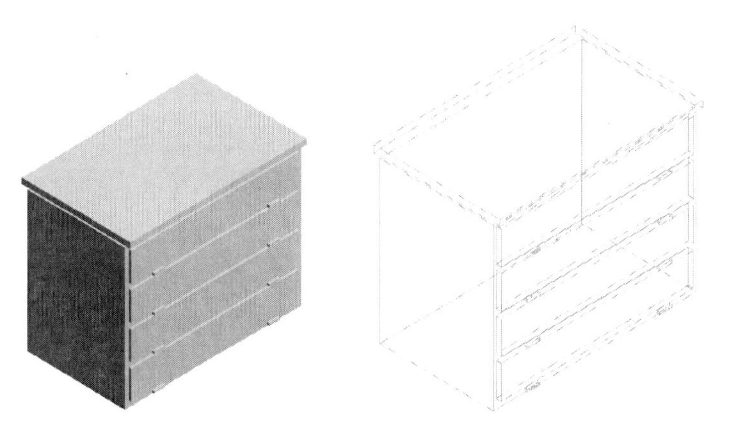

그림 1-7-1: Equipment

1. X 800, Y 500, Z 25 Box를 생성한다. ISO 3을 선택한다.

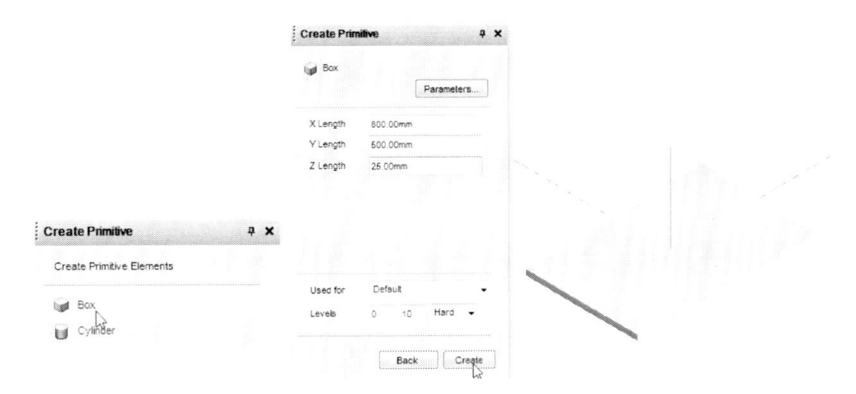

그림 1-7-2: ISO 3

2. X 800, Y 450, Z 620 Box를 생성한다.

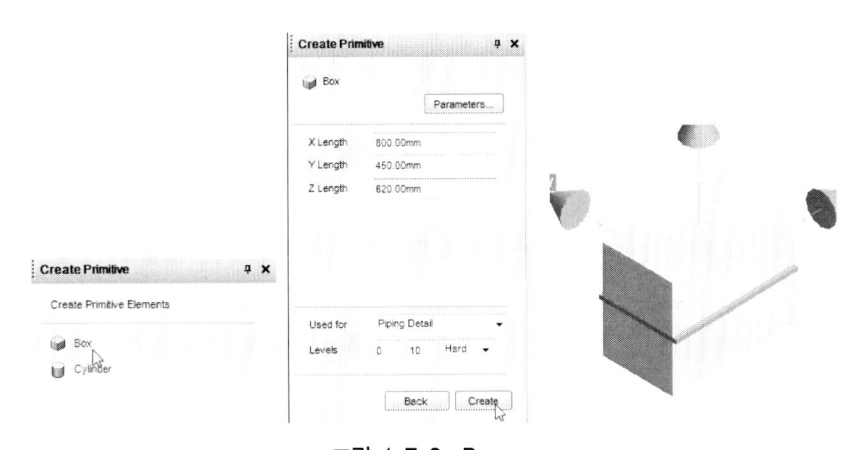

그림 1-7-3: Box

3. Position에 X 0, Y 0, Z -310 입력한다. Next를 선택한다.

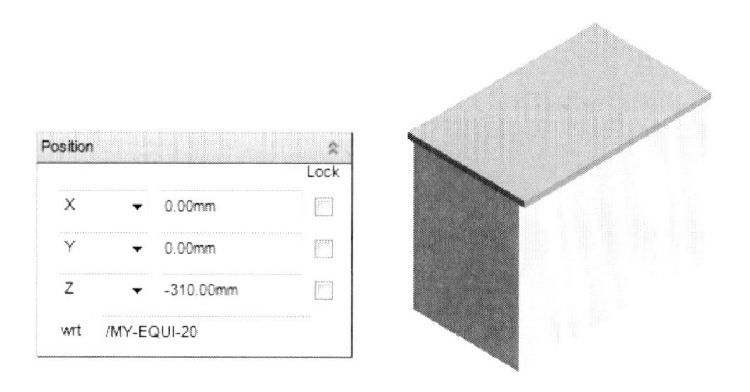

그림 1-7-4: Position

4. X 760, Y 20, Z 127 Box를 생성한다.

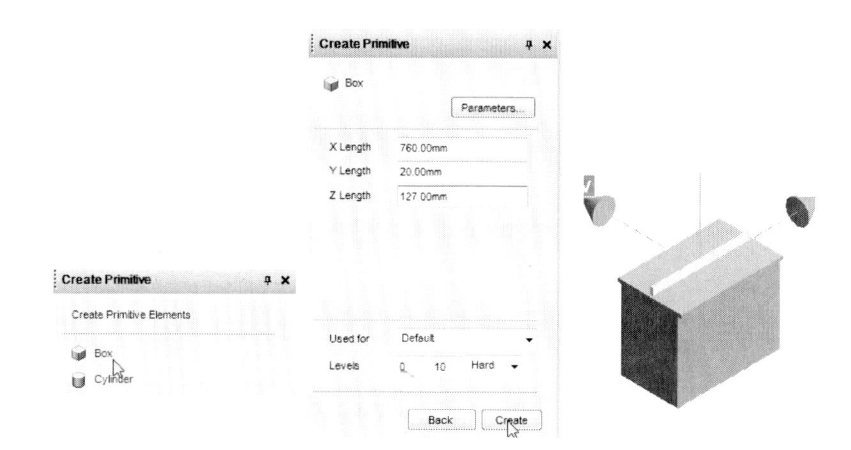

그림 1-7-5: Box

5. Position에 X 0, Y -225, Z -100 입력한다. Next를 선택한다.

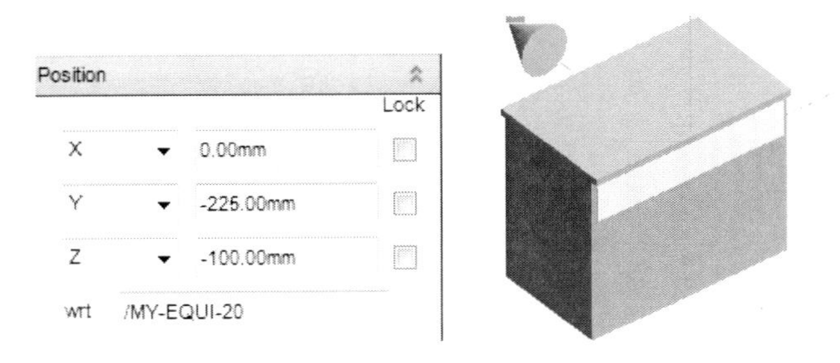

그림 1-7-6: Position

6. BOX 3을 선택한다. 메뉴에서 Create ➡ Copy ➡ Offset를 선택한다. Number of copies 3, Offset Z -150을 입력한다. Apply를 선택한다.

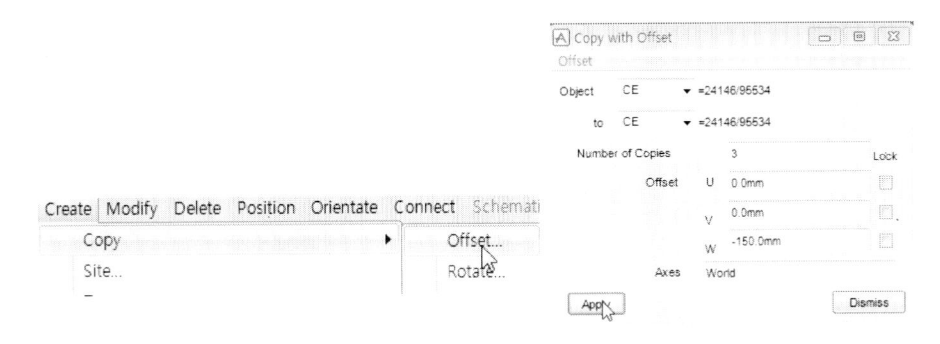

그림 1-7-7: Offset

7. Retain created copies에서 yes를 선택한다. Dismiss를 선택한다.

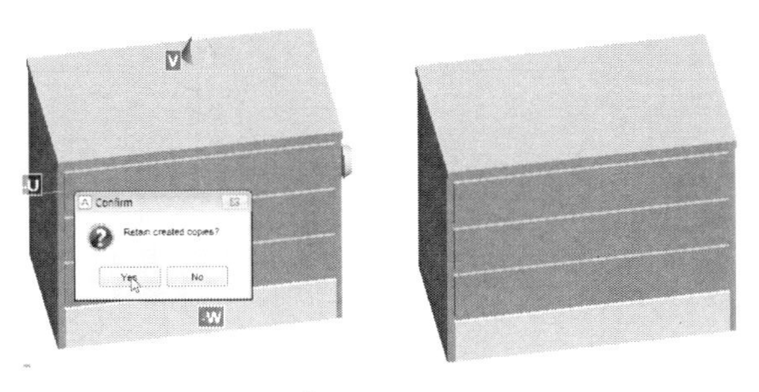

그림 1-7-8: Retain

8. X 50, Y 10, Z 10 Box를 생성한다.

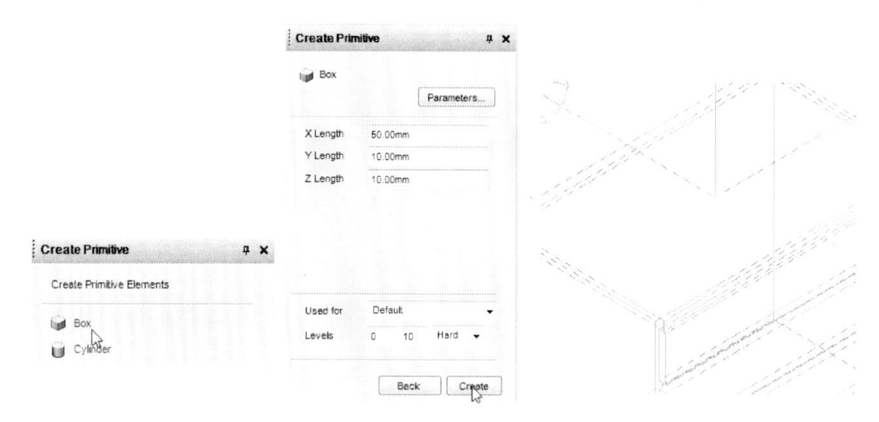

그림 1-7-9: Box

9. Position에 X -260, Y -240, Z -170 입력한다. Next를 선택한다.

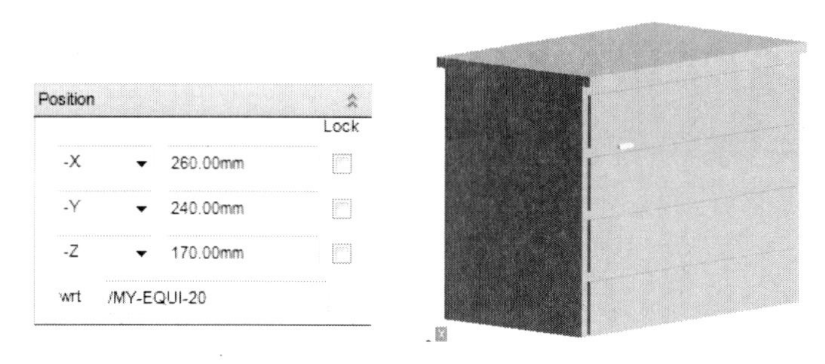

그림 1-7-10: Position

10. BOX 7을 복사한다. BOX 8을 선택한다. Position에 X 260, Y -240, Z -170 입력한다.

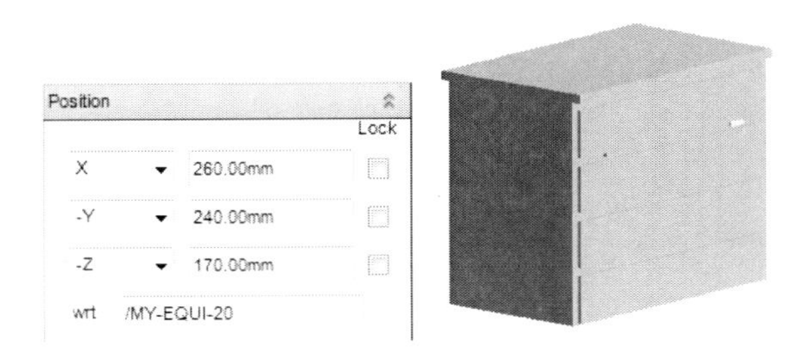

그림 1-7-11: Position

11. BOX 7을 선택한다. 메뉴에서 Create ➡ Copy ➡ Offset를 선택한다. Number of copies 3, Offset Z -150을 입력한다. Apply를 선택한다.

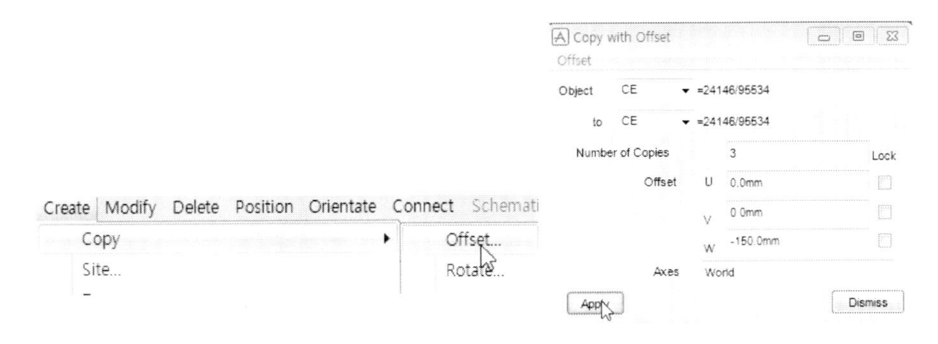

그림 1-7-12: Offset

12. Retain created copies에서 yes를 선택한다. Dismiss를 선택한다.

그림 1-7-13: Retain

13. BOX 11을 선택한다. 메뉴에서 Create ➡ Copy ➡ Offset를 선택한다. Number of copies 3, Offset Z -150을 입력한다. Apply를 선택한다.

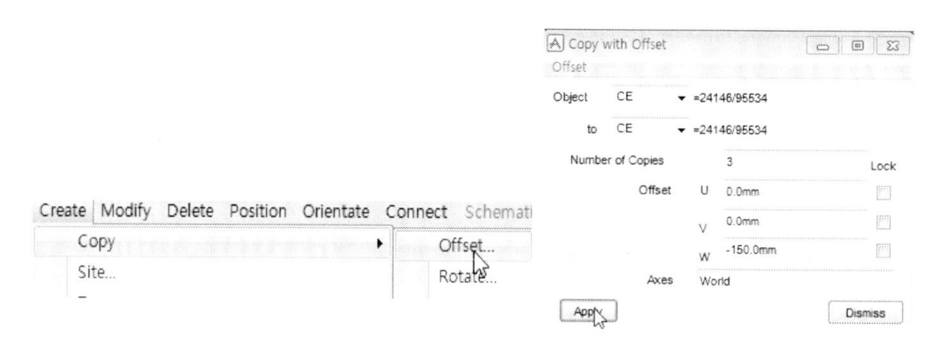

그림 1-7-14: Offset

14. Retain created copies에서 yes를 선택한다. Dismiss를 선택한다.

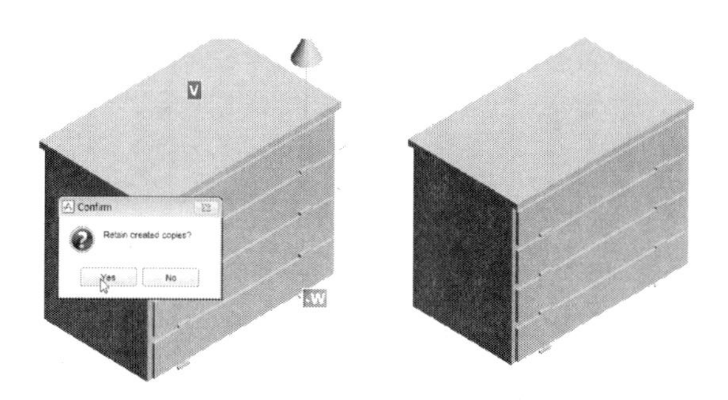

그림 1-7-15: Retain

15. BOX 2을 선택한다. Position에 X 0, Y 0, Z -330 입력한다.

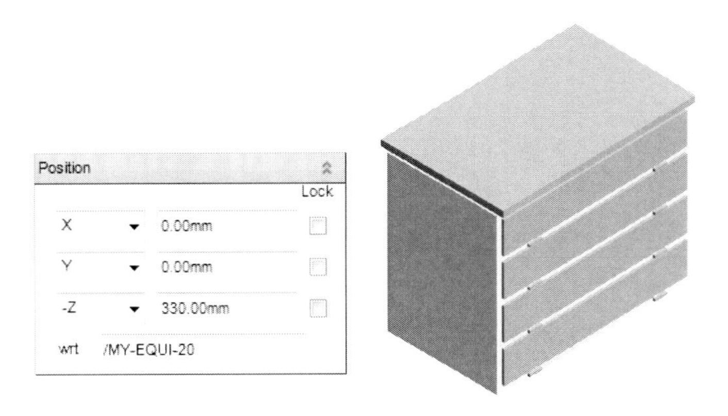

그림 1-7-16: Position

2장 EQUIPMENT MODELLING 실습 II

2-1. EQUIPMENT 예제-1

다음 EQUIPMENT을 모델링한다.

Site : MY-EQUI-SITE-01

Zone : MY-EQUI-ZONE-01

Equipment : MY-EQUI-2_1

BOX X Length 2000 Y Length 2000 Z Length 2000

그림 2-1-1: Equipment

1. X 2000, Y 2000, Z 2000 Box를 생성한다.

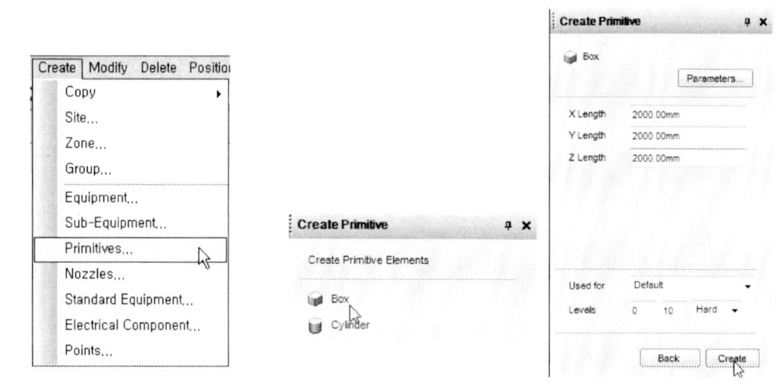

그림 2-1-2: Box

2. Box를 생성한다.

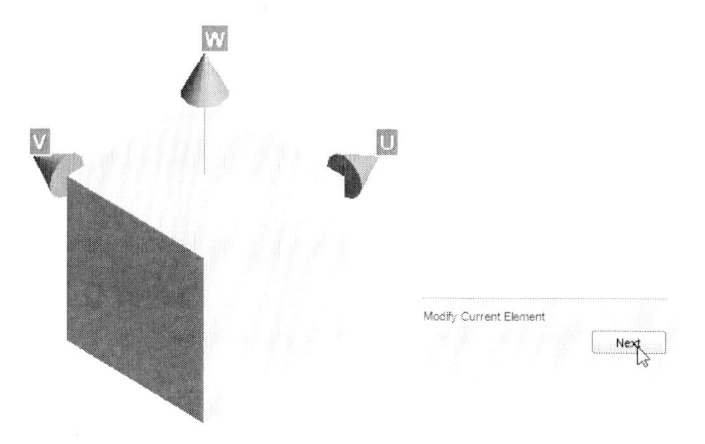

그림 2-1-3: Box

3. Primitives 메뉴에서 Negative Primitives로 변경한다. 메뉴에서 Extrusion을 선택한다.

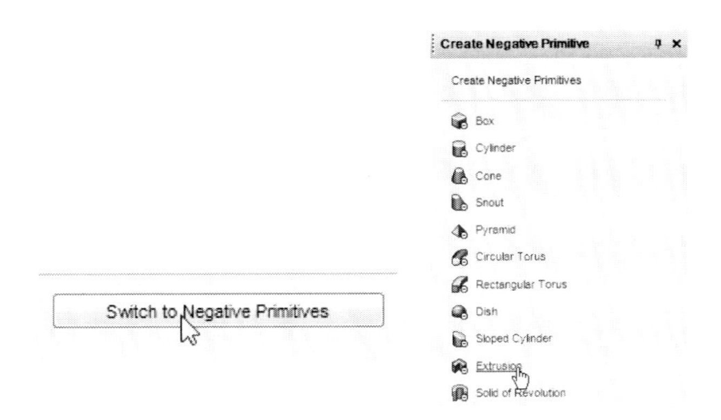

그림 2-1-4: Negative Primitives

4. Define Vertex에서 X 0 Y -382 Z 0을 입력하고 Apply를 선택한다.

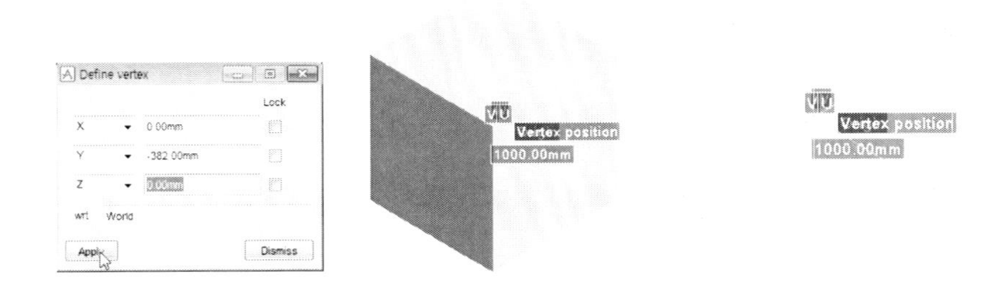

그림 2-1-5: Define Vertex

5. Define Vertex에서 X 363.30 Y -118 Z 0을 입력하고 Apply를 선택한다.

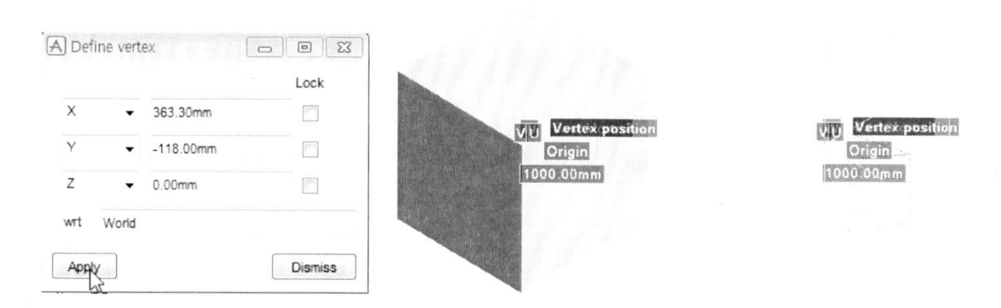

그림 2-1-6: Define Vertex

6. Define Vertex에서 X 951.10 Y 309 Z 0을 입력하고 Apply를 선택한다.

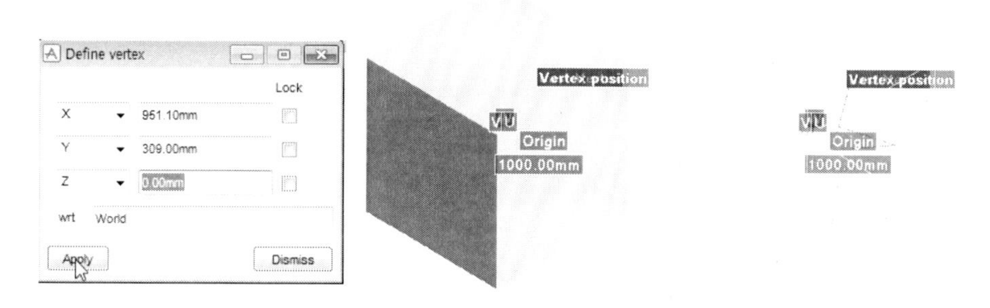

그림 2-1-7: Define Vertex

7. Define Vertex에서 X 224.50 Y 309 Z 0을 입력하고 Apply를 선택한다.

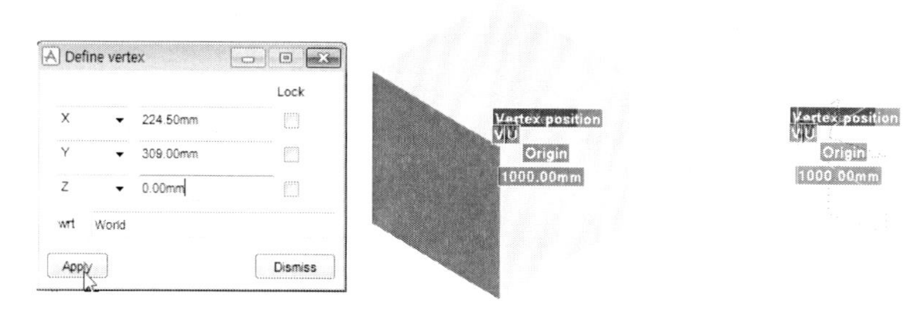

그림 2-1-8: Define Vertex

8. Define Vertex에서 X 0 Y 1000 Z 0을 입력하고 Apply를 선택한다.

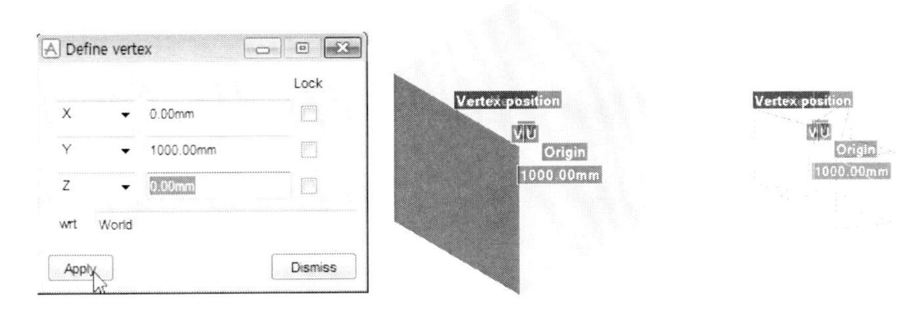

그림 2-1-9: Define Vertex

9. Define Vertex에서 X -224.50 Y 309 Z 0을 입력하고 Apply를 선택한다.

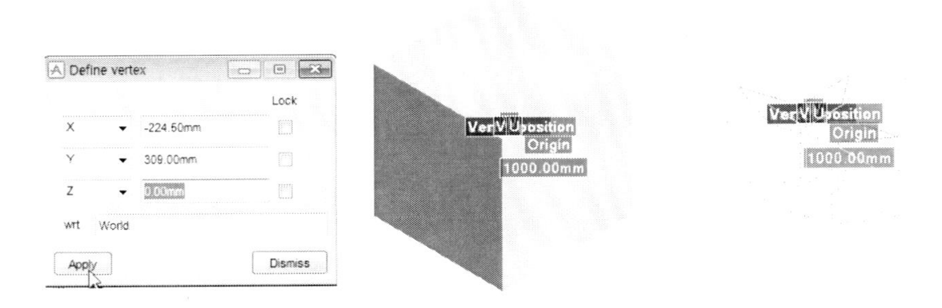

그림 2-1-10: Define Vertex

10. Define Vertex에서 X -363.30 Y -118 Z 0을 입력하고 Apply를 선택한다.

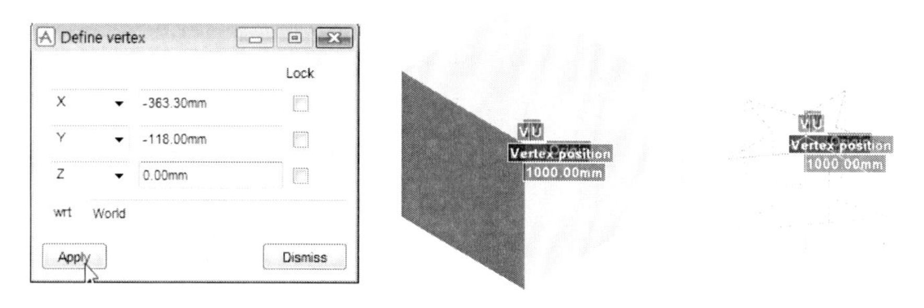

그림 2-1-11: Define Vertex

11. Define Vertex에서 X -567.80 Y -809 Z 0을 입력하고 Apply를 선택한다.

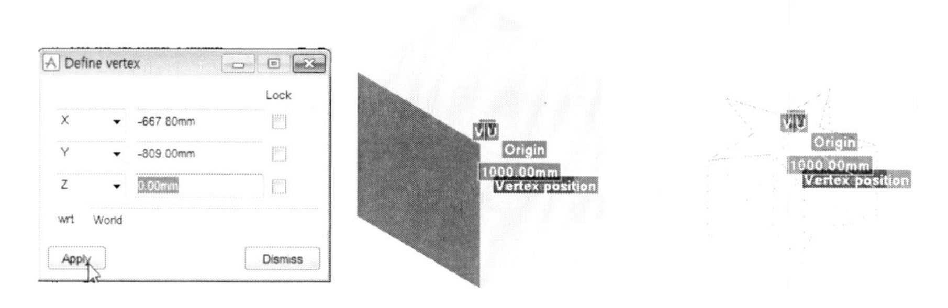

그림 2-1-12: Define Vertex

12. Define Vertex에서 Dismiss를 선택한다. Create Negative Extrusion에서 OK를 선택한다.

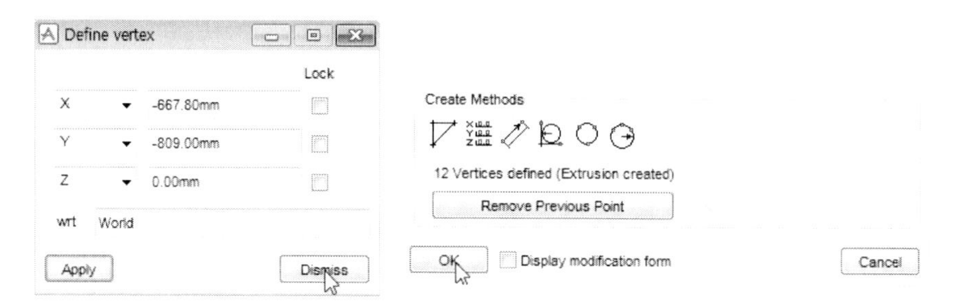

그림 2-1-13: Define Vertex

13. NXTR 1을 선택한다. Position ➡ Move를 선택한다.

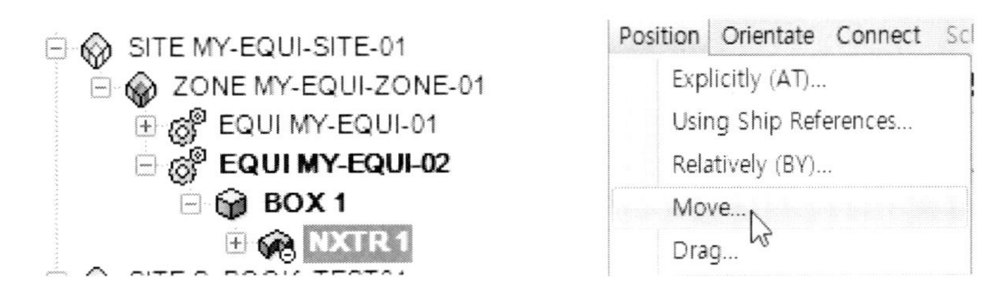

그림 2-1-14: Move

14. Move 창에서 Direction Z, Distance 1000를 입력하고 Apply를 선택한다.

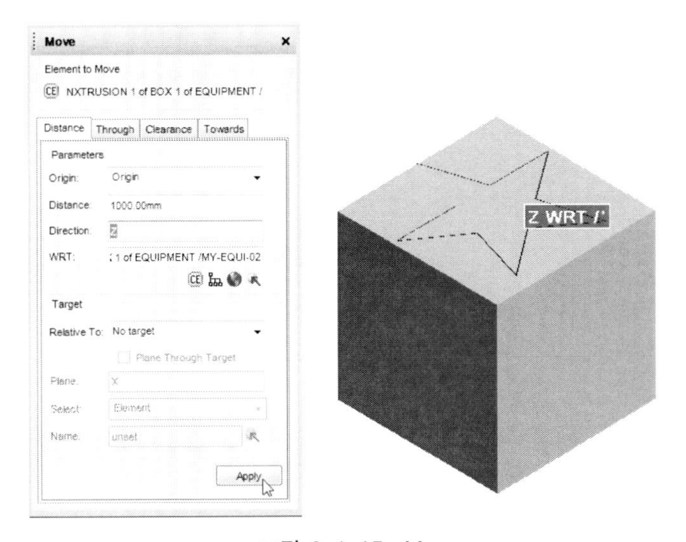

그림 2-1-15: Move

15. 메뉴에서 Settings ➡ Graphics를 선택하고 메뉴에서 Holes Drawn을 체크하고 Arc Tolerance에 1을 입력하고 Apply를 선택한다.

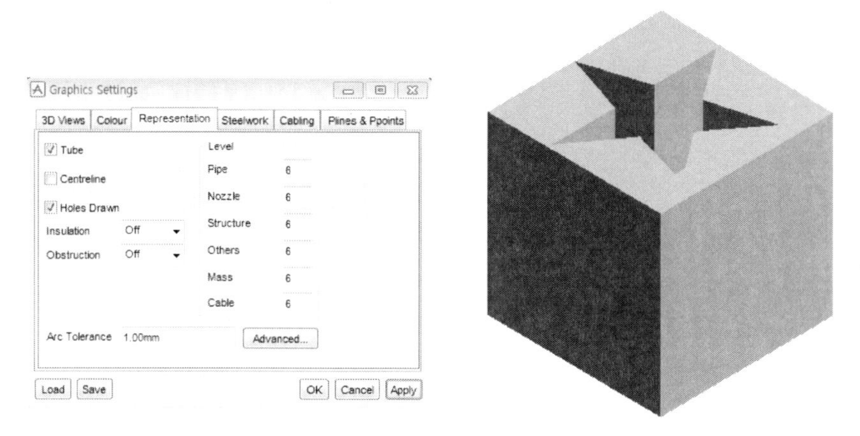

그림 2-1-16: Graphics

16. NXTR 1을 선택하고 Move 창에서 Direction Y, Distance -50을 입력하여 이동시킨다.

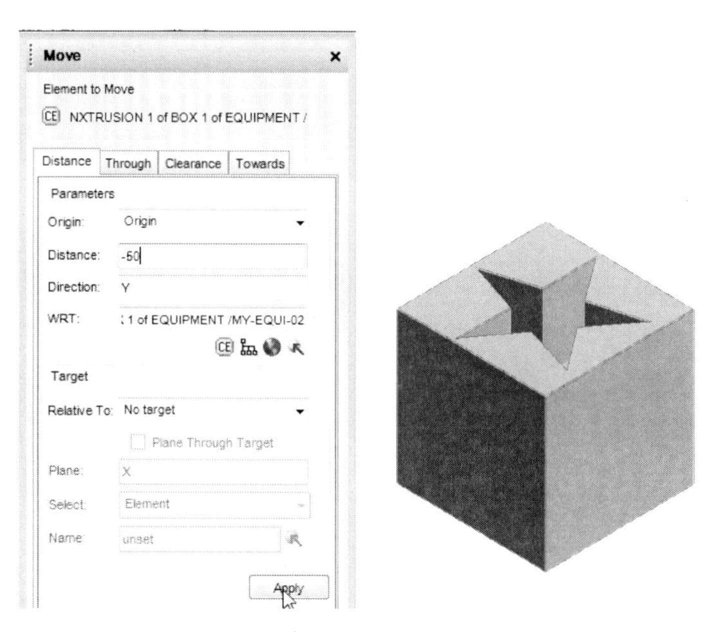

그림 2-1-17: Move

17. NXTR 1을 선택하고 메뉴에서 Create ➡ Copy ➡ Rotate를 선택한다.

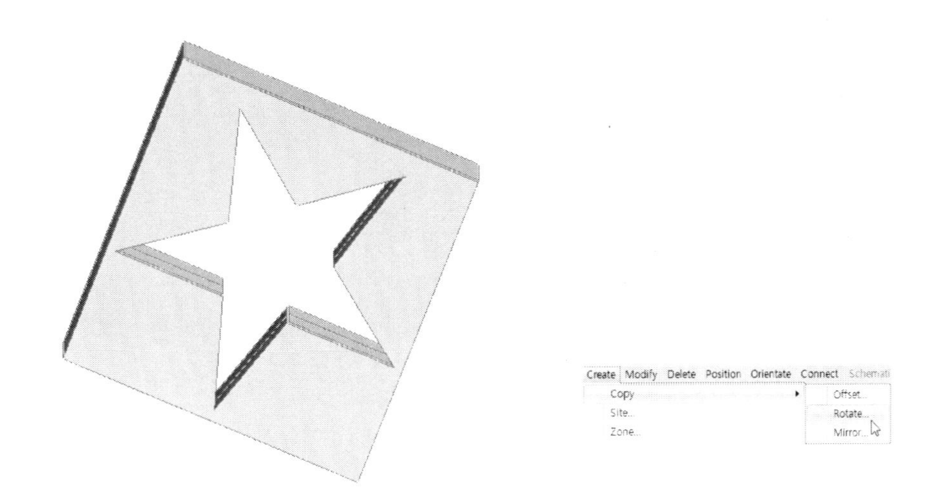

그림 2-1-18: Rotate

18. 메뉴에서 Number of Copies에 1, Angle 90, Direction은 X를 입력한다. X 축으로 1000만큼 offset한다. Confirm 창에서 Yes를 선택한다. Dismiss를 선택한다.

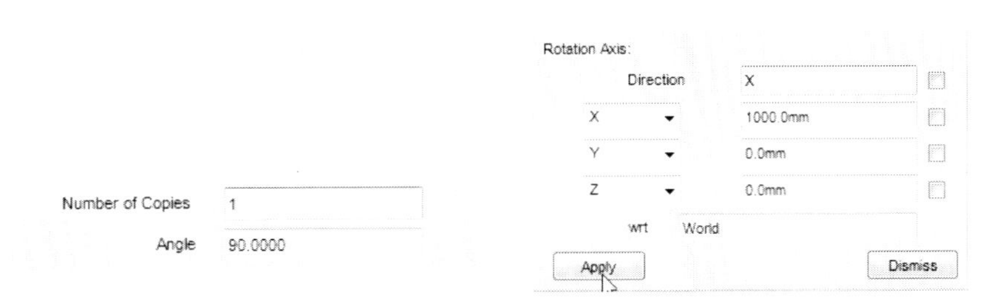

그림 2-1-19: Dismiss

19. NXTR 2을 선택하고 메뉴에서 Create ➡ Copy ➡ Offset을 선택한다.

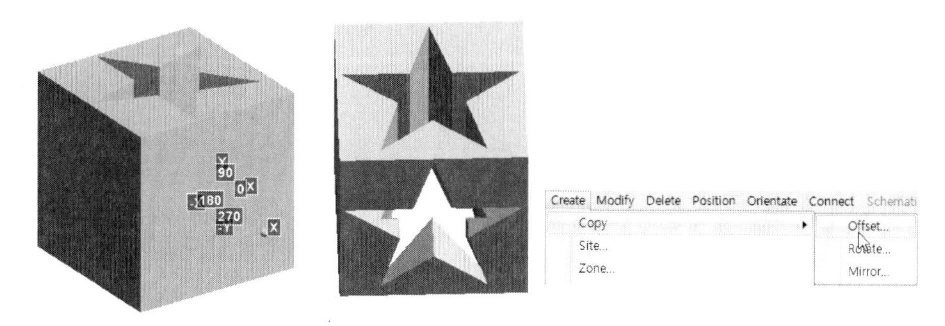

그림 2-1-20: Offset

20. Number of Copies 1, Offset에서 U 0 V 1000 W 0을 입력하고 Apply를 선택한다. Confirm에서 Yes를 선택한다. Dismiss를 선택한다.

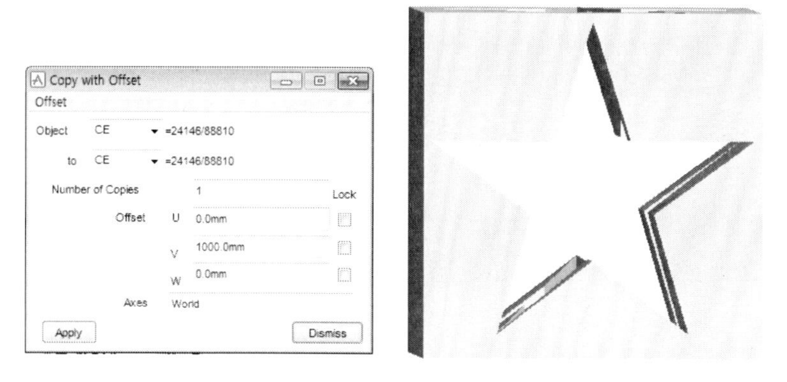

그림 2-1-21: Dismiss

21. 같은 방법으로 NXTR 1을 선택하고 메뉴에서 Create ➡ Copy ➡ Rotate를 선택한다. 메뉴에서 Number of Copies에 1, Angle 90, Direction은 Y를 입력한다. Y 축으로 1000만큼 offset한다. Confirm 창에서 Yes를 선택한다. Dismiss를 선택한다.

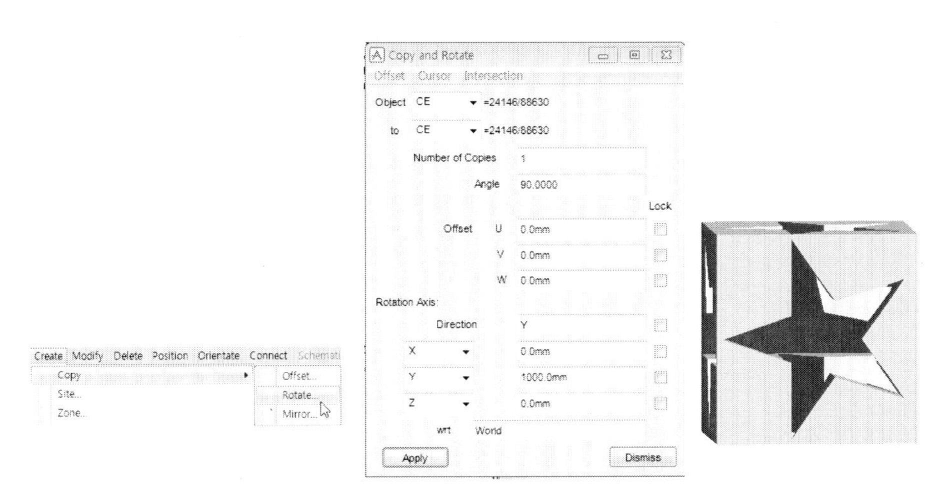

그림 2-1-22: Rotate

22. 마지막으로 NXTR 2을 선택하고 메뉴에서 Create ➡ Copy ➡ Offset을 선택한다. Number of Copies 1, Offset에서 U -1000 V 0 W 0을 입력하고 Apply를 선택한다. Confirm에서 Yes를 선택한다. Dismiss를 선택한다.

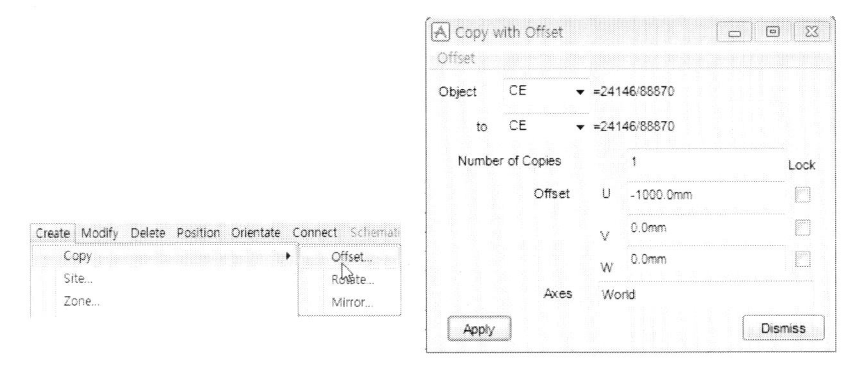

그림 2-1-23: Offset

23. 완성된 Equipment를 확인한다.

그림 2-1-24: Equipment

2-2. EQUIPMENT 예제-2

다음 EQUIPMENT을 모델링한다.

Site : MY-EQUI-SITE-01
Zone : MY-EQUI-ZONE-01
Equipment : MY-EQUI-2_2

Cylinder Height 8000 Dia 4000, Cylinder Height 4000 Dia 2000
Dish Dia 4000 Radius 100 Height 400,
Dish Dia 2000 Radius 50 Height 250
Snout Top Dia 2000 Bot Dia 4000 Height 1200

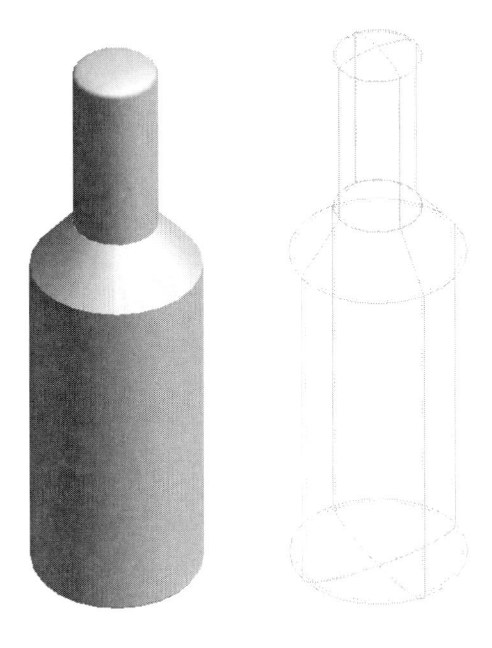

그림 2-2-1: Equipment

1. 실린더를 선택한다.

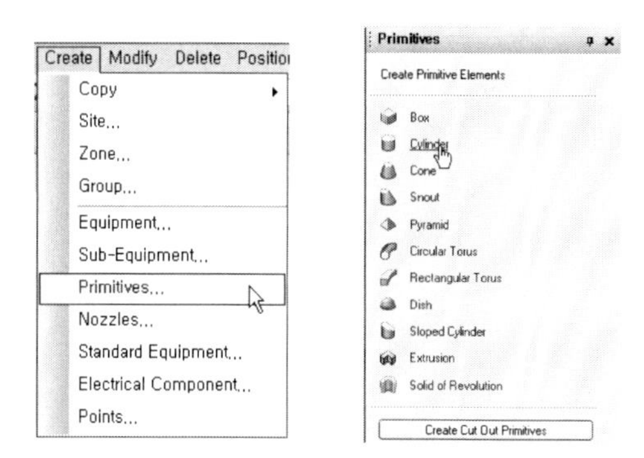

그림 2-2-2: Cylinder

2. 높이 8000과 지름 4000을 입력하고 Create를 클릭한다.

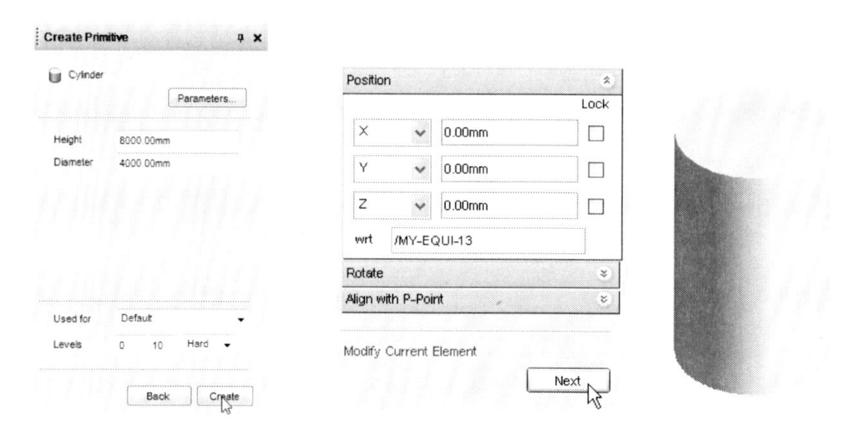

그림 2-2-3: Cylinder

3. 높이 4000과 지름 2000을 입력하고 Create를 클릭한다. Position에 X 0, Y 0, Z 6000을 입력한다. Next를 선택한다.

그림 2-2-4: Position

4. Dia 4000, Height 100, Radius 400 Dish를 생성한다. Position에 X 0, Y 0, Z -4000을 입력한다.

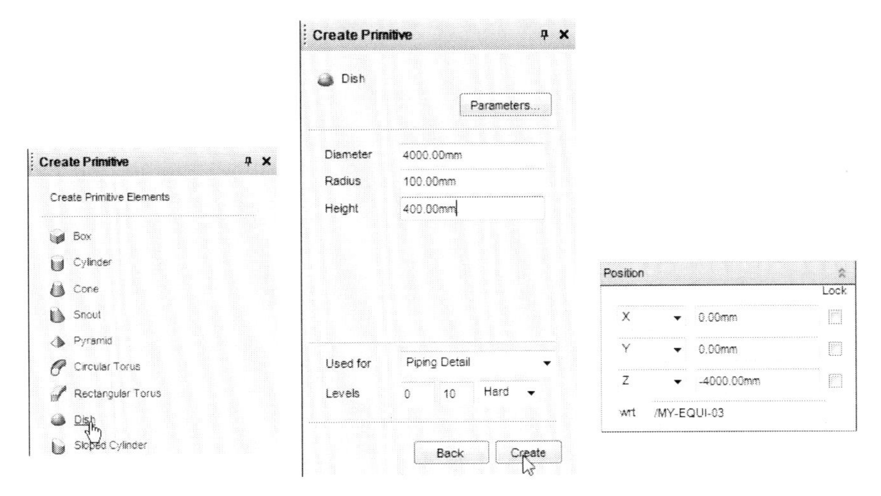

그림 2-2-5: Dish

5. Rotate 메뉴에서 Angle 180 Direction About V를 선택하고 Apply Rotation을 선택한다.

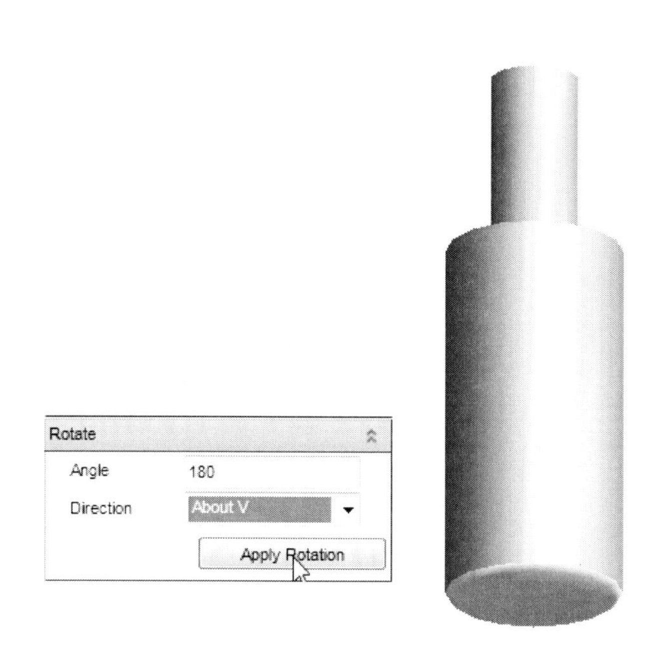

그림 2-2-6: Rotate

6. Dia 2000, Height 50, Radius 250 Dish를 생성한다. Position에 X 0, Y 0, Z 8000을 입력한다. Next를 선택한다.

그림 2-2-7: Dish

7. Top Dia 2000, Bottom Dia 4000, X Offset 0, Y Offset 0, Height 1200 Snout를 생성한다.

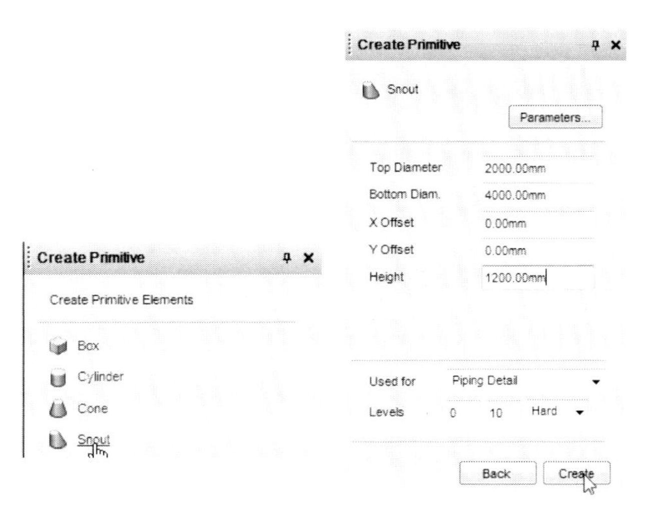

그림 2-2-8: Snout

8. Position 메뉴에서 Z 4600을 입력한다. Next를 선택한다.

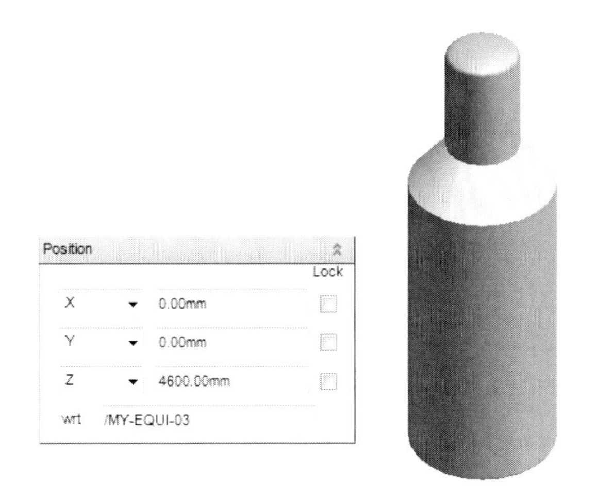

그림 2-2-9: Position

2-3. EQUIPMENT 예제-3

다음 EQUIPMENT을 모델링한다.

Site : MY-EQUI-SITE-01

Zone : MY-EQUI-ZONE-01

Equipment : MY-EQUI-2_3

Cylinder Height 10 Dia 50, Cylinder Height 10 Dia 85

Cone DTOP 35 DBOT 85 Height 25,

Cone DTOP 35 DBOT 50 Height 155

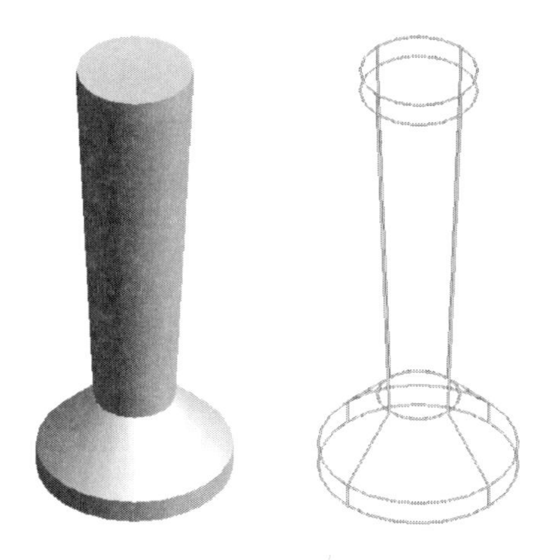

그림 2-3-1: Equipment

1. 실린더를 선택한다.

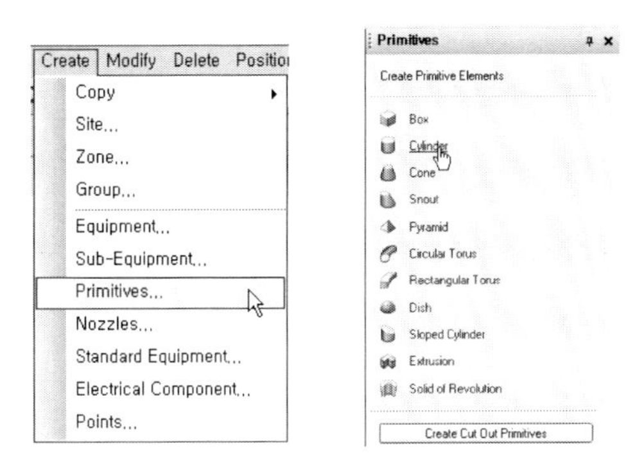

그림 2-3-2: Cylinder

2. 높이 10과 지름 50을 입력하고 Create를 클릭한다.

그림 2-3-3: Cylinder

3. Top Dia 35, Bottom Dia 50, Height 155 Cone를 생성한다.

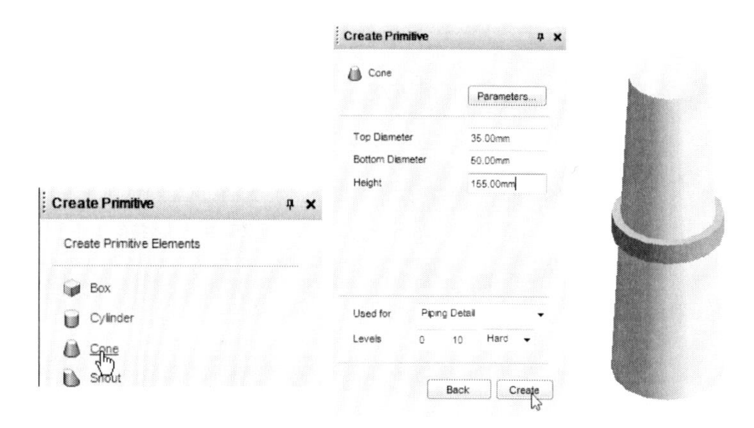

그림 2-3-4: Cone

4. 메뉴에서 Connect ➡ Primitive ➡ ID Point를 선택한다. CONE 1의 P-Point를 선택하고 CYLI 1의 P-Point를 선택하여 snap 한다.

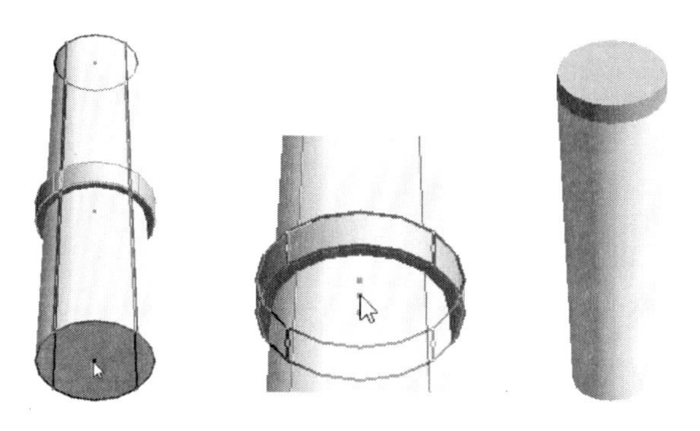

그림 2-3-5: ID Point

5. Top Dia 35, Bottom Dia 85, Height 25 Cone를 생성한다.

그림 2-3-6: Cone

6. Position에 X 0, Y 0, Z -155을 입력한다.

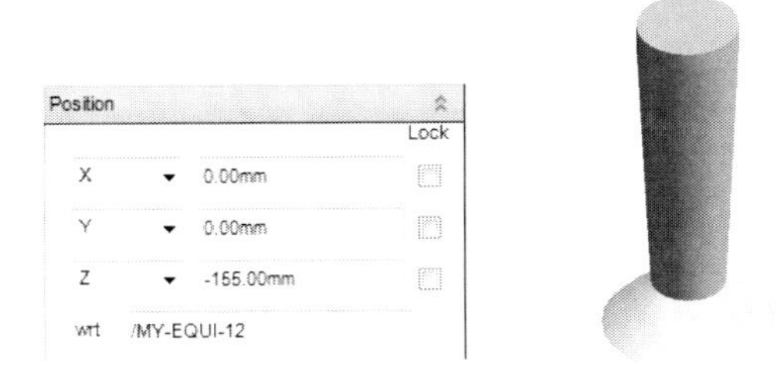

그림 2-3-7: Position

7. 높이 10, 지름 85 실린더를 생성한다.

그림 2-3-8: Cylinder

8. 메뉴에서 Connect ➡ Primitive ➡ ID Point를 선택한다. CYLI 2의 P-Point를 선택하고 CONE 2의 P-Point를 선택하여 snap 한다.

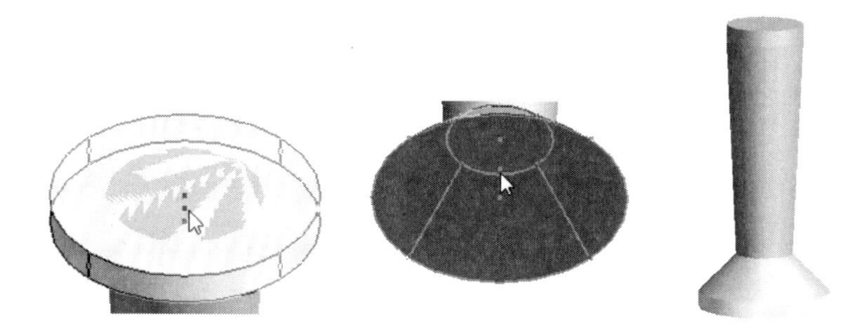

그림 2-3-9: ID Point

2-4. EQUIPMENT 예제-4

다음 EQUIPMENT을 모델링한다.

Site : MY-EQUI-SITE-01

Zone : MY-EQUI-ZONE-01

Equi : MY-EQUI-2_4

BOX X Length 3000 Y Length 6000 Z Length 1000

BOX X Length 800 Y Length 50 Z Length 2800

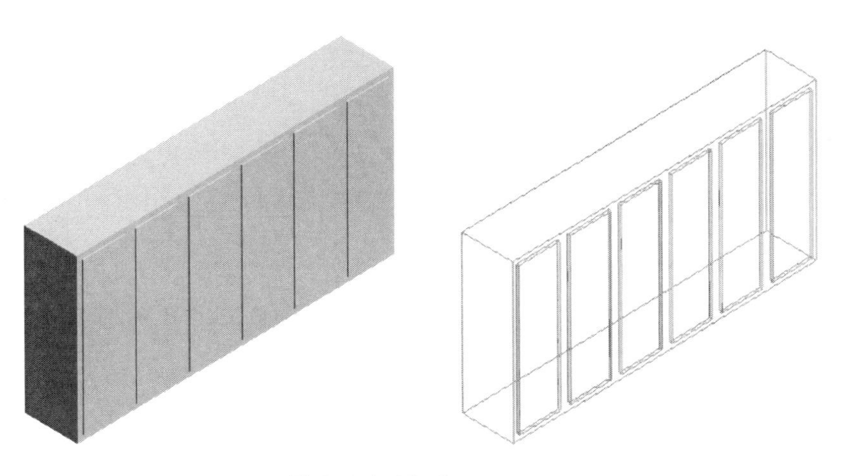

그림 2-4-1: Equipment

1. X 3000, Y 6000, Z 1000 Box를 생성한다.

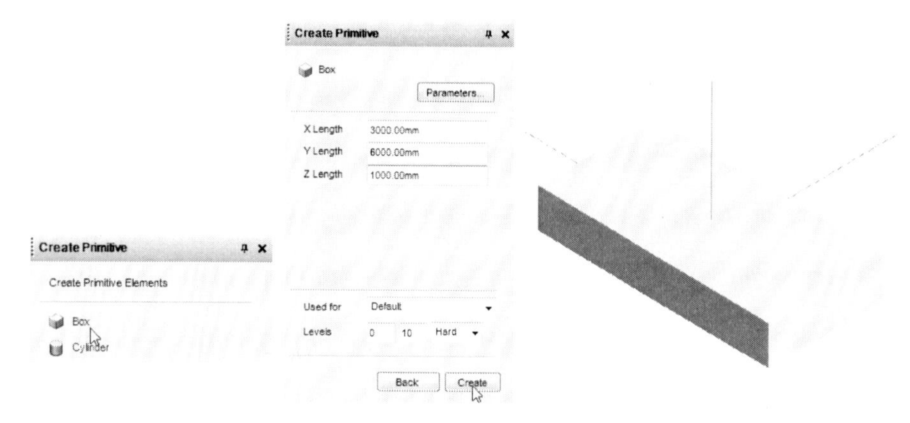

그림 2-4-2: Box

2. Rotate에 Angle 90 Direction About V를 선택하고 Apply Rotation을 선택한다.

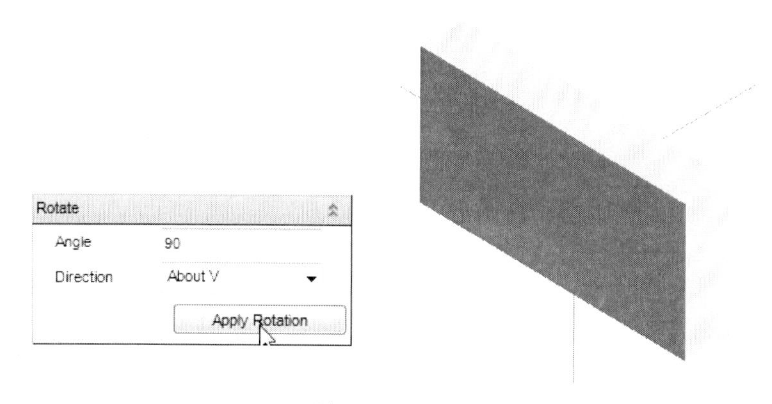

그림 2-4-3: Rotate

3. Rotate에 Angle 90 Direction About U를 선택하고 Apply Rotation을 선택한다. Next를 선택한다.

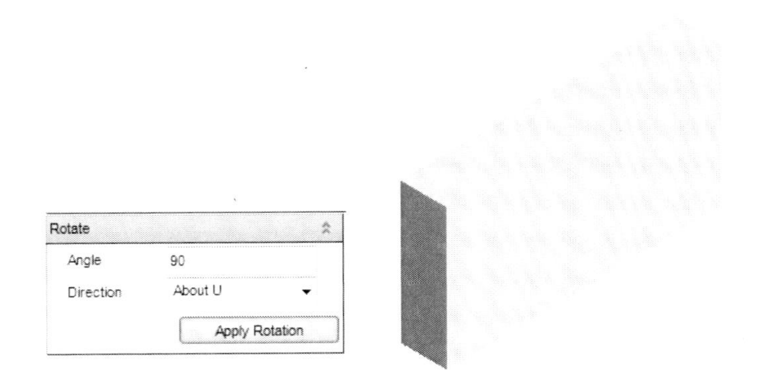

그림 2-4-4: Rotate

4. X 800, Y 50, Z 2800 Box를 생성한다. Position에 X -2500, Y -500, Z 0을 입력한다.

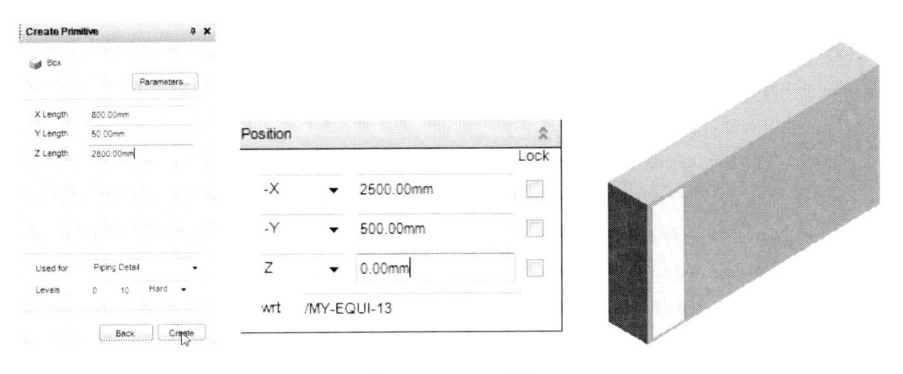

그림 2-4-5: Position

5. 메뉴에서 Create ➡ Copy ➡ Offset를 선택한다. Number of copies 5, Offset U 1000을 입력한다. Apply를 선택한다.

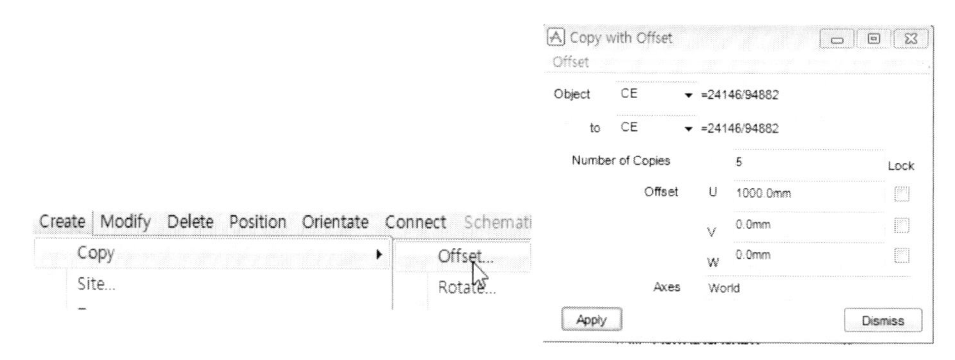

그림 2-4-6: Offset

6. Retain created copies에서 yes를 선택한다. Dismiss를 선택한다.

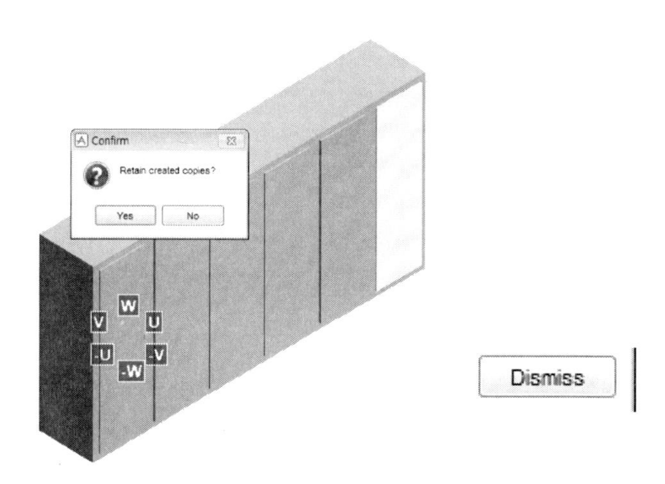

그림 2-4-7: Dismiss

7. 완성된 것을 확인한다.

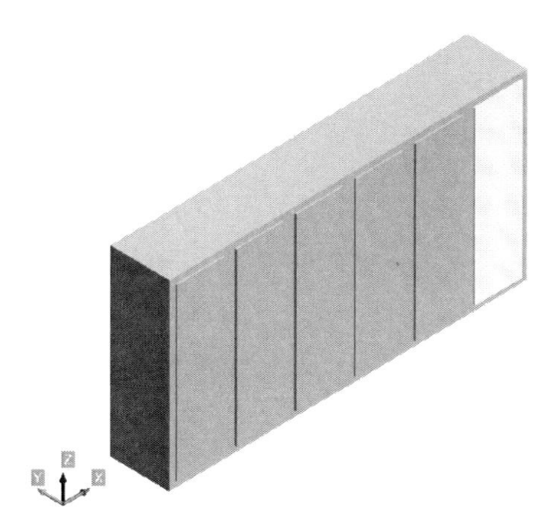

그림 2-4-8: Equipment

2-5. EQUIPMENT 예제-5

다음 EQUIPMENT을 모델링한다.

Site : MY-EQUI-SITE-01

Zone : MY-EQUI-ZONE-01

Equi : MY-EQUI-2_5

BOX X Length 1140 Y Length 40 Z Length 220

BOX X Length 1140 Y Length 420 Z Length 220

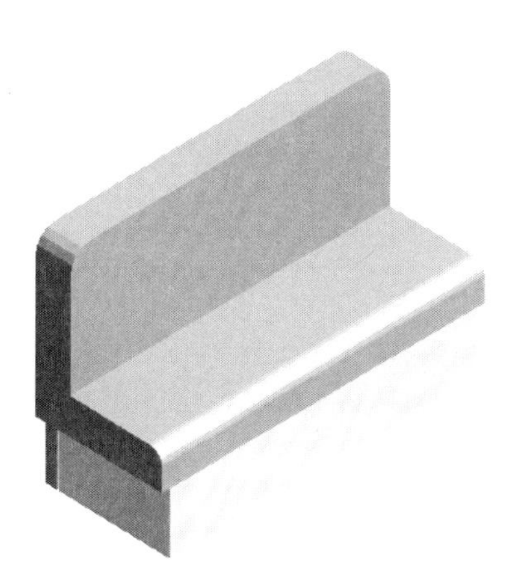

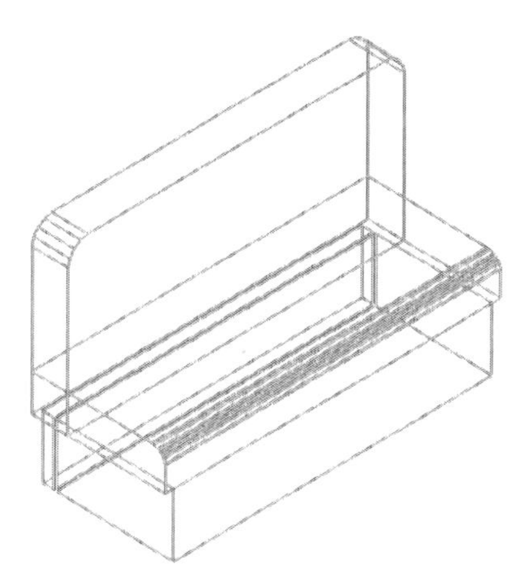

그림 2-5-1: Equipment

1. Extrusion을 선택한다.

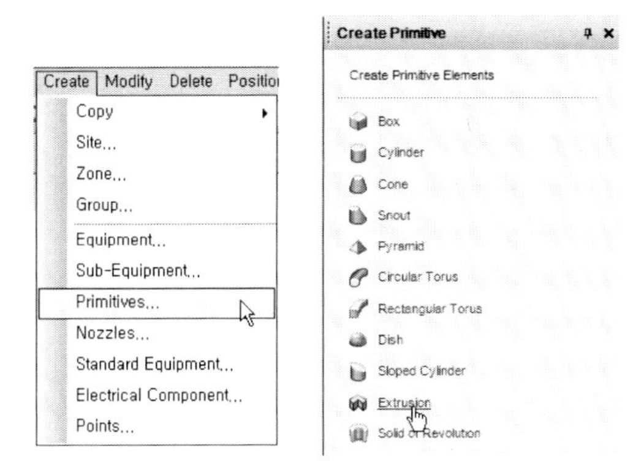

그림 2-5-2: Extrusion

2. Define Vertex에서 X -20 Y 559 Z 0을 입력하고 Apply를 선택한다.

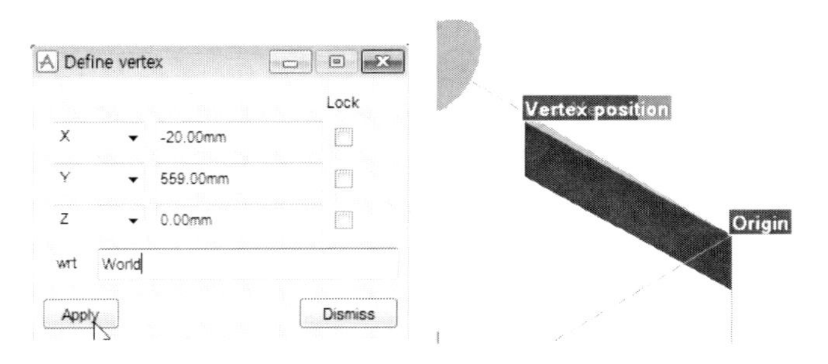

그림 2-5-3: Define Vertex

3. Define Vertex에서 X -43 Y 574 Z 0을 입력하고 Apply를 선택한다.

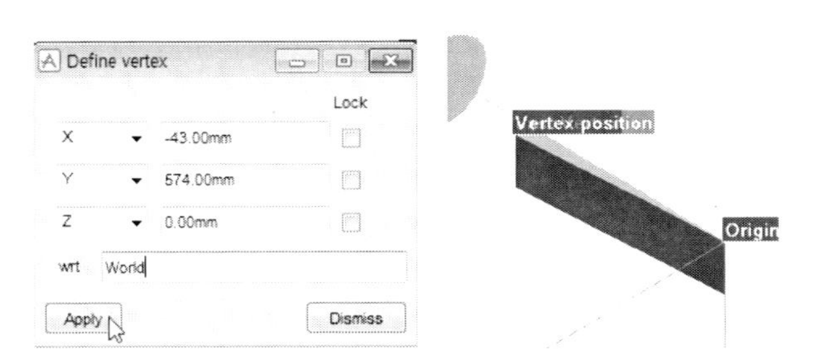

그림 2-5-4: Define Vertex

4. Define Vertex에서 X -70 Y 580 Z 0을 입력하고 Apply를 선택한다.

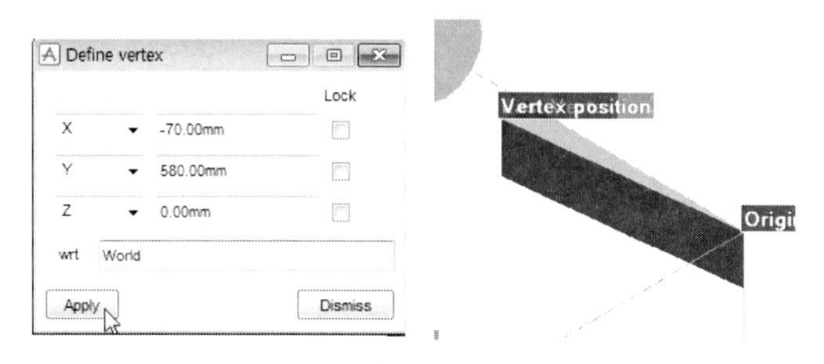

그림 2-5-5: Define Vertex

5. Define Vertex에서 X -1130 Y 580 Z 0을 입력하고 Apply를 선택한다.

그림 2-5-6: Define Vertex

6. Define Vertex에서 X -1156 Y 574 Z 0을 입력하고 Apply를 선택한다.

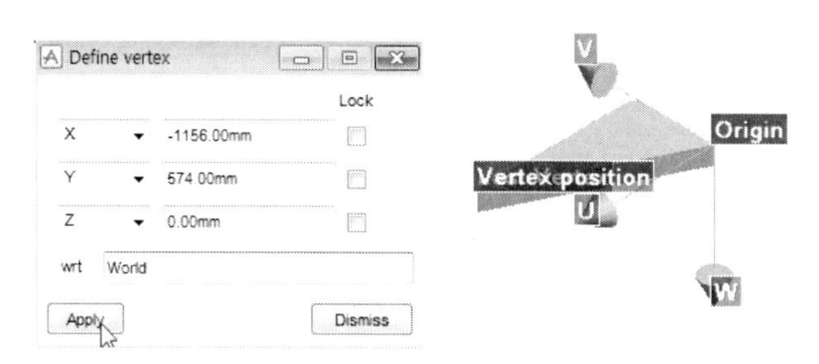

그림 2-5-7: Define Vertex

7. Define Vertex에서 X -1179 Y 559 Z 0을 입력하고 Apply를 선택한다.

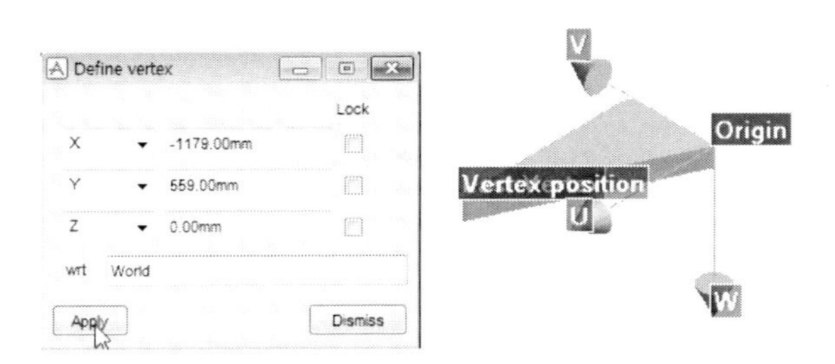

그림 2-5-8: Define Vertex

8. Define Vertex에서 X -1194 Y 536 Z 0을 입력하고 Apply를 선택한다.

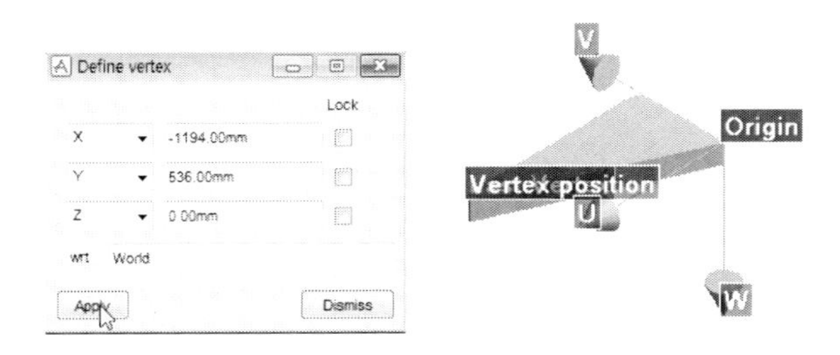

그림 2-5-9: Define Vertex

9. Define Vertex에서 X -1200 Y 510 Z 0을 입력하고 Apply를 선택한다.

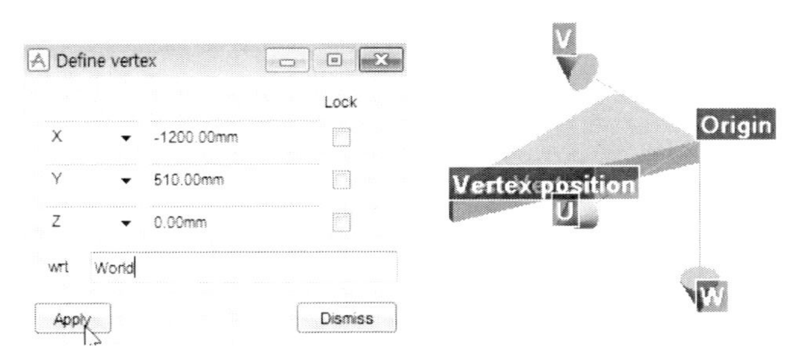

그림 2-5-10: Define Vertex

10. Define Vertex에서 dismiss를 선택한다. Create Extrusion에서 OK를 선택한다.

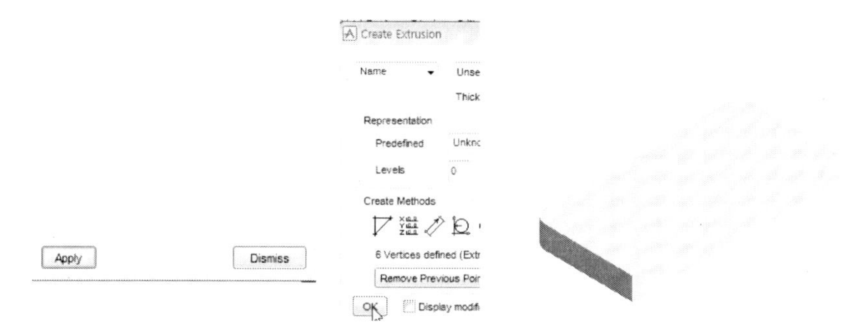

그림 2-5-11: Define Vertex

11. Attribute Orientation WRT에서 Y is Z and Z is Y를 입력한다.

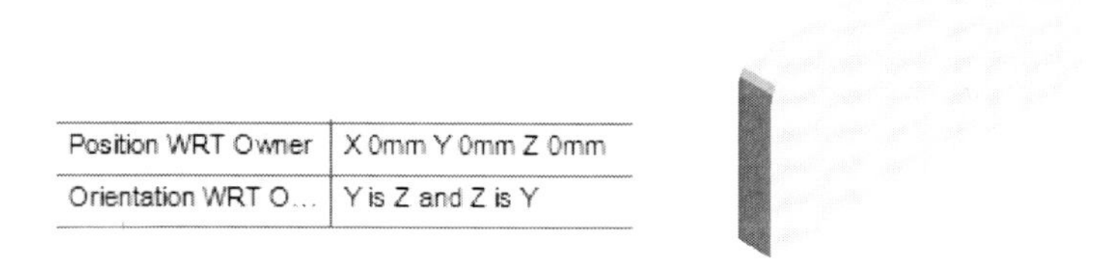

그림 2-5-12: Define Vertex

12. Extrusion을 선택한다.

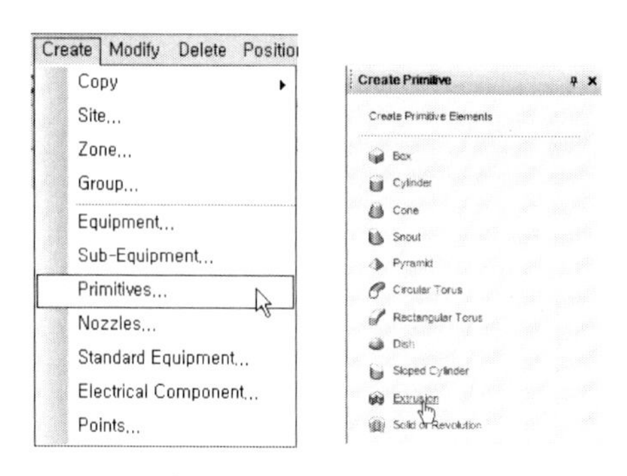

그림 2-5-13: Extrusion

13. Define Vertex에서 X 480 Y 130 Z 0을 입력하고 Apply를 선택한다.

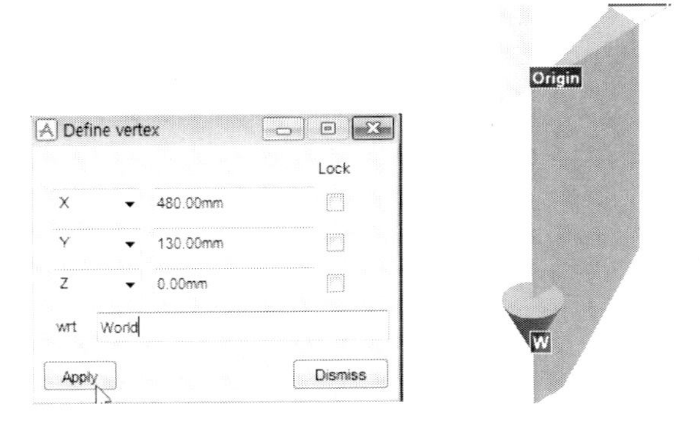

그림 2-5-14: Define Vertex

14. Define Vertex에서 X 50 Y 130 Z 0을 입력하고 Apply를 선택한다.

그림 2-5-15: Define Vertex

15. Define Vertex에서 X 43 Y 129 Z 0을 입력하고 Apply를 선택한다.

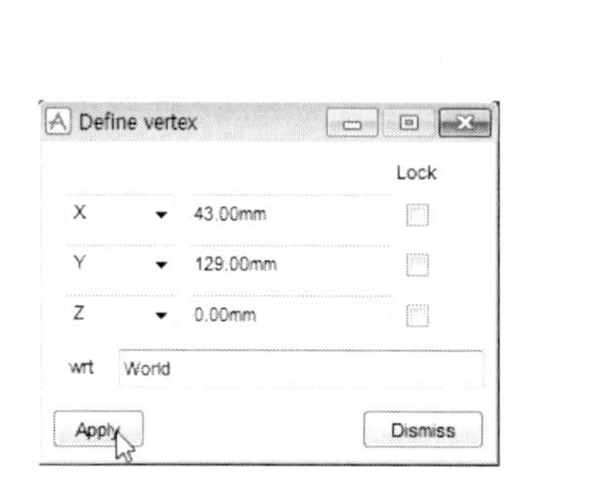

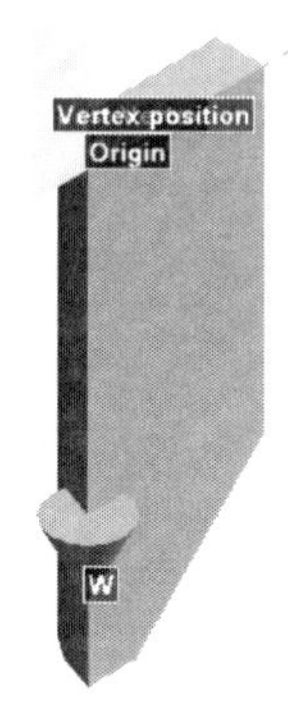

그림 2-5-16: Define Vertex

16. Define Vertex에서 X 38 Y 128 Z 0을 입력하고 Apply를 선택한다.

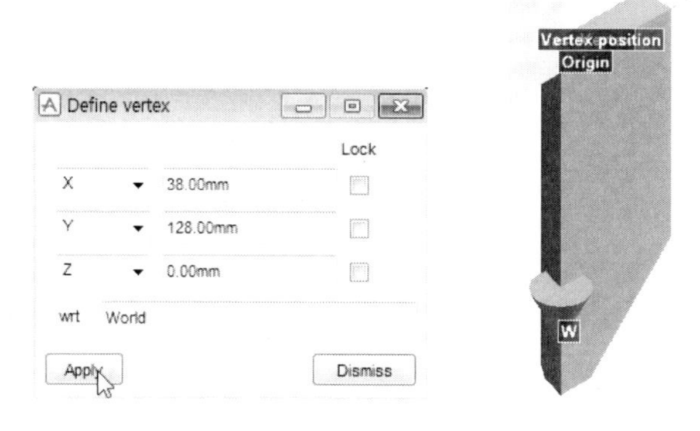

그림 2-5-17: Define Vertex

17. Define Vertex에서 X 32 Y 126 Z 0을 입력하고 Apply를 선택한다.

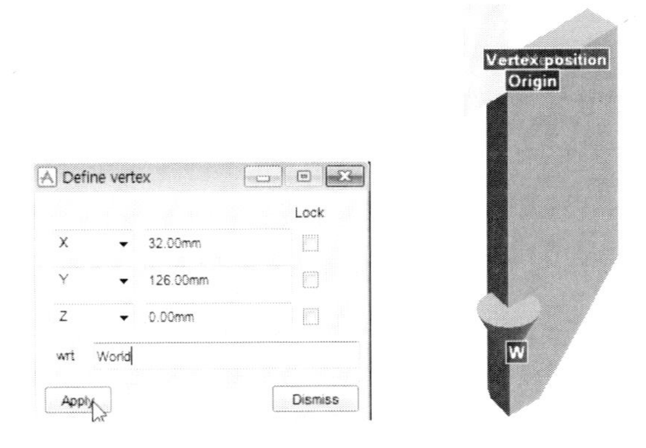

그림 2-5-18: Define Vertex

18. Define Vertex에서 X 21 Y 121 Z 0을 입력하고 Apply를 선택한다.

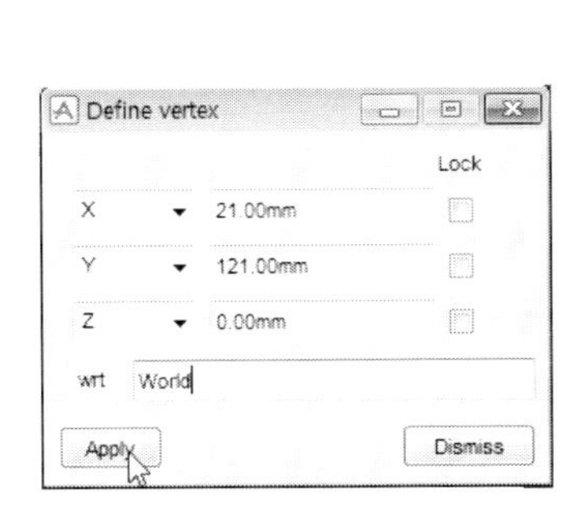

그림 2-5-19: Define Vertex

19. Define Vertex에서 X 16 Y 117 Z 0을 입력하고 Apply를 선택한다.

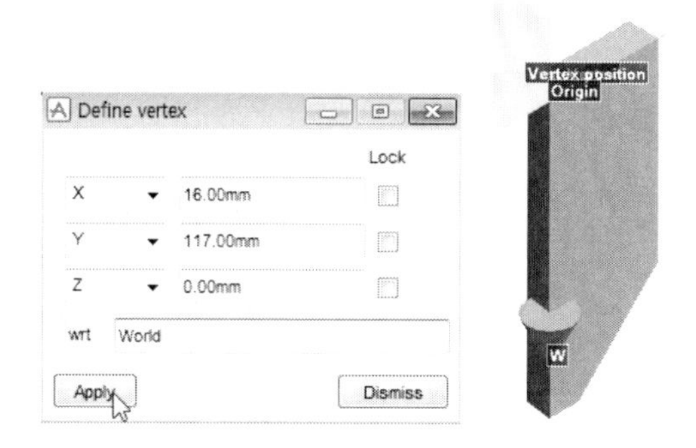

그림 2-5-20: Define Vertex

20. Define Vertex에서 X 12 Y 113 Z 0을 입력하고 Apply를 선택한다.

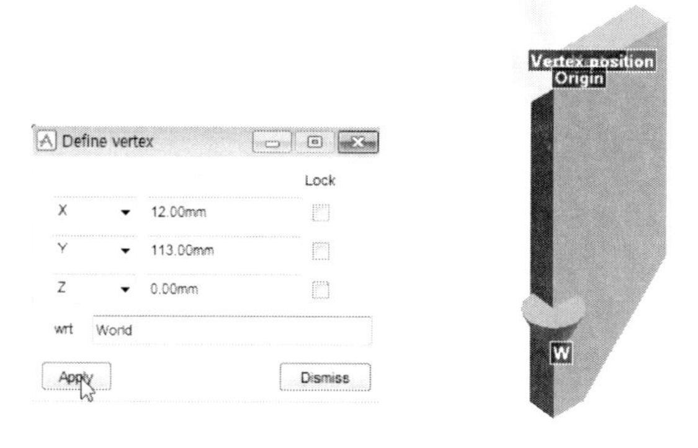

그림 2-5-21: Define Vertex

21. Define Vertex에서 X 8 Y 108 Z 0을 입력하고 Apply를 선택한다.

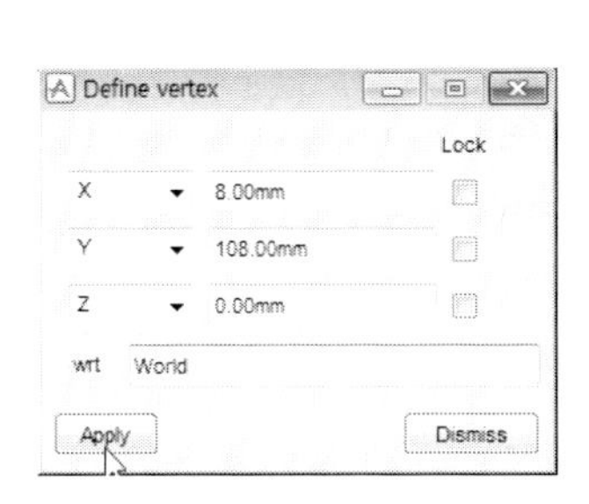

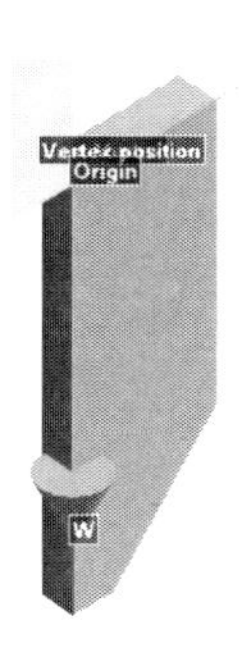

그림 2-5-22: Define Vertex

22. Define Vertex에서 X 5 Y 103 Z 0을 입력하고 Apply를 선택한다.

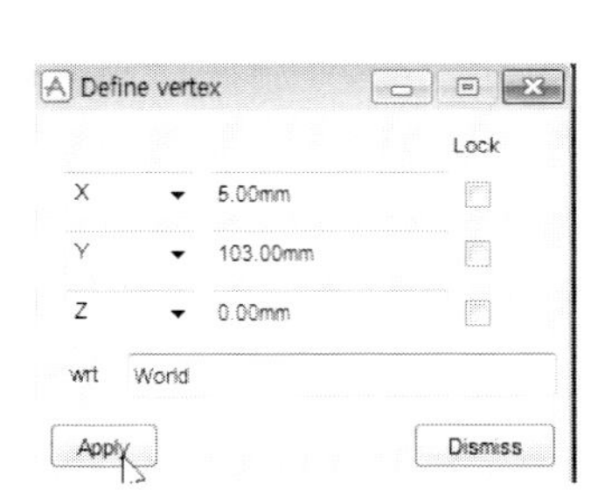

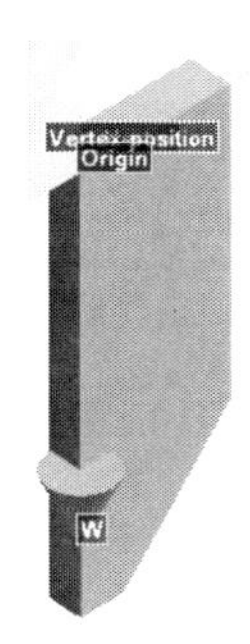

그림 2-5-23: Define Vertex

23. Define Vertex에서 X 3 Y 97 Z 0을 입력하고 Apply를 선택한다.

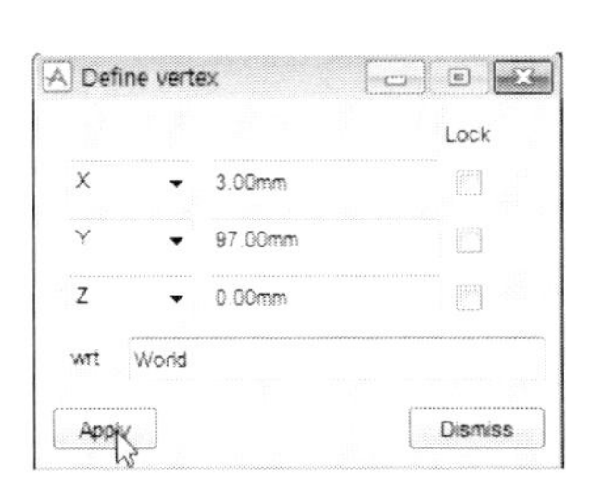

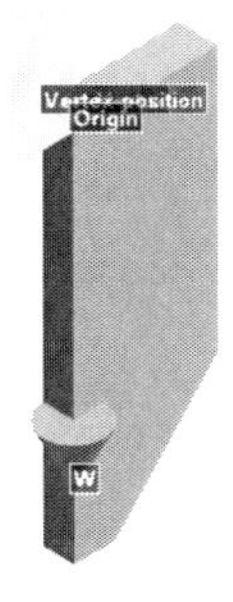

그림 2-5-24: Define Vertex

24. Define Vertex에서 X 1 Y 91 Z 0을 입력하고 Apply를 선택한다.

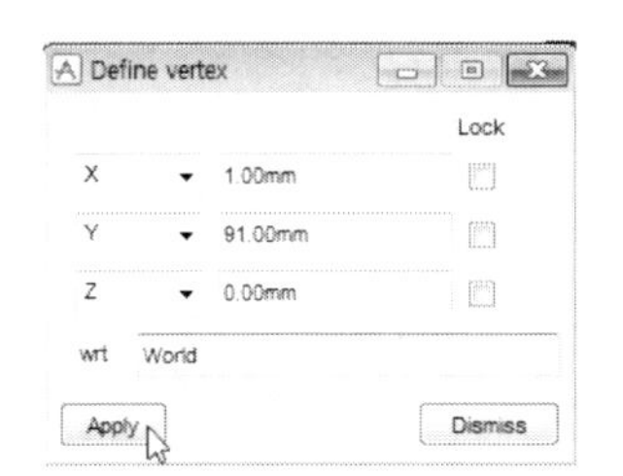

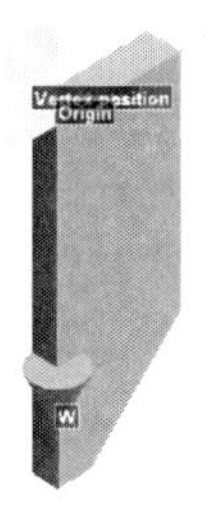

그림 2-5-25: Define Vertex

25. Define Vertex에서 X 0 Y 86 Z 0을 입력하고 Apply를 선택한다.

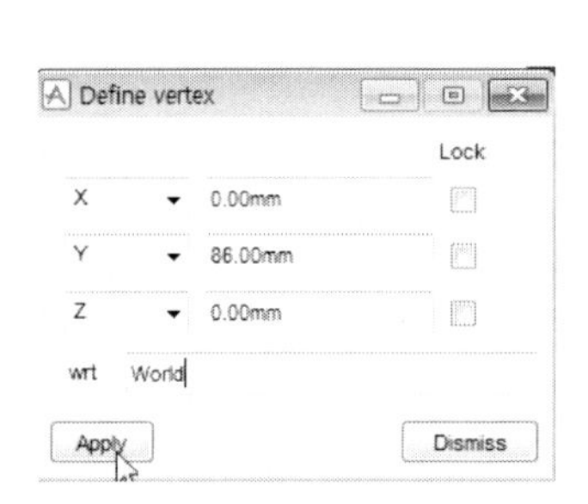

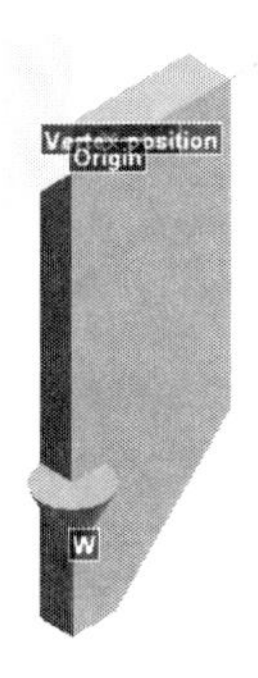

그림 2-5-26: Define Vertex

26. Define Vertex에서 dismiss를 선택한다. Create Extrusion에서 OK를 선택한다.

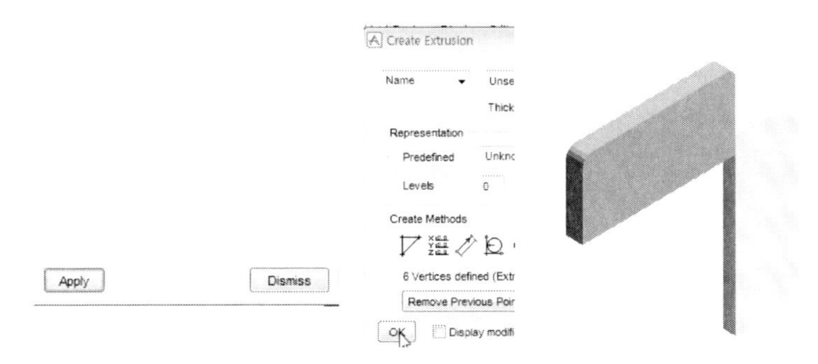

그림 2-5-27: Define Vertex

27. X 1140, Y 40, Z 220 Box를 생성한다. ISO 3을 선택한다.

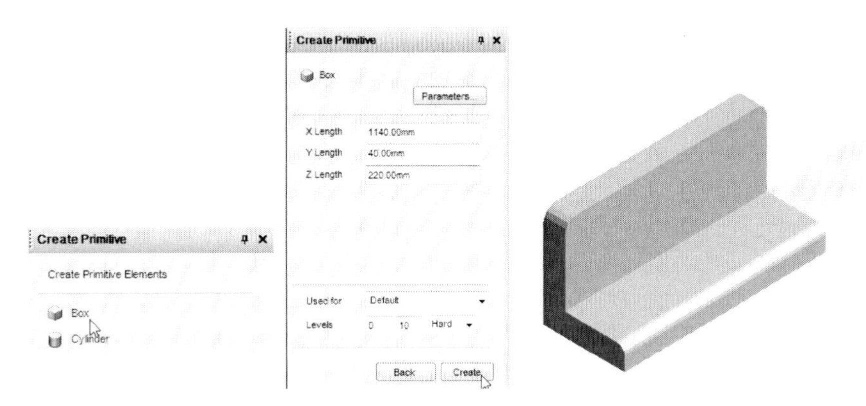

그림 2-5-28: Box

28. Attribute Position에 X -600, Y 100, Z -110 입력한다.

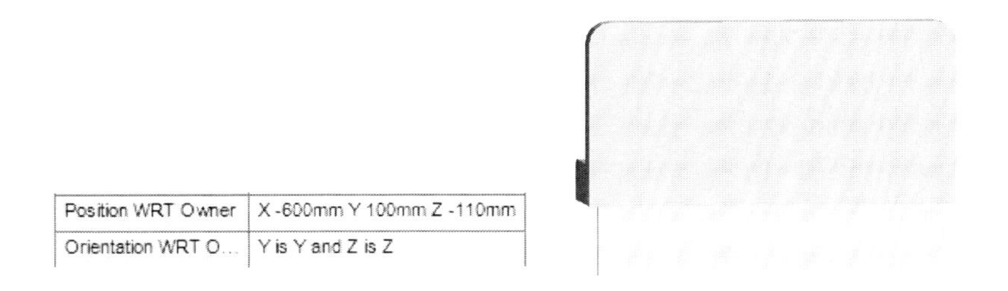

그림 2-5-29: Position

29. X 1140, Y 420, Z 220 Box를 생성한다.

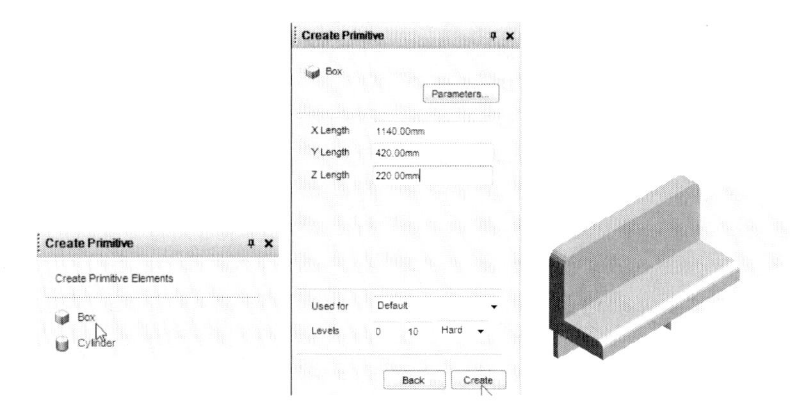

그림 2-5-30: Box

30. Attribute Position에 X -600, Y -140, Z -110 입력한다.

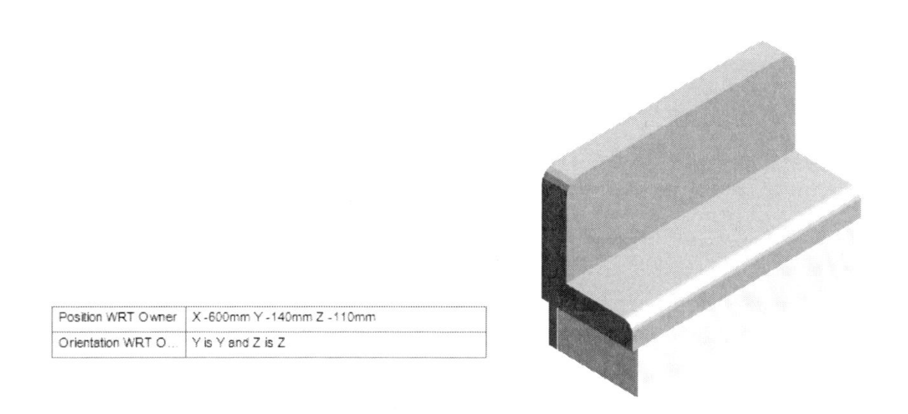

Position WRT Owner	X -600mm Y -140mm Z -110mm
Orientation WRT O...	Y is Y and Z is Z

그림 2-5-31: Position

2-6. EQUIPMENT 예제-6

다음 EQUIPMENT을 모델링한다.

Site : MY-EQUI-SITE-01

Zone : MY-EQUI-ZONE-01

Equi : MY-EQUI-2_6

BOX X Length 980 Y Length 580 Z Length 10

BOX X Length 50 Y Length 50 Z Length 510

BOX X Length 1000 Y Length 50 Z Length 50

BOX X Length 50 Y Length 600 Z Length 50

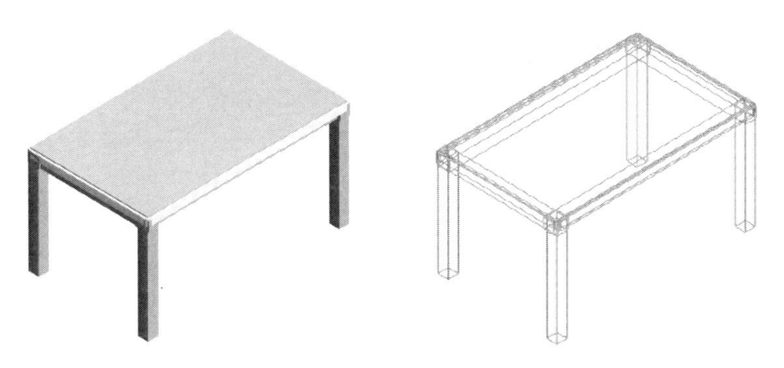

그림 2-6-1: Equipment

1. X 980, Y 580, Z 10 Box를 생성한다. ISO 3을 선택한다.

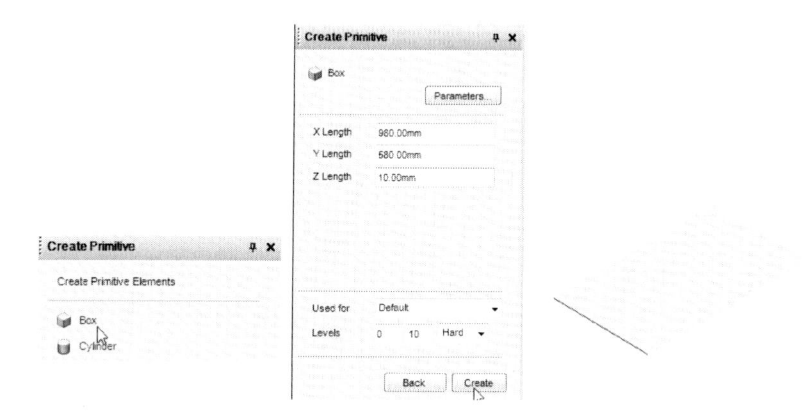

그림 2-6-2: Box

2. X 50, Y 50, Z 510 Box를 생성한다.

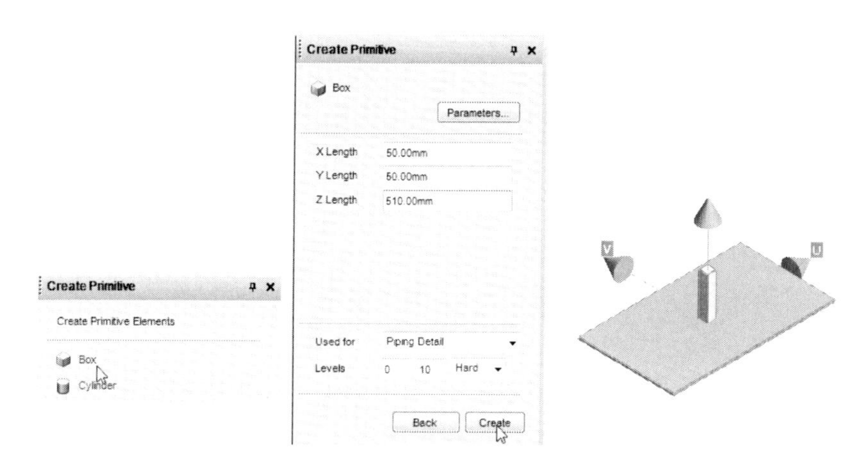

그림 2-6-3: Box

3. Attribute Position에 X -470, Y -270, Z -255 입력한다.

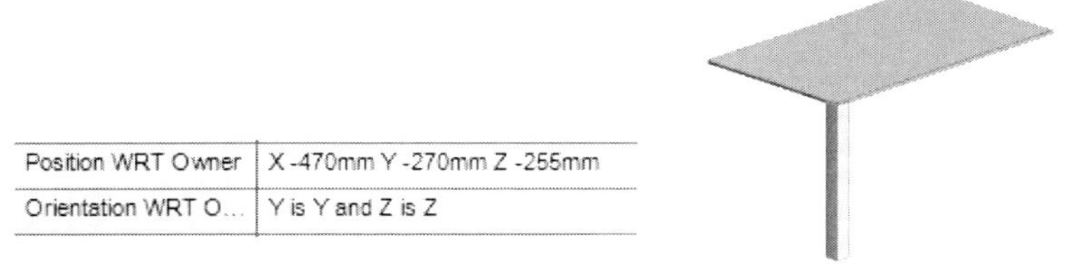

Position WRT Owner	X -470mm Y -270mm Z -255mm
Orientation WRT O...	Y is Y and Z is Z

그림 2-6-4: Position

4. BOX 2를 복사한다. BOX 3을 선택한다. Position에 X 470, Y -270, Z -255 입력한다.

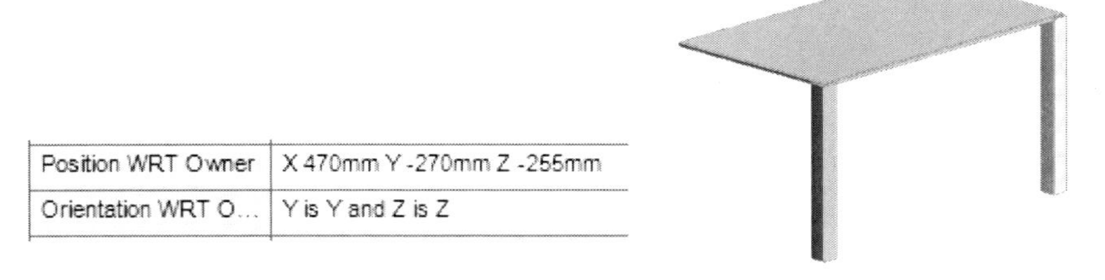

Position WRT Owner	X 470mm Y -270mm Z -255mm
Orientation WRT O...	Y is Y and Z is Z

그림 2-6-5: Position

5. BOX 3를 복사한다. BOX 4을 선택한다. Position에 X 470, Y 270, Z -255 입력한다.

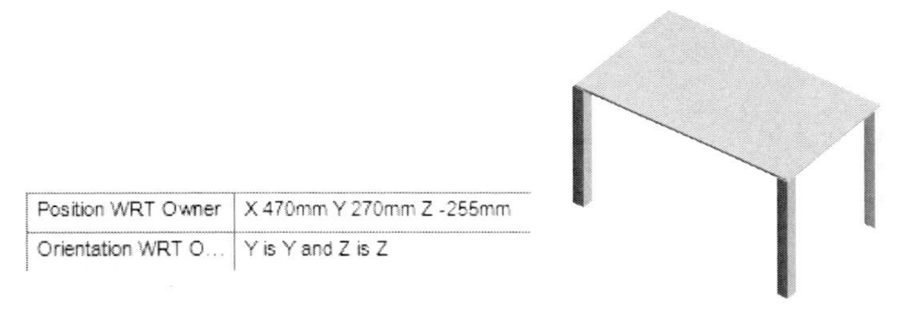

Position WRT Owner	X 470mm Y 270mm Z -255mm
Orientation WRT O...	Y is Y and Z is Z

그림 2-6-6: Position

6. BOX 4를 복사한다. BOX 5을 선택한다. Position에 X -470, Y 270, Z -255 입력한다.

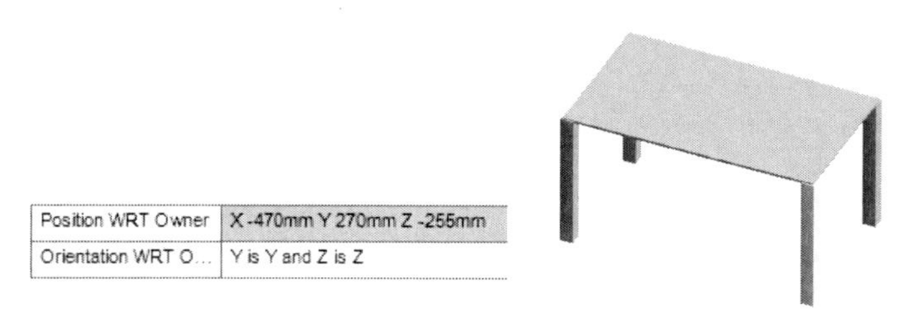

그림 2-6-7: Position

7. X 1000, Y 50, Z 50 Box를 생성한다.

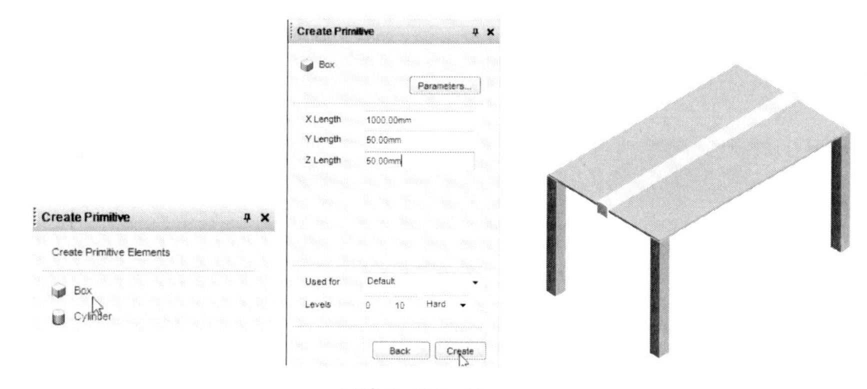

그림 2-6-8: Box

8. Attribute Position에 X 0, Y -260, Z -30 입력한다.

Position WRT Owner	X 0mm Y -260mm Z -30mm
Orientation WRT O...	Y is Y and Z is Z

그림 2-6-9: Position

9. BOX 6를 복사한다. BOX 7을 선택한다. Position에 X 0, Y 260, Z -30 입력한다.

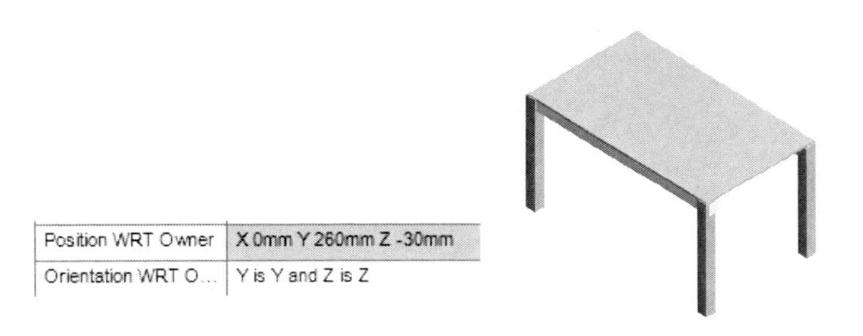

그림 2-6-10: Position

10. X 50, Y 600, Z 50 Box를 생성한다.

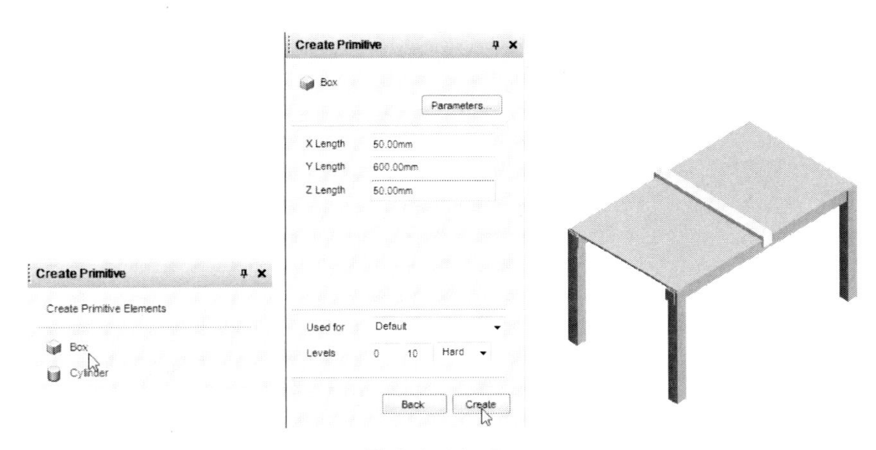

그림 2-6-11: Box

11. Attribute Position에 X -470, Y 0, Z -30 입력한다.

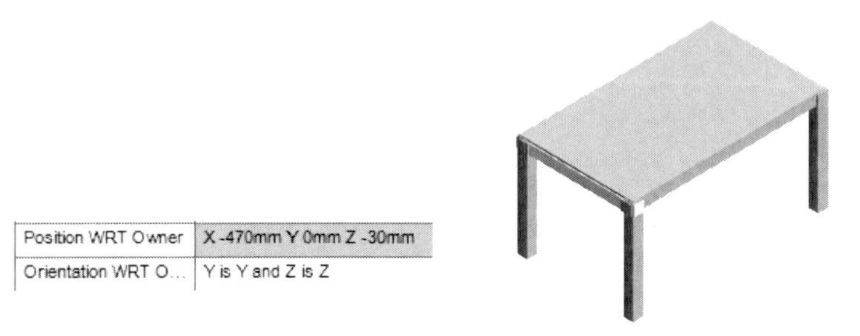

그림 2-6-12: Position

12. BOX 8를 복사한다. BOX 9을 선택한다. Position에 X 470, Y 0, Z -30 입력한다.

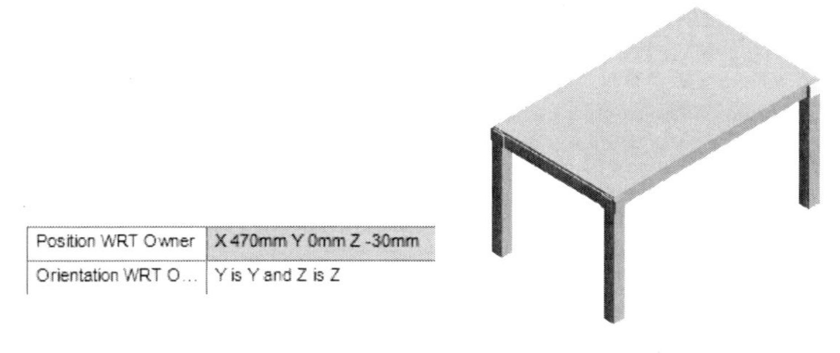

그림 2-6-13: Position

13. Extrusion을 선택한다.

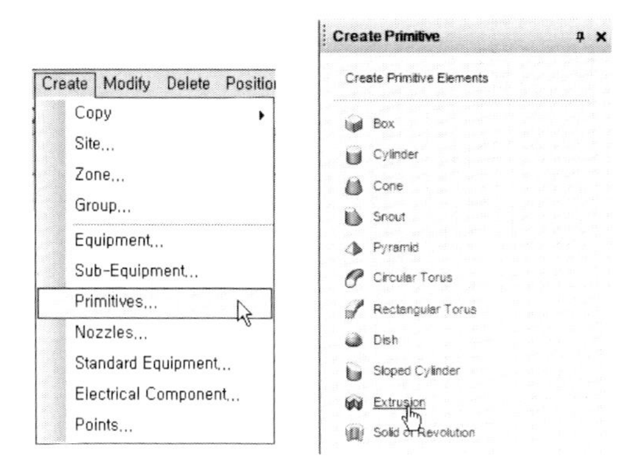

그림 2-6-14: Extrusion

14. Define Vertex에서 X 3 Y -571 Z 0을 입력하고 Apply를 선택한다.

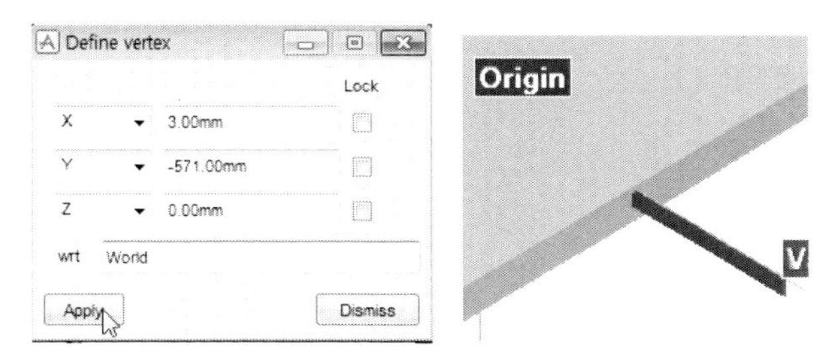

그림 2-6-15: Define Vertex

15. Define Vertex에서 X 5 Y -574 Z 0을 입력하고 Apply를 선택한다.

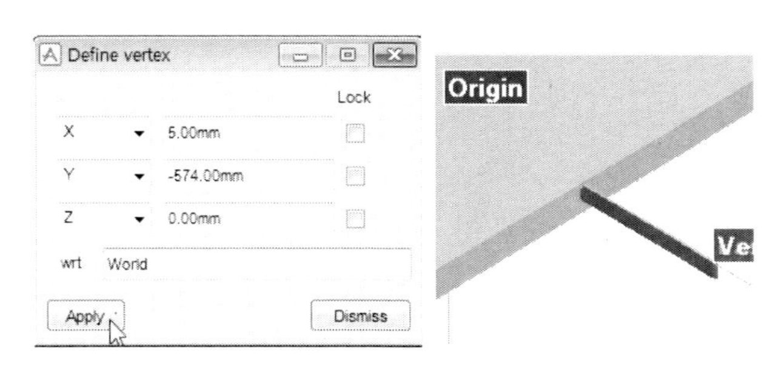

그림 2-6-16: Define Vertex

16. Define Vertex에서 X 8 Y -576 Z 0을 입력하고 Apply를 선택한다.

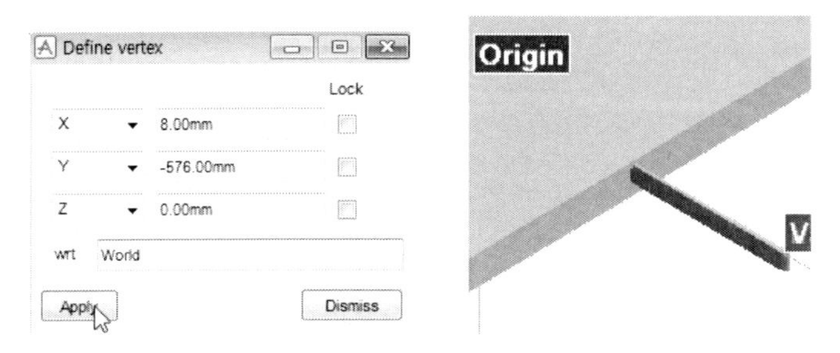

그림 2-6-17: Define Vertex

17. Define Vertex에서 X 12 Y -578 Z 0을 입력하고 Apply를 선택한다.

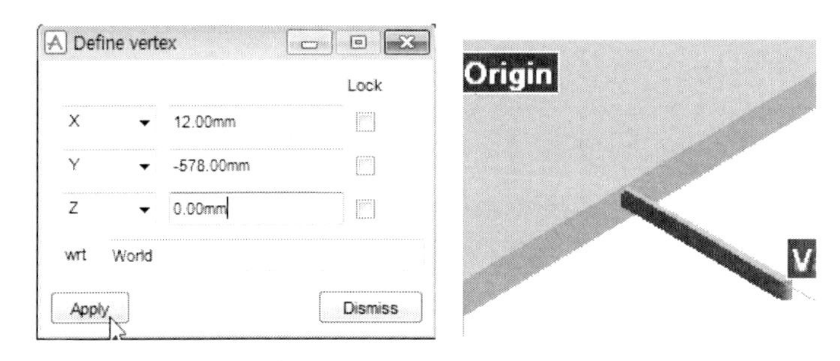

그림 2-6-18: Define Vertex

18. Define Vertex에서 X 16 Y -579 Z 0을 입력하고 Apply를 선택한다.

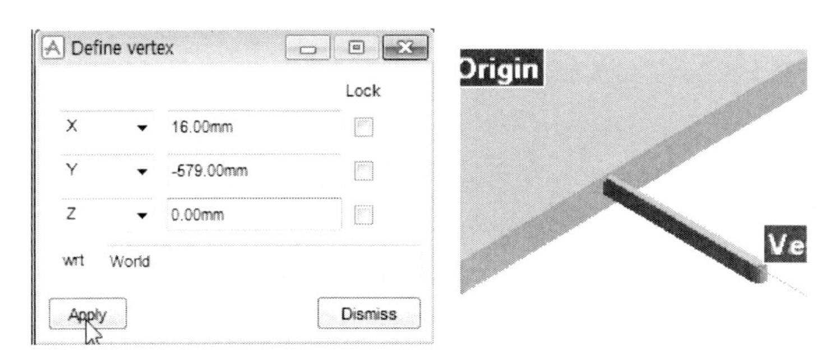

그림 2-6-19: Define Vertex

19. Define Vertex에서 X 987 Y -578 Z 0을 입력하고 Apply를 선택한다.

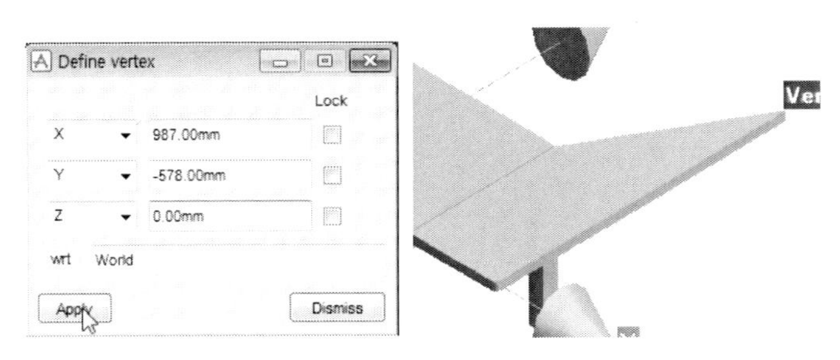

그림 2-6-20: Define Vertex

20. Define Vertex에서 X 991 Y -576 Z 0을 입력하고 Apply를 선택한다.

그림 2-6-21: Define Vertex

21. Define Vertex에서 X 994 Y -574 Z 0을 입력하고 Apply를 선택한다.

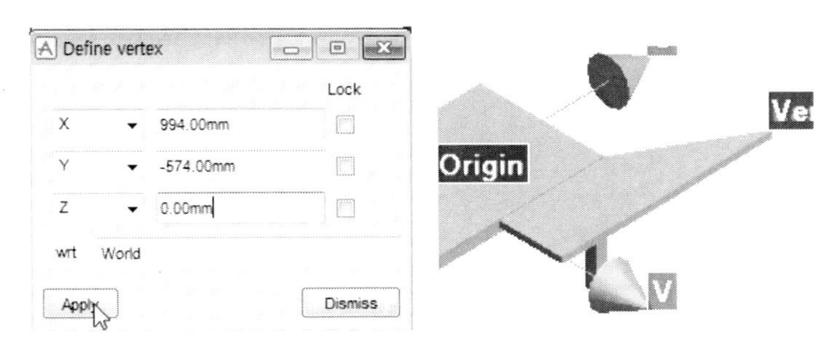

그림 2-6-22: Define Vertex

22. Define Vertex에서 X 996 Y -571 Z 0을 입력하고 Apply를 선택한다.

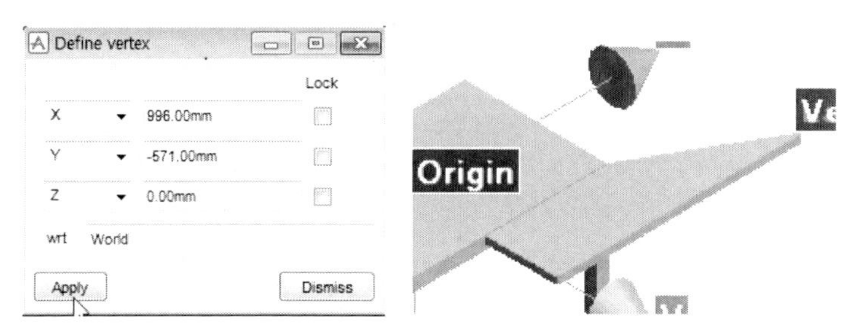

그림 2-6-23: Define Vertex

23. Define Vertex에서 X 998 Y -567 Z 0을 입력하고 Apply를 선택한다.

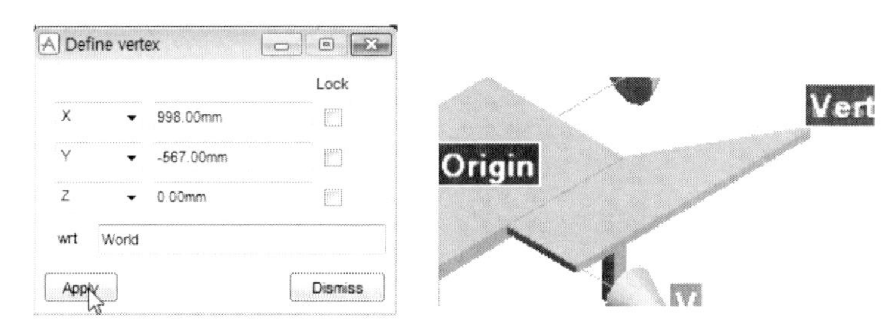

그림 2-6-24: Define Vertex

24. Define Vertex에서 X 999 Y -563 Z 0을 입력하고 Apply를 선택한다.

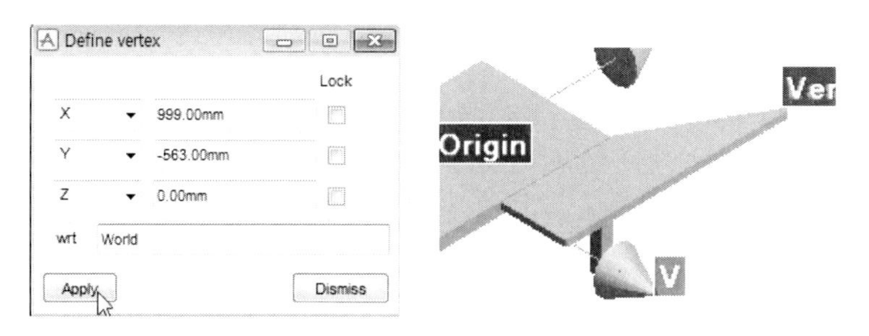

그림 2-6-25: Define Vertex

25. Define Vertex에서 X 1000 Y -560 Z 0을 입력하고 Apply를 선택한다.

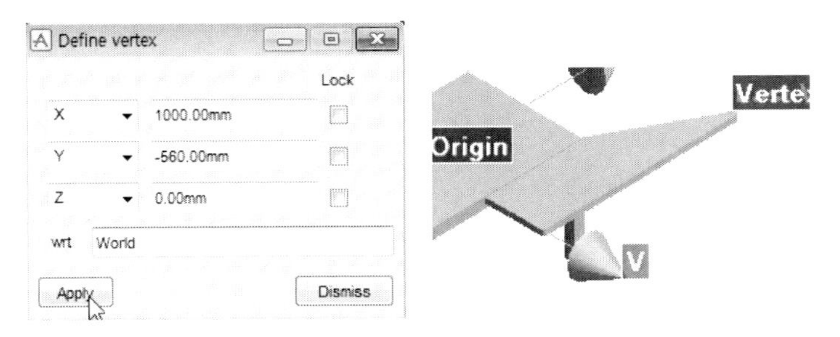

그림 2-6-26: Define Vertex

26. Define Vertex에서 X 996 Y 11 Z 0을 입력하고 Apply를 선택한다.

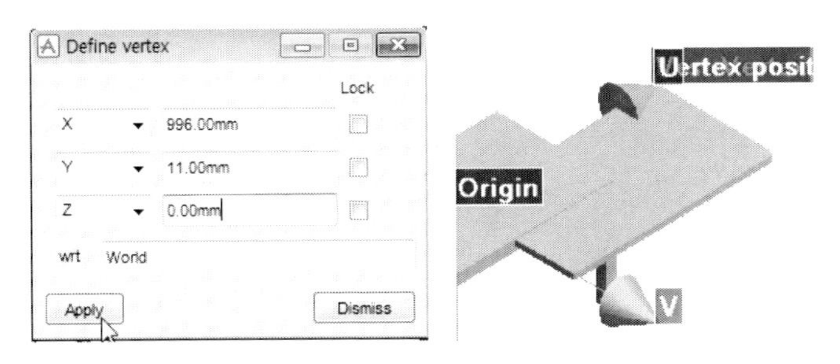

그림 2-6-27: Define Vertex

27. Define Vertex에서 X 994 Y 14 Z 0을 입력하고 Apply를 선택한다.

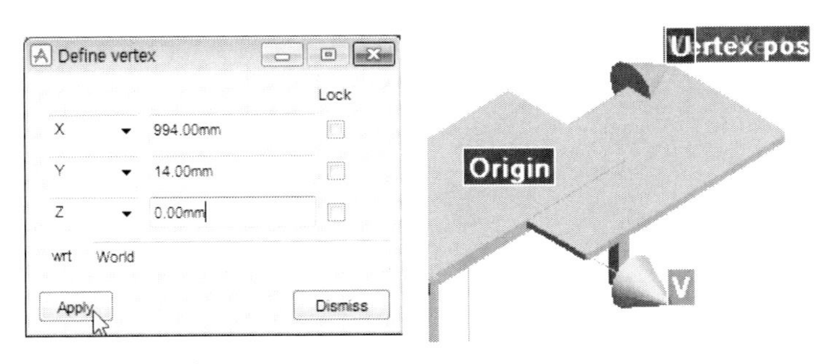

그림 2-6-28: Define Vertex

28. Define Vertex에서 X 991 Y 16 Z 0을 입력하고 Apply를 선택한다.

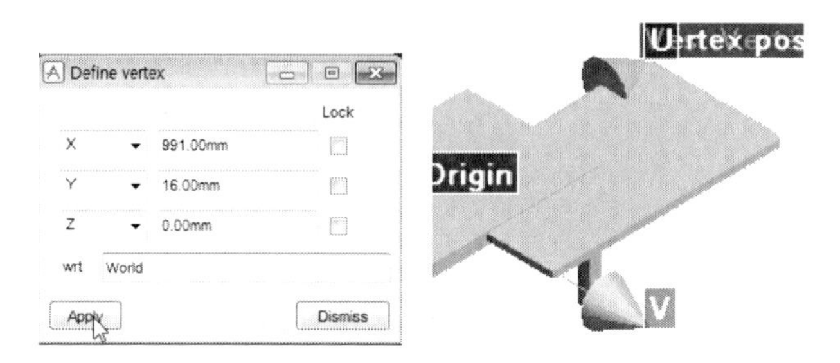

그림 2-6-29: Define Vertex

29. Define Vertex에서 X 987 Y 18 Z 0을 입력하고 Apply를 선택한다.

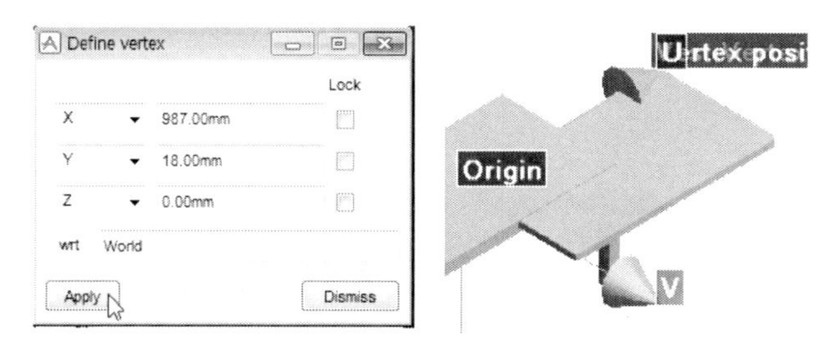

그림 2-6-30: Define Vertex

30. Define Vertex에서 X 983 Y 19 Z 0을 입력하고 Apply를 선택한다.

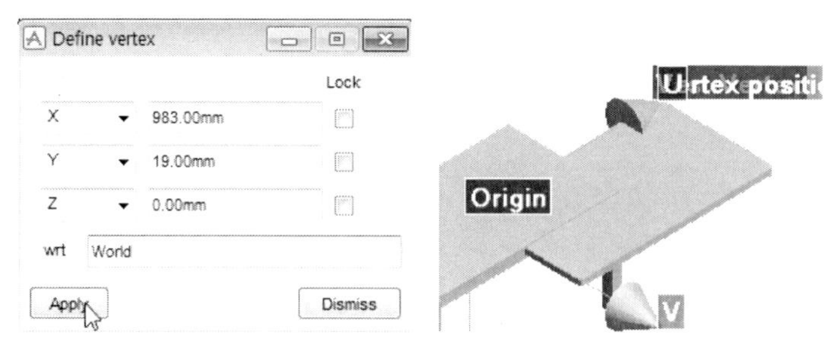

그림 2-6-31: Define Vertex

31. Define Vertex에서 X 980 Y 20 Z 0을 입력하고 Apply를 선택한다.

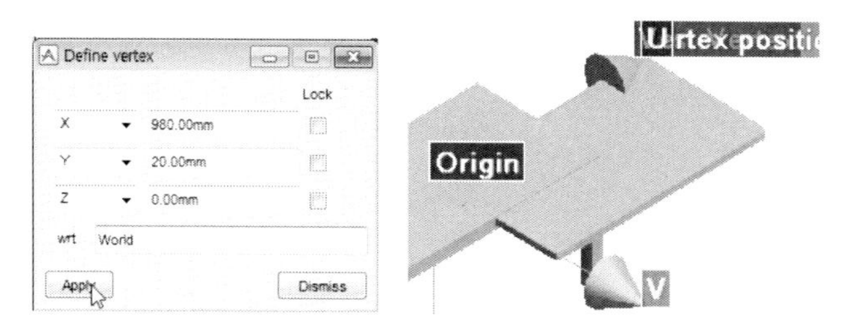

그림 2-6-32: Define Vertex

32. Define Vertex에서 X 20 Y 20 Z 0을 입력하고 Apply를 선택한다.

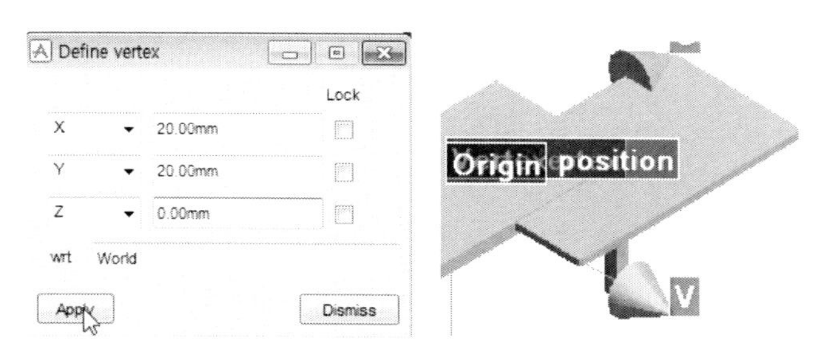

그림 2-6-33: Define Vertex

33. Define Vertex에서 X 16 Y 19 Z 0을 입력하고 Apply를 선택한다.

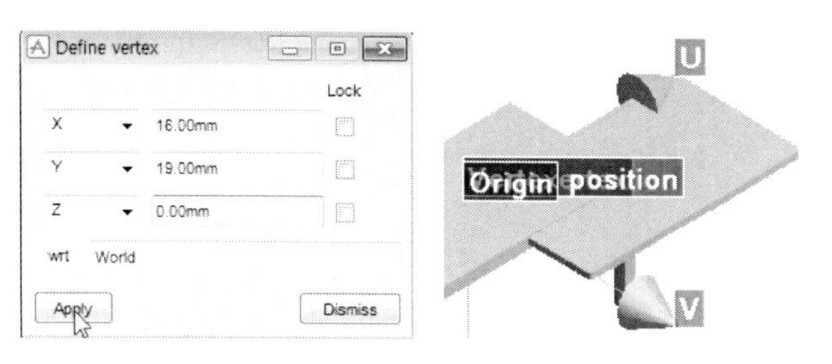

그림 2-6-34: Define Vertex

34. Define Vertex에서 X 12 Y 18 Z 0을 입력하고 Apply를 선택한다.

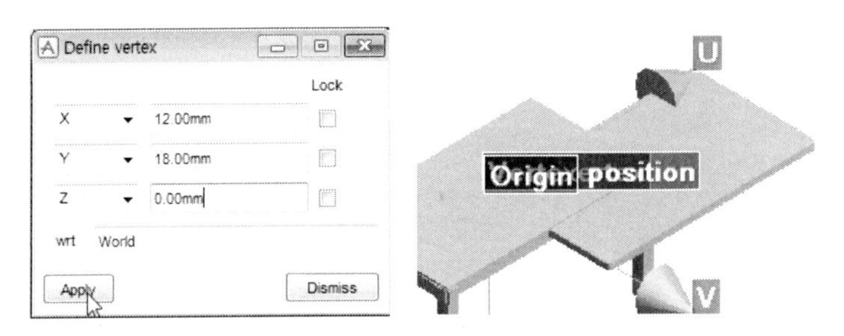

그림 2-6-35: Define Vertex

35. Define Vertex에서 X 8 Y 16 Z 0을 입력하고 Apply를 선택한다.

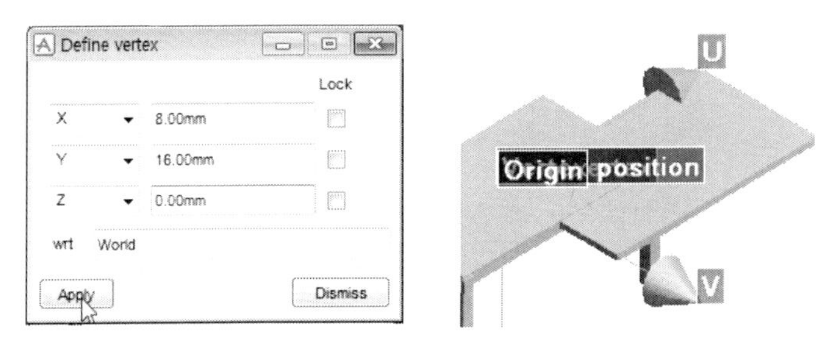

그림 2-6-36: Define Vertex

36. Define Vertex에서 X 3 Y 11 Z 0을 입력하고 Apply를 선택한다.

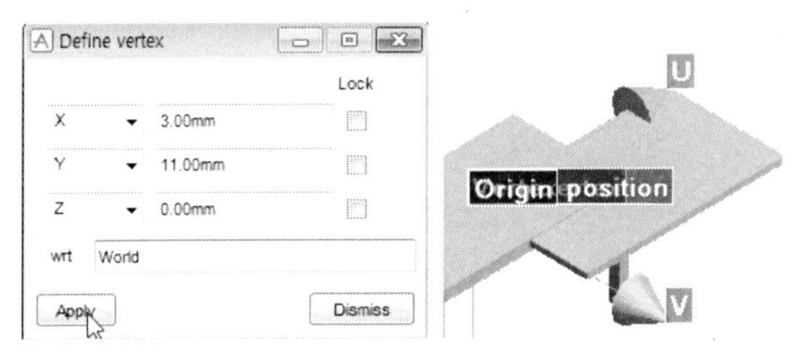

그림 2-6-37: Define Vertex

37. Define Vertex에서 X 1 Y 7 Z 0을 입력하고 Apply를 선택한다.

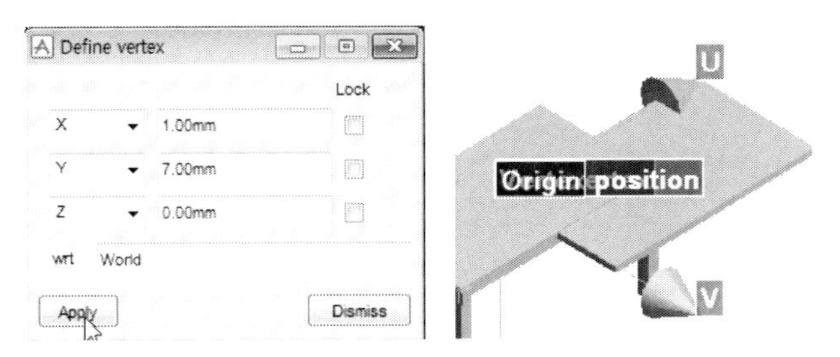

그림 2-6-38: Define Vertex

38. Define Vertex에서 dismiss를 선택한다. Create Extrusion에서 OK를 선택한다.

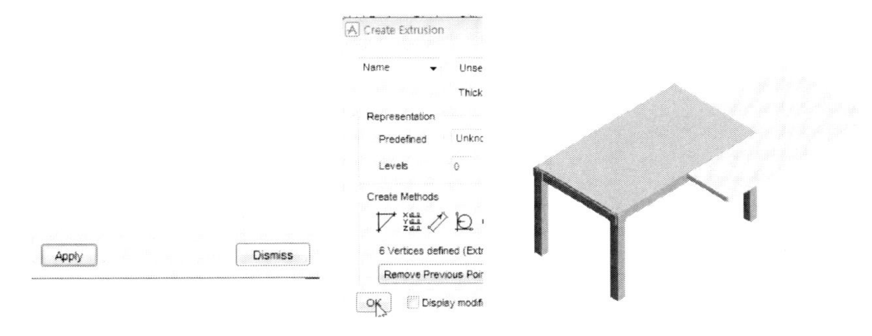

그림 2-6-39: Define Vertex

39. Orientation WRT에서 Y is -Y and Z is -Z를 입력한다. Position에 X -500, Y 280, Z 0 입력한다.

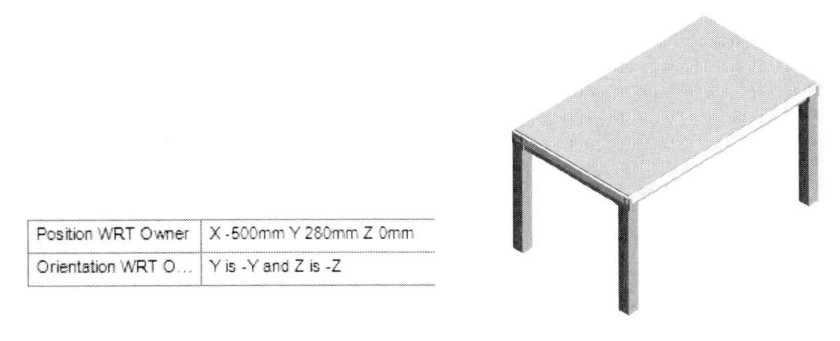

Position WRT Owner	X -500mm Y 280mm Z 0mm
Orientation WRT O...	Y is -Y and Z is -Z

그림 2-6-40: Orientation WRT

3장 EQUIPMENT MODELLING 실습 III

3-1. EQUIPMENT 예제-1

다음 EQUIPMENT을 모델링한다.

Site : MY-EQUI-SITE-01
Zone : MY-EQUI-ZONE-02
Equi : MY-EQUI-3_1

Cylinder Height 5000 Dia 4000, Cylinder Height 6000 Dia 200
Box X 8000, Y 8000, Z 400, Cylinder Height 500 Dia 200

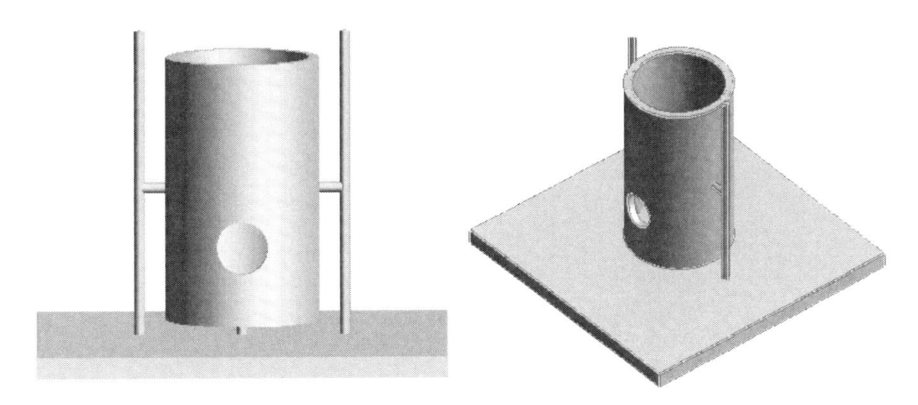

그림 3-1-1: Equipment

1. 실린더를 선택한다.

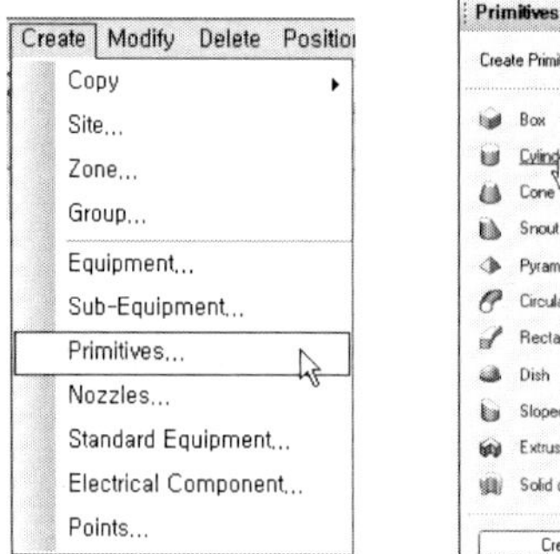

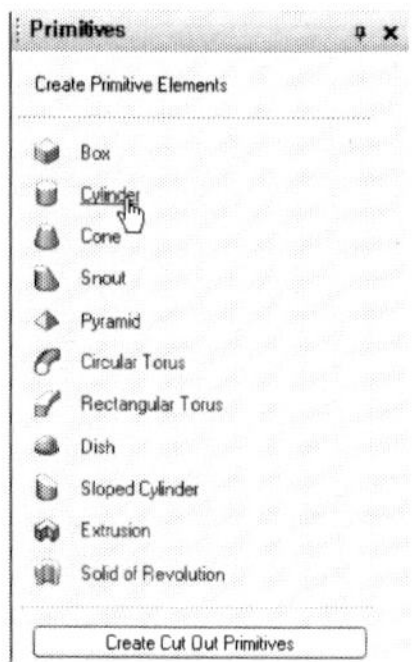

그림 3-1-2: Cylinder

2. 높이 5000과 지름 3000을 입력하고 Create를 클릭한다.

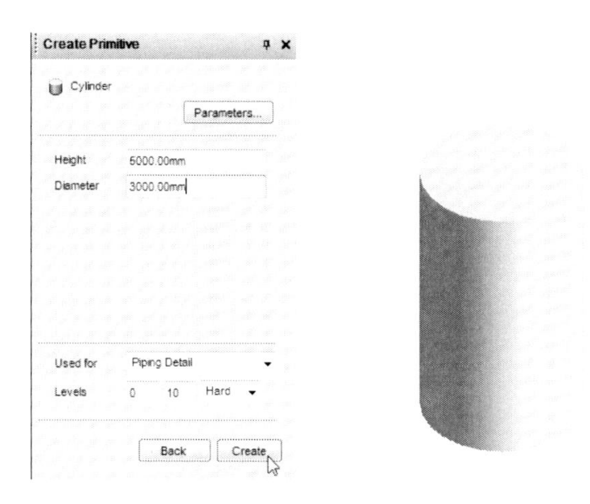

그림 3-1-3: Cylinder

3. 높이 6000, 지름 200 실린더를 생성한다.

그림 3-1-4: Cylinder

4. Position 메뉴에서 X 2000 Y 0 Z 0을 입력한다.

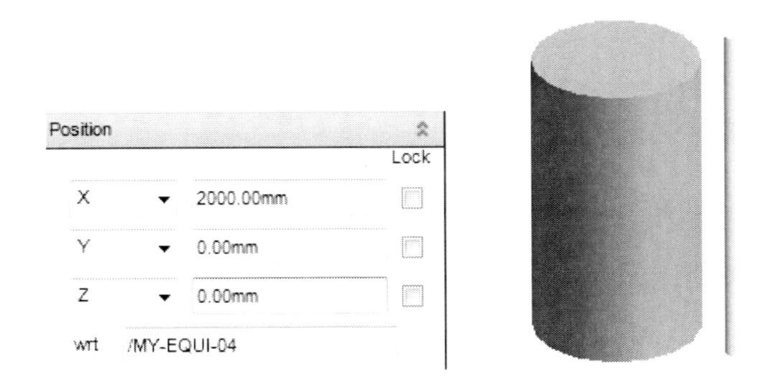

그림 3-1-5: Position

5. CYLI 2를 복사하고 Position 메뉴에서 X -2000 Y 0 Z 0을 입력한다.

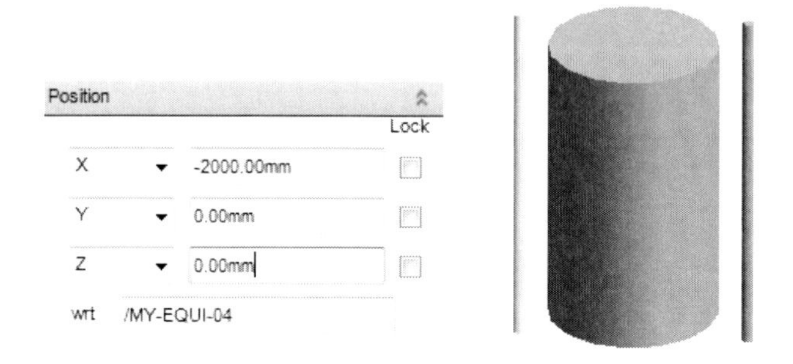

그림 3-1-6: Position

6. X 8000, Y 8000, Z 400 Box를 생성한다.

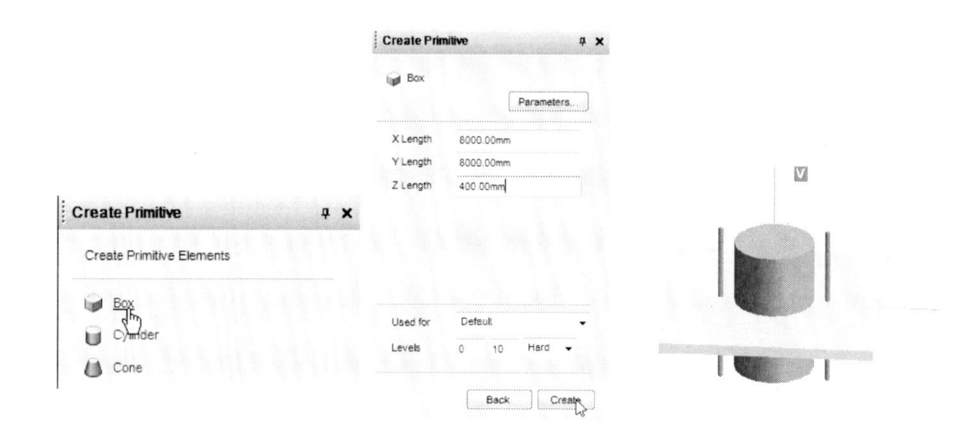

그림 3-1-7: Box

7. Position에서 X 0 Y 0 Z -3000을 입력한다.

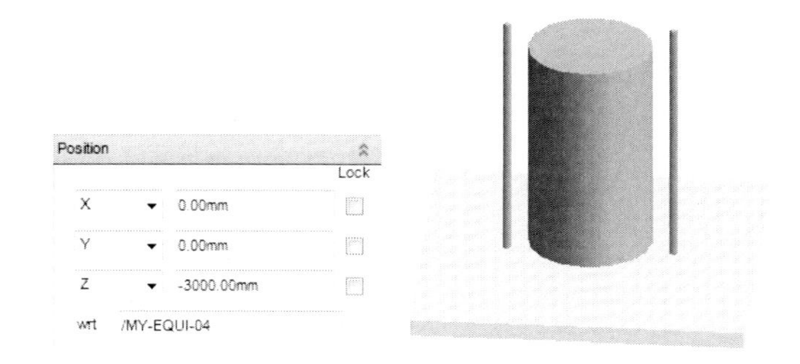

그림 3-1-8: Position

8. 높이 500, 지름 200 실린더를 생성한다.

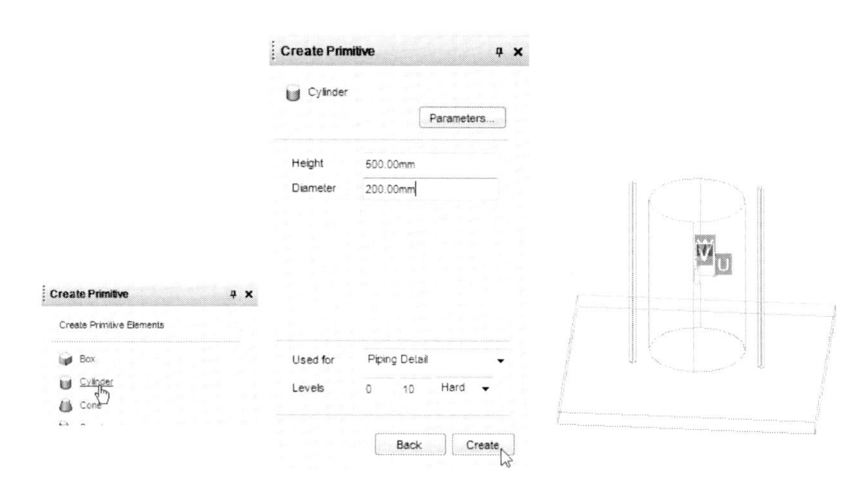

그림 3-1-9: Cylinder

9. Position 메뉴에서 X 0 Y 0 Z -2750을 입력한다.

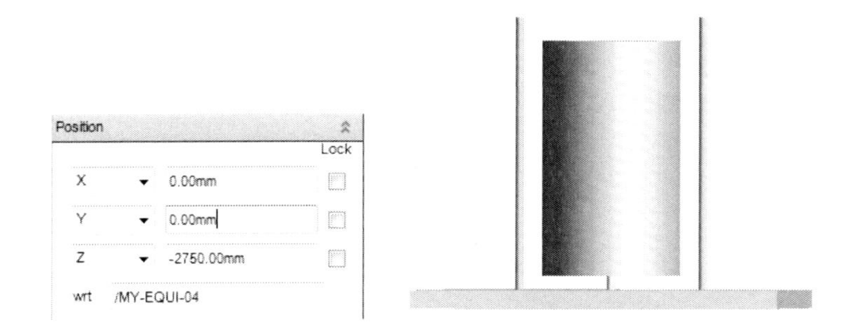

그림 3-1-10: Position

10. 높이 500, 지름 200 실린더를 생성한다.

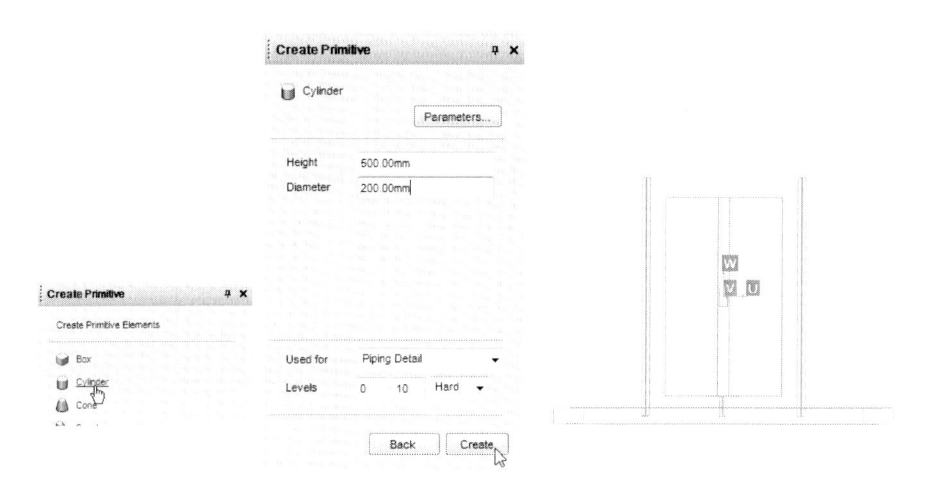

그림 3-1-11: Cylinder

11. Position 메뉴에서 X 1700 Y 0 Z 0을 입력한다. Rotate를 선택하고 Angle 90 Direction V를 선택하고 Apply를 선택한다.

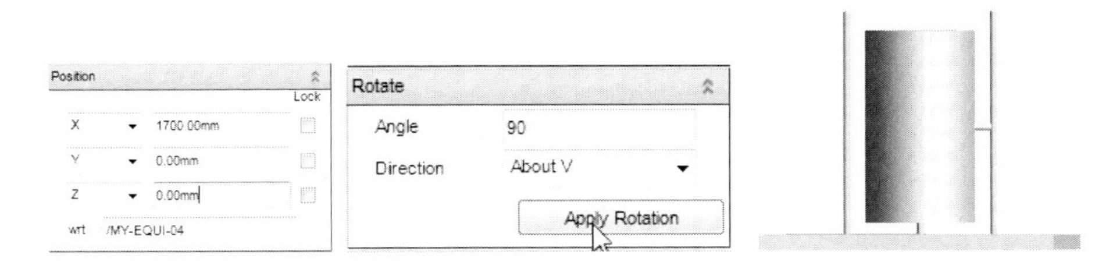

그림 3-1-12: Position

12. Design Explore에서 CYLI 5를 선택하고, 메뉴에서 Create ➡ Copy ➡ Mirror를 선택한다. 메뉴에서 Direction -X를 입력하고 Apply를 선택한다. Retain created copies에서 Yes를 선택하고 Dismiss를 선택한다.

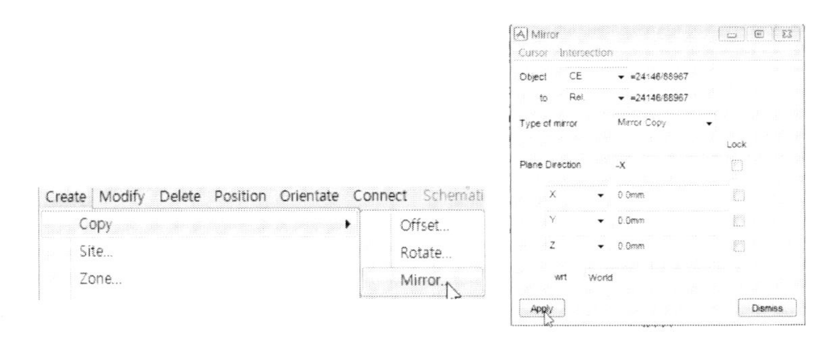

그림 3-1-13: Mirror

13. Retain created copies에서 Yes를 선택하고 Dismiss를 선택한다.

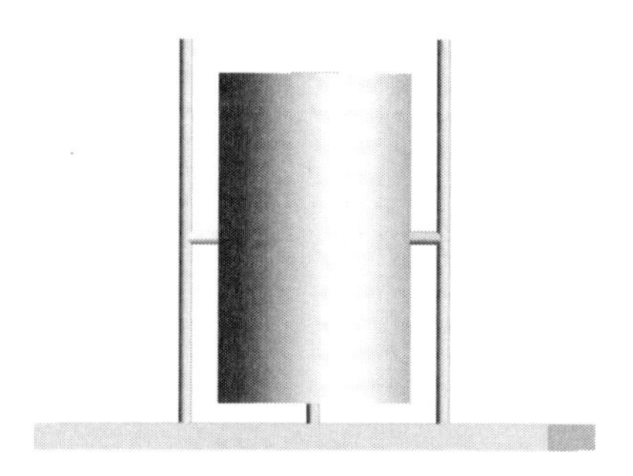

그림 3-1-14: Dismiss

14. CYLI 1을 선택한다. Primitives에서 Switch to Negative Primitive를 선택한다.

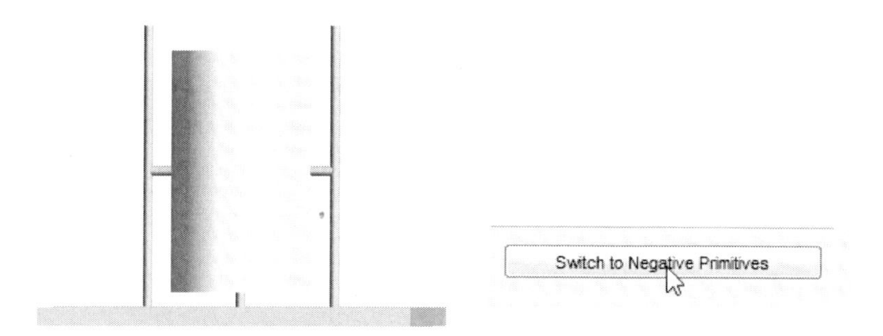

그림 3-1-15: Negative Primitive

15. Rotate를 선택하고 Angle 90 Direction V를 선택하고 Apply를 선택한다. Position 메뉴에서 X 0 Y -1500 Z 1000을 입력한다.

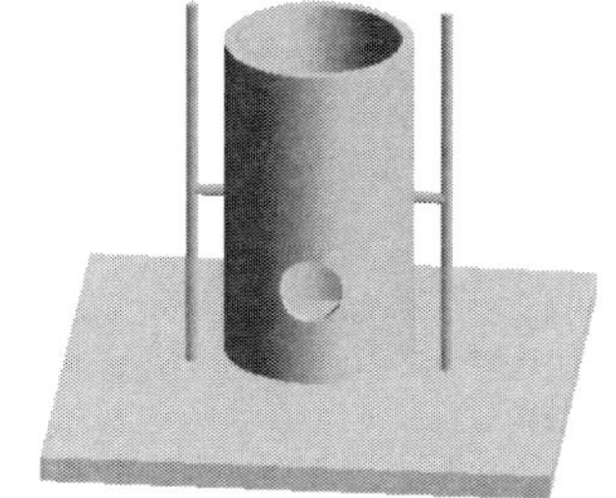

그림 3-1-16: Rotate

3-2. EQUIPMENT 예제-2

다음 EQUIPMENT을 모델링한다.

Site : MY-EQUI-SITE-01
Zone : MY-EQUI-ZONE-02
Equi : MY-EQUI-3_2

BOX XLEN 150 YLEN 780 ZLEN 8, CYLINDER DIAM 18 Height 8
CYLINDER DIAM 1000 Height 480, CYLINDER DIAM 76 Height 15
CYLINDER DIAM 175 Height 18, CYLINDER DIAM 155 Height 16
CTORUS RINS 60 ROUT 120, CYLINDER DIAM 60 Height 987
CONE DTOP 60 DBOT 76 Height 134,
CYLINDER DIAM 60 Height 393,
CYLINDER DIAM 95 Height 12, CYLINDER DIAM 22 Height 201
BOX XLEN 280 YLEN 380 ZLEN 600,
BOX XLEN 200 YLEN 400 ZLEN 400,
BOX XLEN 20 YLEN 20 ZLEN 249,
BOX XLEN 30 YLEN 30 ZLEN 164

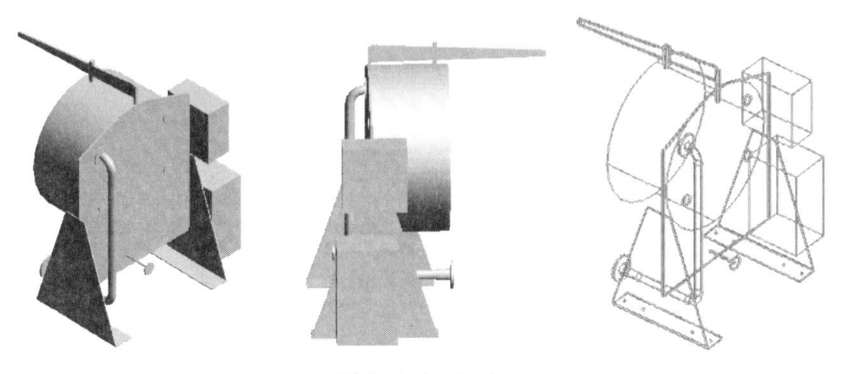

그림 3-2-1: Equipment

1. Extrusion을 선택한다.

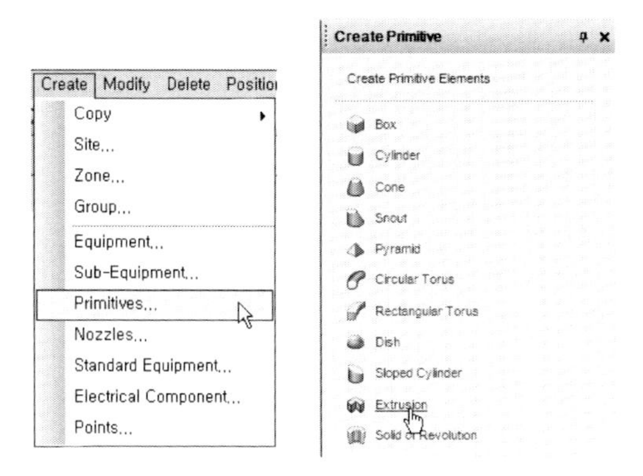

그림 3-2-2: Extrusion

2. Define Vertex에서 X 303 Y -849 Z 0을 입력하고 Apply를 선택한다.

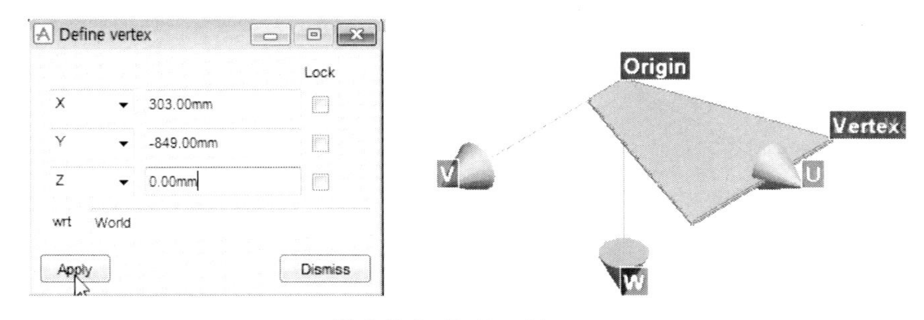

그림 3-2-3: Define Vertex

3. ISO3을 선택한다.

그림 3-2-4: ISO3

4. Define Vertex에서 dismiss를 선택한다. Create Extrusion에서 OK를 선택한다.

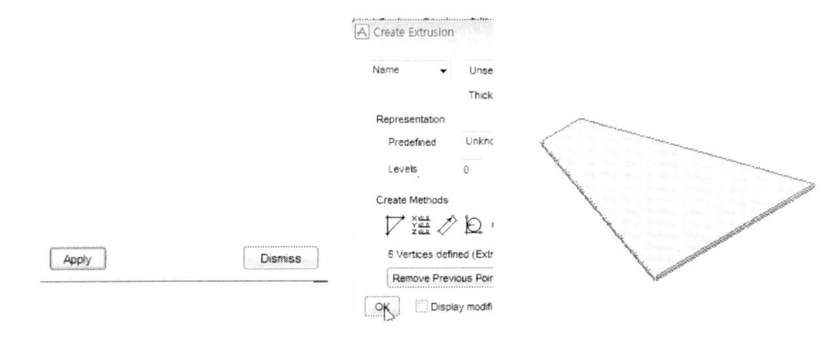

그림 3-2-5: dismiss

5. Design Explore에서 EXTR 1을 선택하고 메뉴에서 Position ➡ Explicitly(AT)을 선택한다. 또는 Design Explore에서 EXTR 1을 선택하고 오른쪽 마우스로 Attribute를 선택한다.

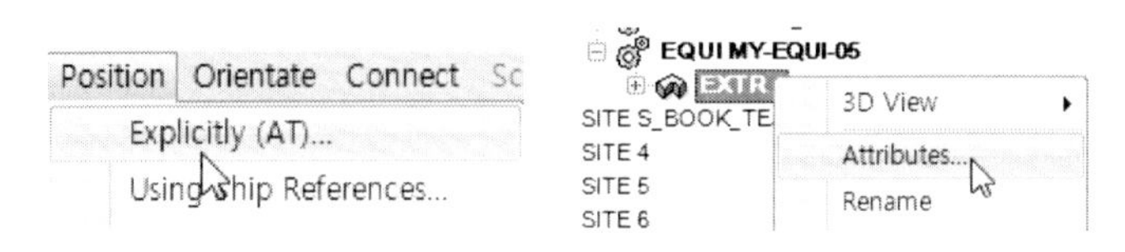

그림 3-2-6: Explicitly(AT)

6. X -540 Y 86 Z 857을 입력하고 Apply를 선택한다. Dismiss를 선택한다.

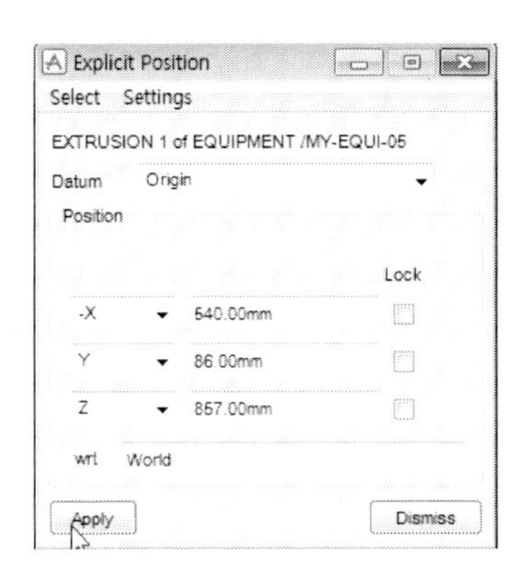

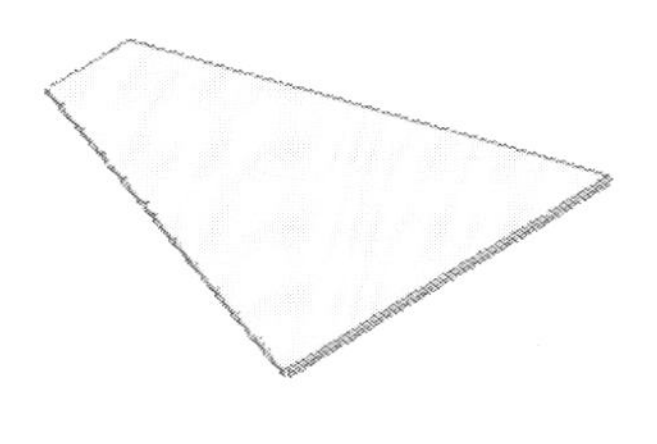

그림 3-2-7: Dismiss

7. 또는 Design Explore에서 EXTR 1을 선택하고 오른쪽 마우스로 Attribute를 선택한다. Orientation WRT에서 Y is Z and Z is X를 입력한다.

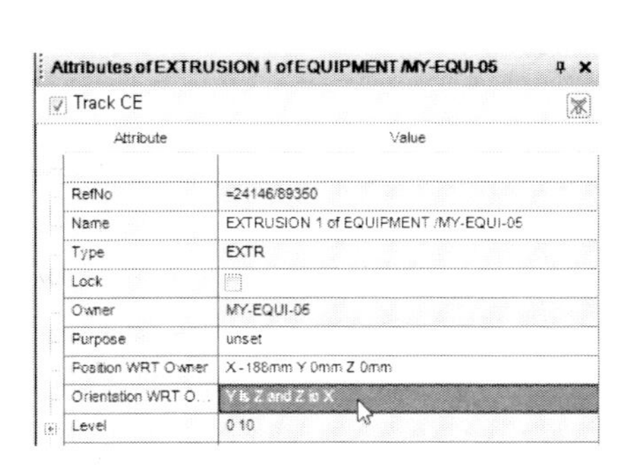

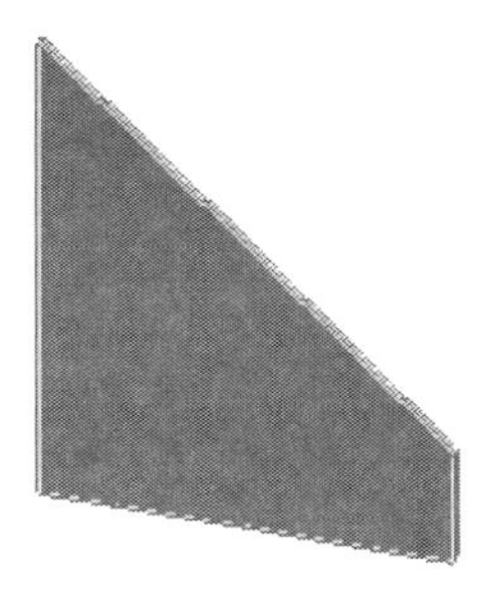

그림 3-2-8: Orientation WRT

8. Design Explore에서 EXTR 1을 선택하고 Extrusion을 선택한다.

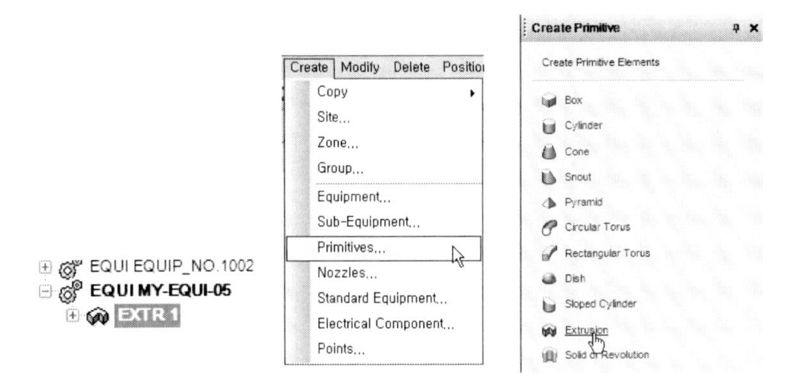

그림 3-2-9: Extrusion

9. Define Vertex에서 X 188 Y 0 Z 0을 입력하고 Apply를 선택한다.

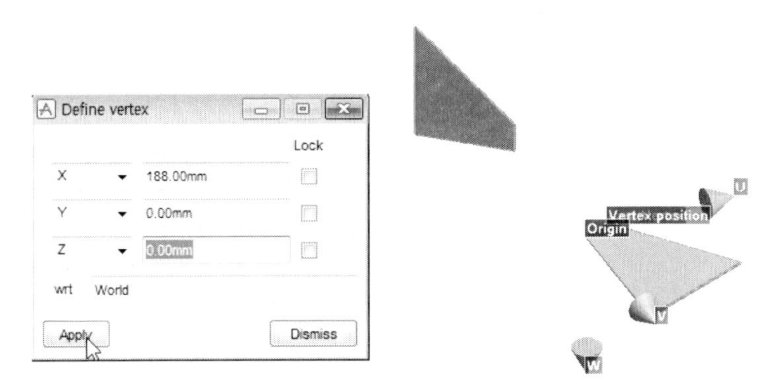

그림 3-2-10: Define Vertex

10. Define Vertex에서 dismiss를 선택한다. Create Extrusion에서 OK를 선택한다.

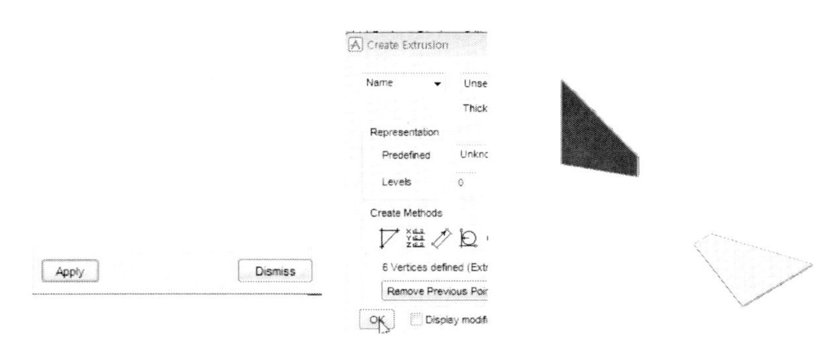

그림 3-2-11: Define Vertex

11. Design Explore에서 EXTR 1을 선택하고 메뉴에서 Position ➡ Explicitly(AT)을 선택한다. 또는 Design Explore에서 EXTR 1을 선택하고 오른쪽 마우스로 Attribute를 선택한다.

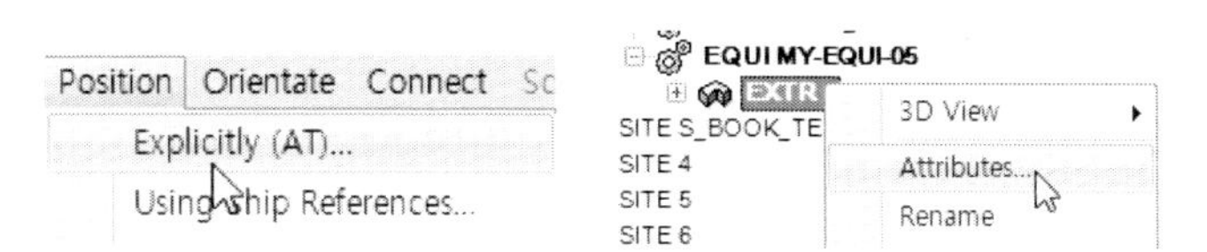

그림 3-2-12: Explicitly(AT)

12. X 540 Y 86 Z 857을 입력하고 Apply를 선택한다. Dismiss를 선택한다.

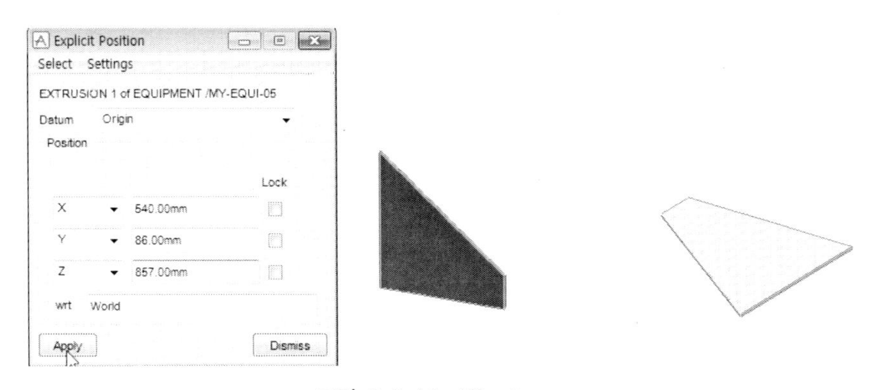

그림 3-2-13: Dismiss

13. 또는 Design Explore에서 EXTR 1을 선택하고 오른쪽 마우스로 Attribute를 선택한다. Orientation WRT에서 Y is Z and Z is -X를 입력한다.

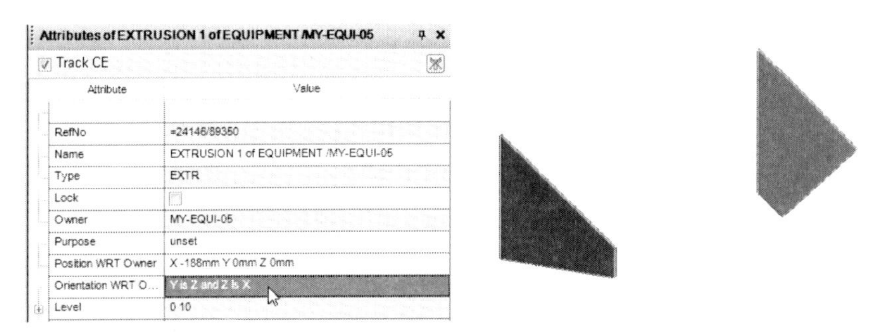

그림 3-2-14: Orientation WRT

14. Design Explore에서 EXTR 2을 선택하고 Primitives 메뉴에서 Box를 선택하고 X 150, Y 780, Z 8을 입력하고 Create를 선택한다. Position에서 X -465 Y 0 Z 4를 입력하고 Next를 선택한다.

그림 3-2-15: Box

15. Primitives 메뉴에서 Box를 선택하고 X 150, Y 780, Z 8을 입력하고 Create를 선택한다. Position에서 X 465 Y 0 Z 4를 입력하고 Next를 선택한다.

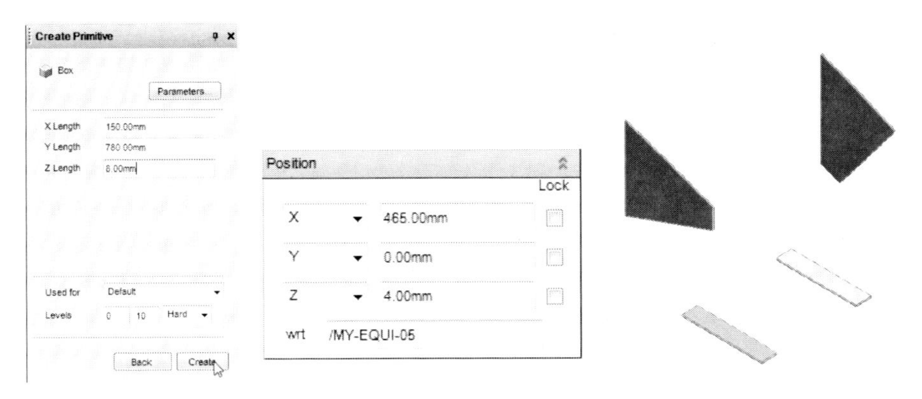

그림 3-2-16: Position

16. Height 8, Diameter 18의 실린더를 생성한다. Position에서 X -465 Y -350, Z 4를 입력한다.

그림 3-2-17: Position

17. Attribute Orientation WRT에서 Y is X and Z is -Z를 입력한다.

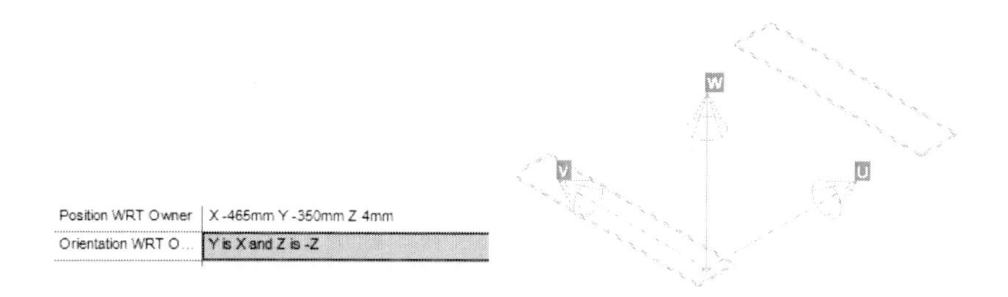

그림 3-2-18: Orientation WRT

18. Height 8, Diameter 18의 실린더를 생성한다. Position에서 X -465 Y -200, Z 4를 입력한다.

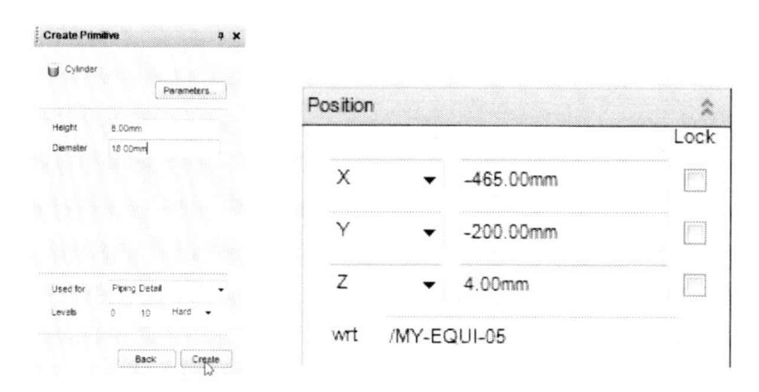

그림 3-2-19: Cylinder

19. Attribute Orientation WRT에서 Y is X and Z is -Z를 입력한다.

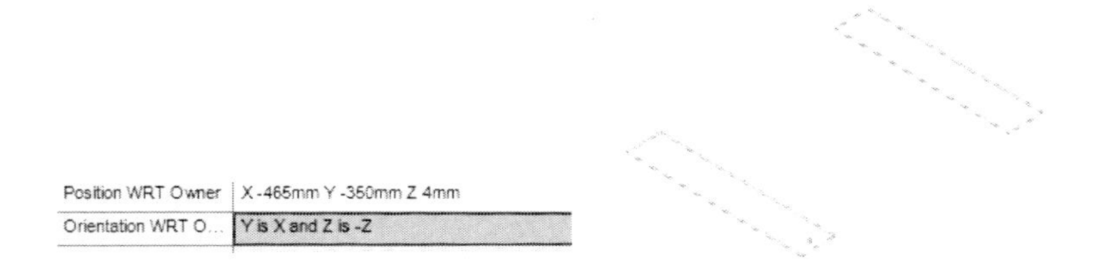

그림 3-2-20: Orientation WRT

20. Height 8, Diameter 18의 실린더를 생성한다. Position에서 X -465 Y 200, Z 4를 입력한다.

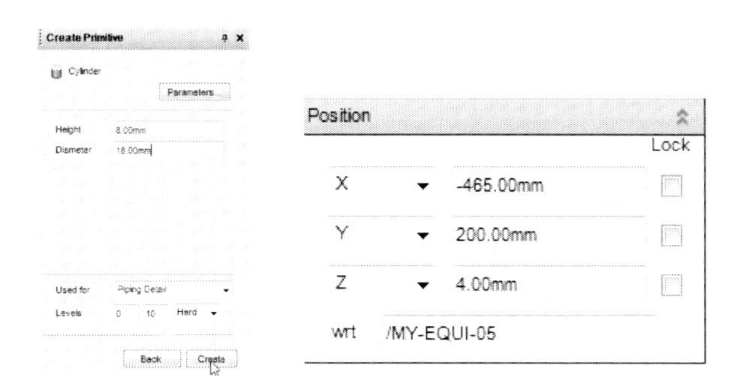

그림 3-2-21: Cylinder

21. Attribute Orientation WRT에서 Y is X and Z is -Z를 입력한다.

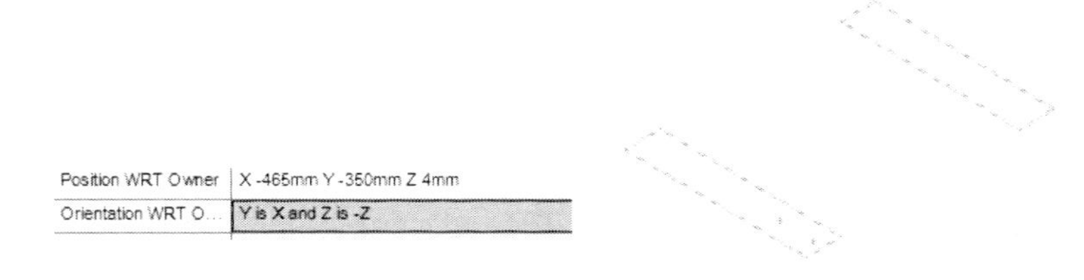

그림 3-2-22: Orientation WRT

22. Height 8, Diameter 18의 실린더를 생성한다. Position에서 X -465 Y 350, Z 4를 입력한다.

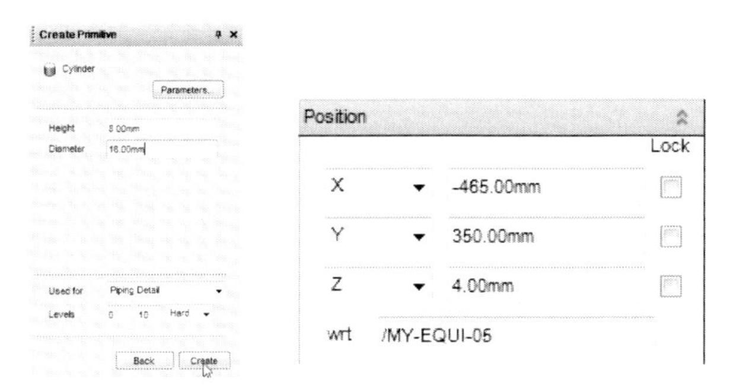

그림 3-2-23: Cylinder

23. Attribute Orientation WRT에서 Y is X and Z is -Z를 입력한다.

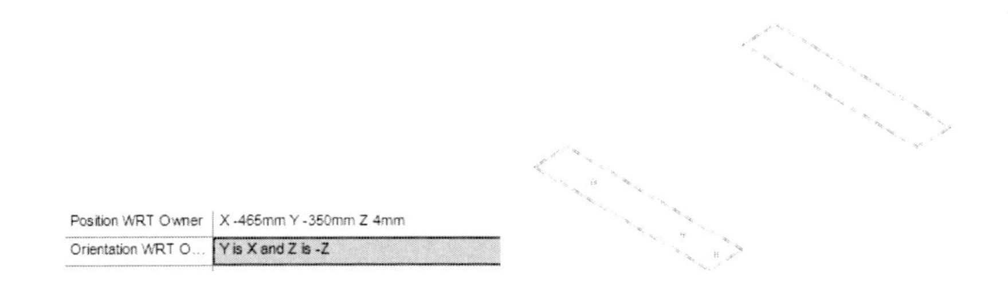

그림 3-2-24: Orientation WRT

24. Height 8, Diameter 18의 실린더를 생성한다. Position에서 X 465 Y -350, Z 4를 입력한다.

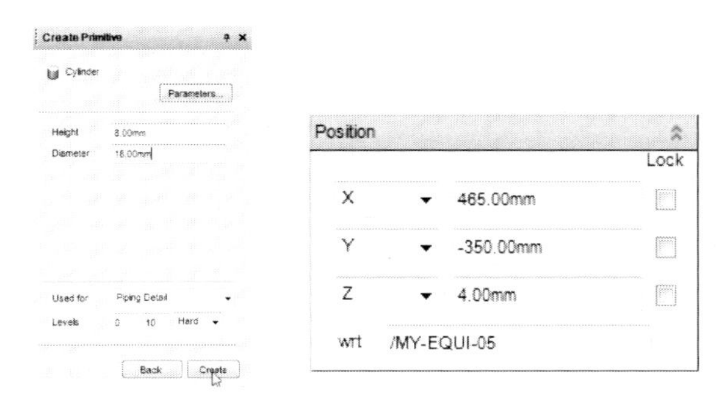

그림 3-2-25: Cylinder

25. Attribute Orientation WRT에서 Y is X and Z is -Z를 입력한다.

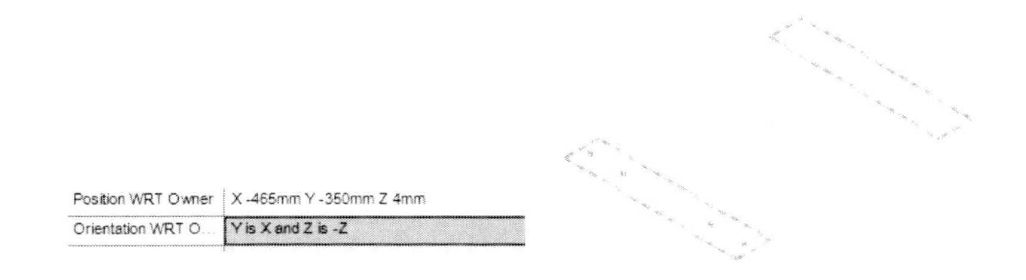

그림 3-2-26: Orientation WRT

26. Height 8, Diameter 18의 실린더를 생성한다. Position에서 X 465 Y -200, Z 4를 입력한다.

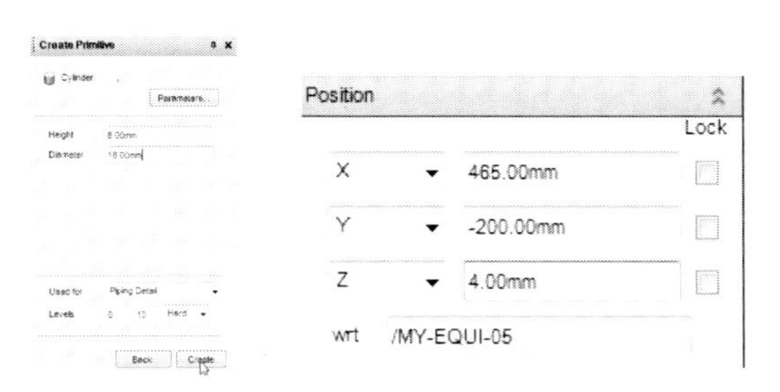

그림 3-2-27: Cylinder

27. Attribute Orientation WRT에서 Y is X and Z is -Z를 입력한다.

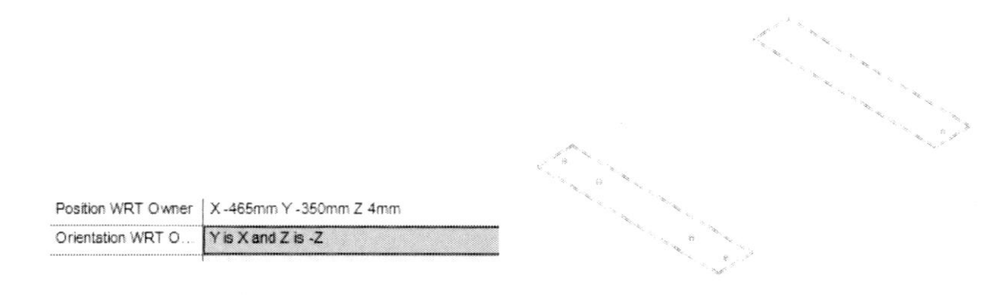

그림 3-2-28: Orientation WRT

28. Height 8, Diameter 18의 실린더를 생성한다. Position에서 X 465 Y 200, Z 4를 입력한다.

그림 3-2-29: Cylinder

29. Attribute Orientation WRT에서 Y is X and Z is -Z를 입력한다.

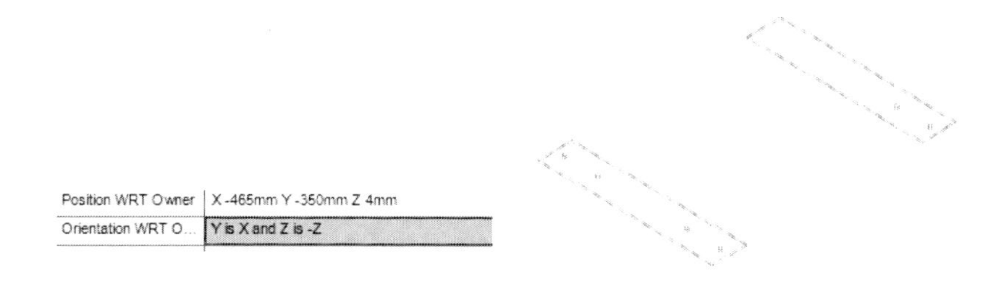

그림 3-2-30: Orientation WRT

30. Height 8, Diameter 18의 실린더를 생성한다. Position에서 X 465 Y 350, Z 4를 입력한다.

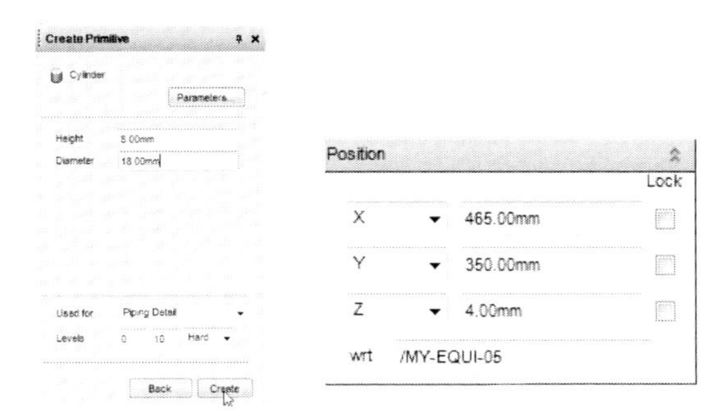

그림 3-2-31: Cylinder

31. Attribute Orientation WRT에서 Y is X and Z is -Z를 입력한다.

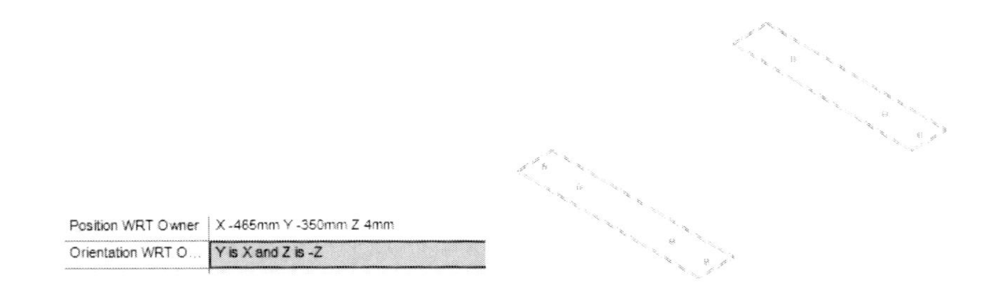

그림 3-2-32: Orientation WRT

32. Height 480, Diameter 1000의 실린더를 생성한다. Position에서 X 0 Y 225, Z 1010를 입력한다.

그림 3-2-33: Cylinder

33. Attribute Orientation WRT에서 Y is Z and Z is Y를 입력한다.

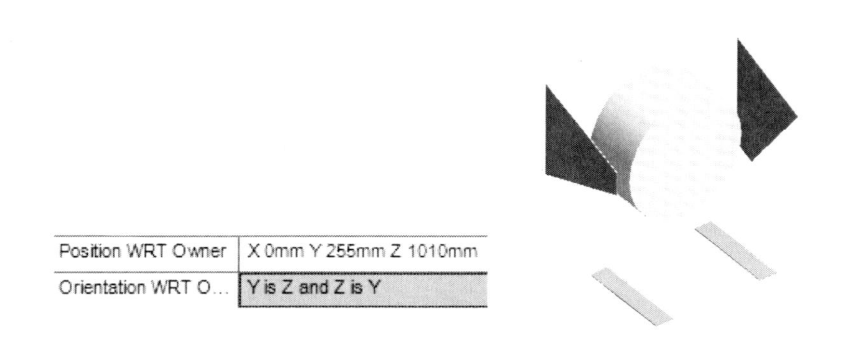

그림 3-2-34: Orientation WRT

34. Design Explore에서 EXTR 2을 선택하고 메뉴에서 Orientate ➡ Rotate를 선택한다. Angle에 90, Direction에 Z를 선택하고 Apply를 선택한다.

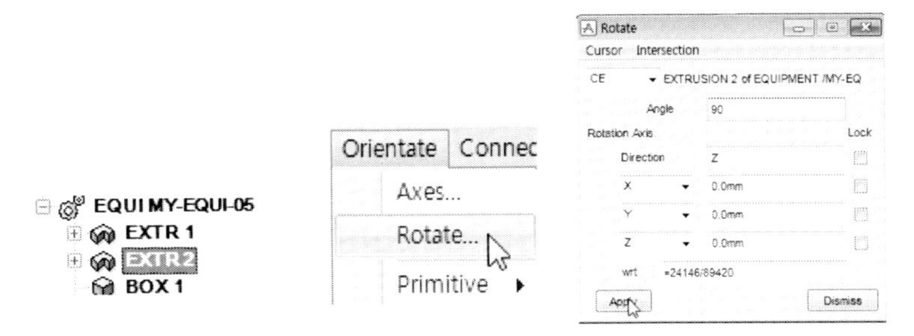

그림 3-2-35: Rotate

35. Angle에 180, Direction에 -Z를 선택하고 Apply를 선택한다.

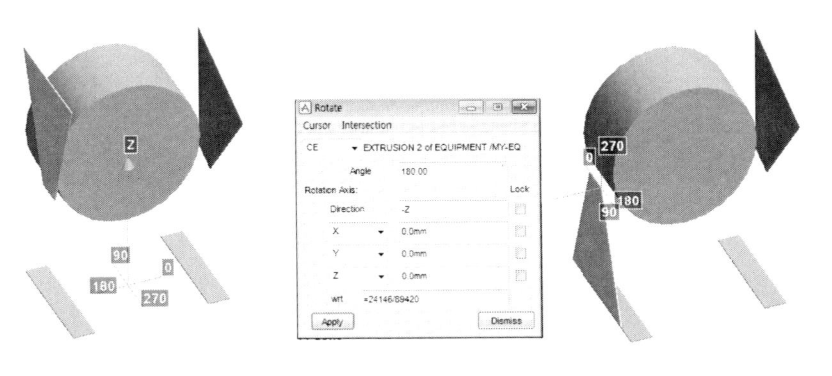

그림 3-2-36: Rotate

36. Design Explore에서 EXTR 1을 선택하고 메뉴에서 Orientate ➡ Rotate를 선택한다. Angle에 180, Direction에 -Z를 선택하고 Apply를 선택한다.

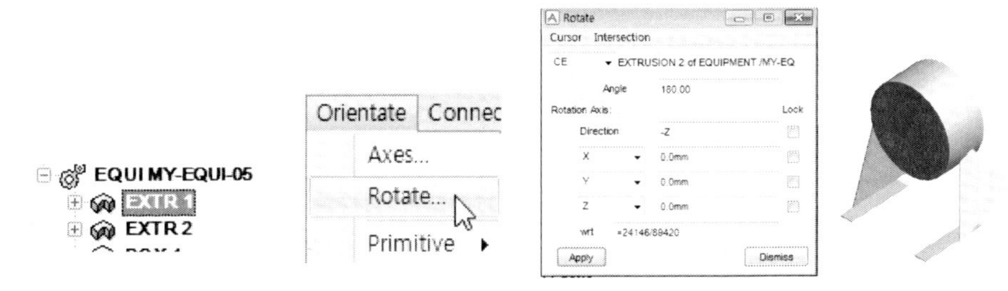

그림 3-2-37: Rotate

37. EXTR 1의 완성된 모습은 아래와 같다.

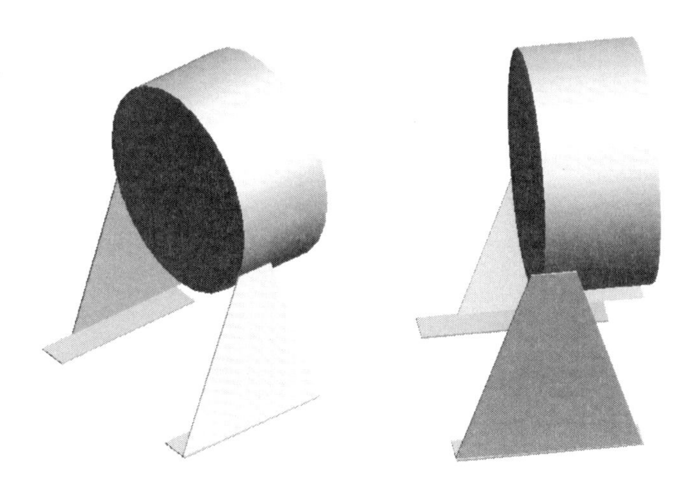

그림 3-2-38: Equipment

38. Design Explore에서 EXTR 2을 선택하고 Attribute에서 Position에 X -540, Y -80, Z 857을 입력한다.

그림 3-2-39: Position

39. EXTR 2의 완성된 모습은 아래와 같다.

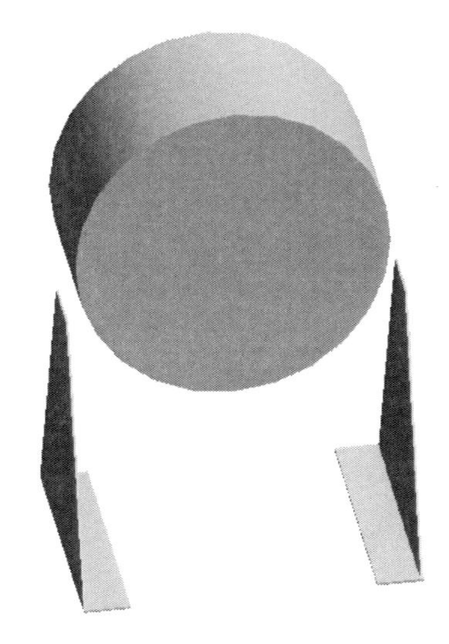

그림 3-2-40: Equipment

40. Extrusion을 선택한다.

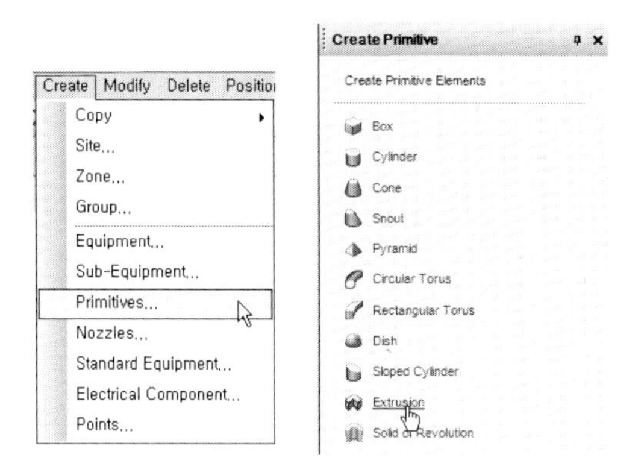

그림 3-2-41: Extrusion

41. Define Vertex에서 X 722 Y 134 Z 0을 입력하고 Apply를 선택한다.

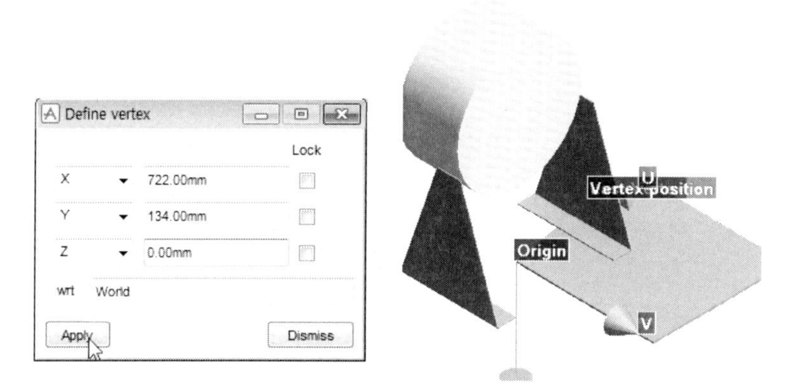

그림 3-2-42: Define Vertex

42. Define Vertex에서 X 704 Y 141 Z 0을 입력하고 Apply를 선택한다.

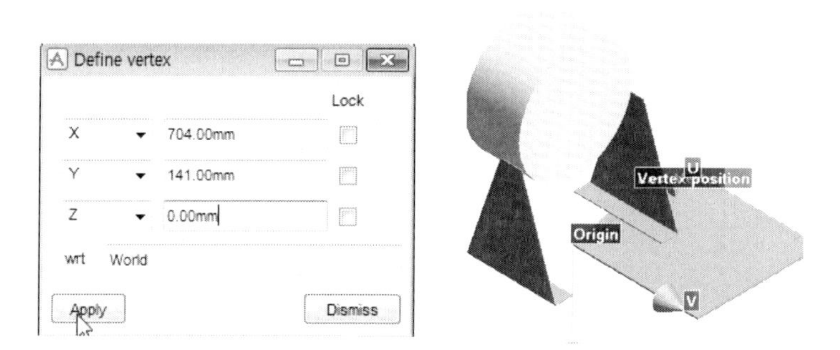

그림 3-2-43: Define Vertex

43. Define Vertex에서 X 685 Y 147 Z 0을 입력하고 Apply를 선택한다.

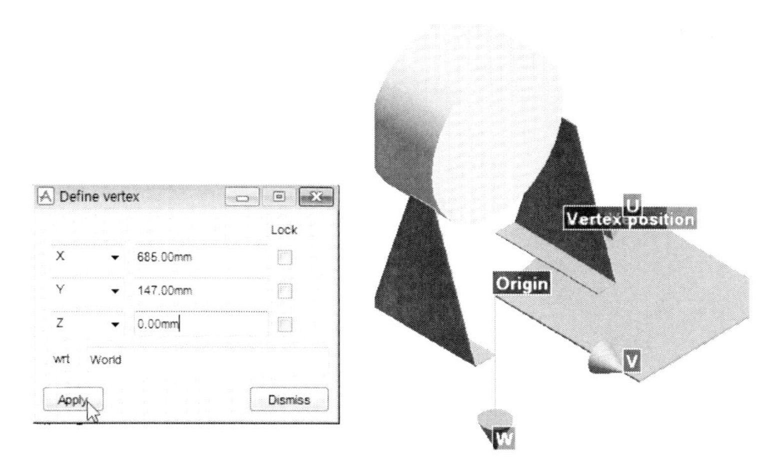

그림 3-2-44: Define Vertex

44. Define Vertex에서 X 667 Y 152 Z 0을 입력하고 Apply를 선택한다.

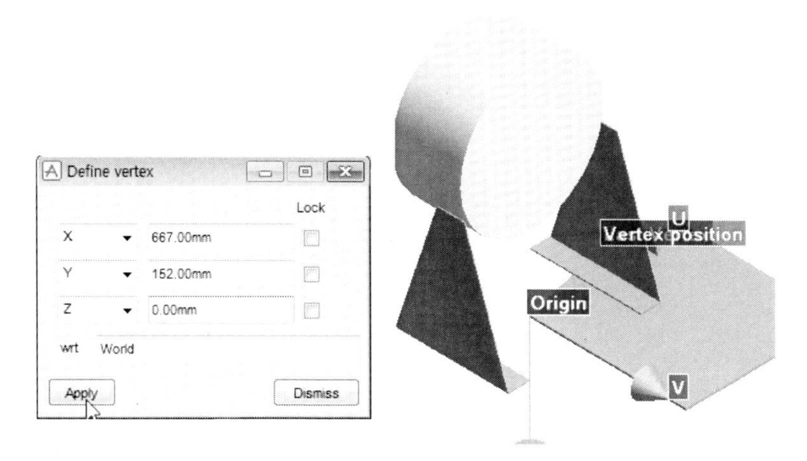

그림 3-2-45: Define Vertex

45. Define Vertex에서 X 648 Y 157 Z 0을 입력하고 Apply를 선택한다.

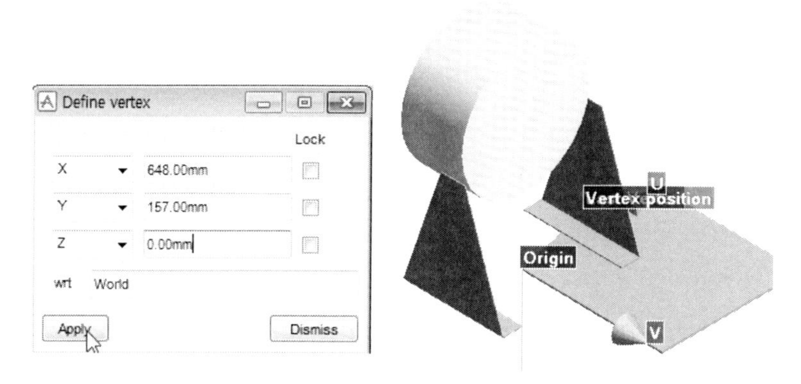

그림 3-2-46: Define Vertex

46. Define Vertex에서 X 629 Y 160 Z 0을 입력하고 Apply를 선택한다.

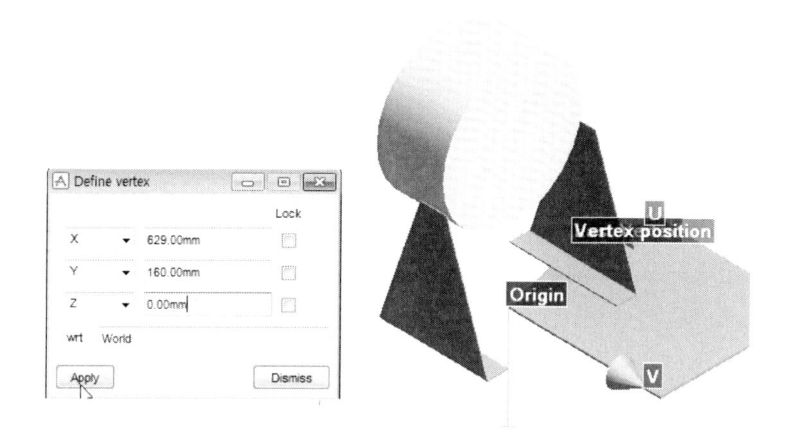

그림 3-2-47: Define Vertex

47. Define Vertex에서 X 609 Y 164 Z 0을 입력하고 Apply를 선택한다.

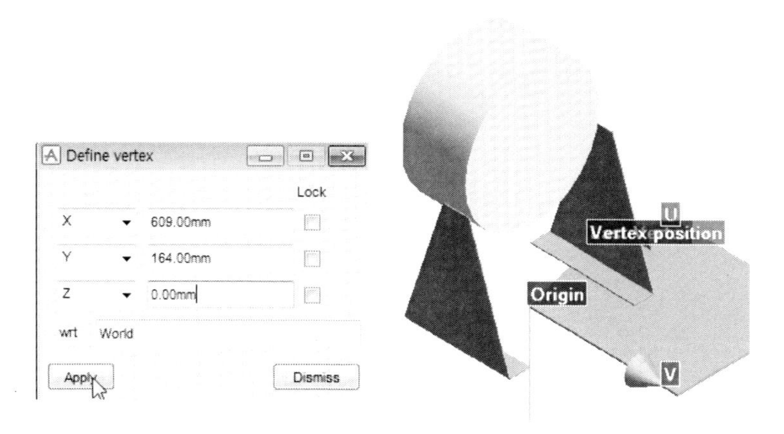

그림 3-2-48: Define Vertex

48. Define Vertex에서 X 590 Y 166 Z 0을 입력하고 Apply를 선택한다.

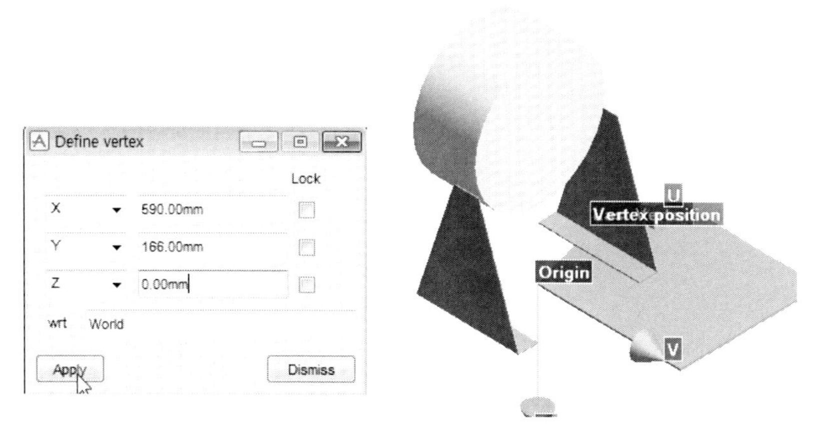

그림 3-2-49: Define Vertex

49. Define Vertex에서 X 571 Y 168 Z 0을 입력하고 Apply를 선택한다.

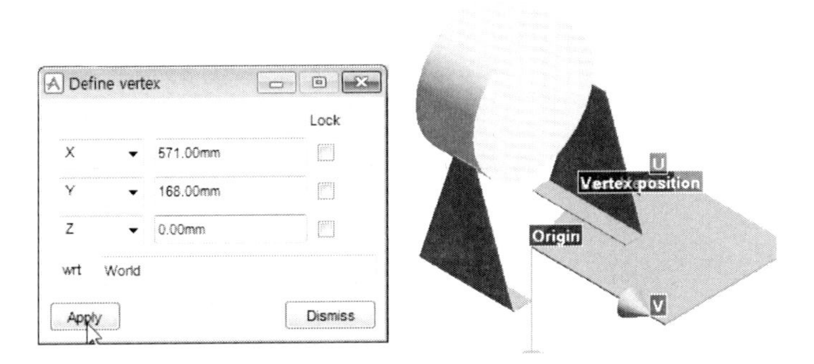

그림 3-2-50: Define Vertex

50. Define Vertex에서 X 551 Y 168 Z 0을 입력하고 Apply를 선택한다.

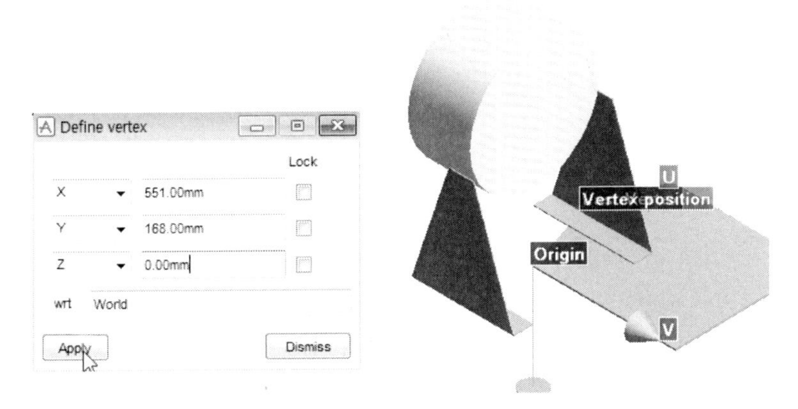

그림 3-2-51: Define Vertex

51. Define Vertex에서 X 532 Y 168 Z 0을 입력하고 Apply를 선택한다.

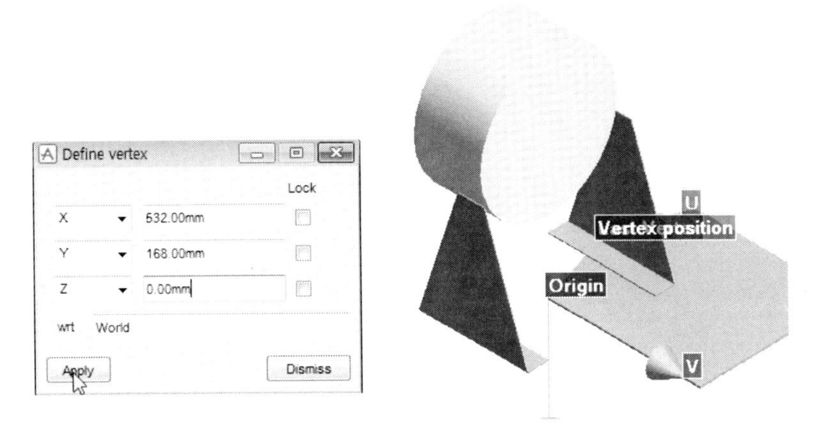

그림 3-2-52: Define Vertex

52. Define Vertex에서 X 493 Y 164 Z 0을 입력하고 Apply를 선택한다.

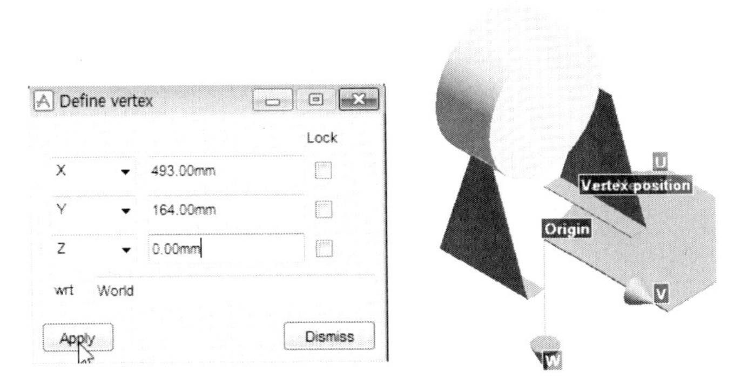

그림 3-2-53: Define Vertex

53. Define Vertex에서 X 473 Y 164 Z 0을 입력하고 Apply를 선택한다.

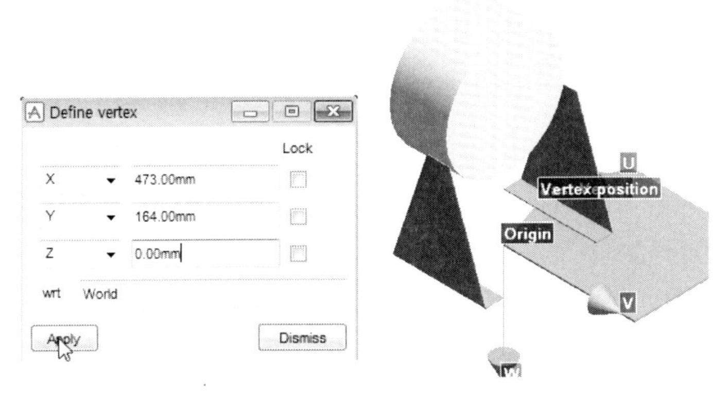

그림 3-2-54: Define Vertex

54. Define Vertex에서 X 454 Y 161 Z 0을 입력하고 Apply를 선택한다.

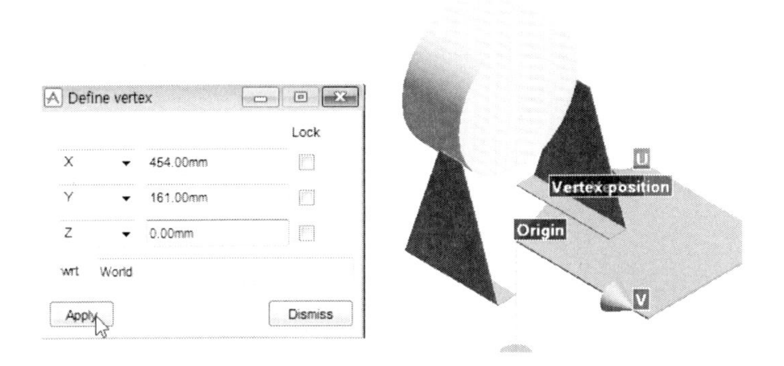

그림 3-2-55: Define Vertex

55. Define Vertex에서 X 416 Y 153 Z 0을 입력하고 Apply를 선택한다.

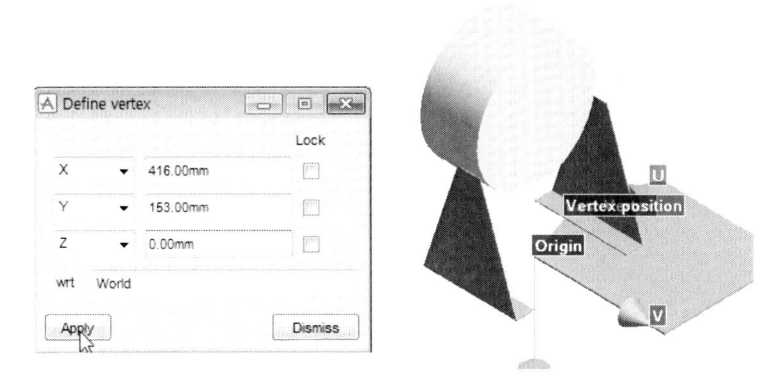

그림 3-2-56: Define Vertex

56. Define Vertex에서 X 397 Y 148 Z 0을 입력하고 Apply를 선택한다.

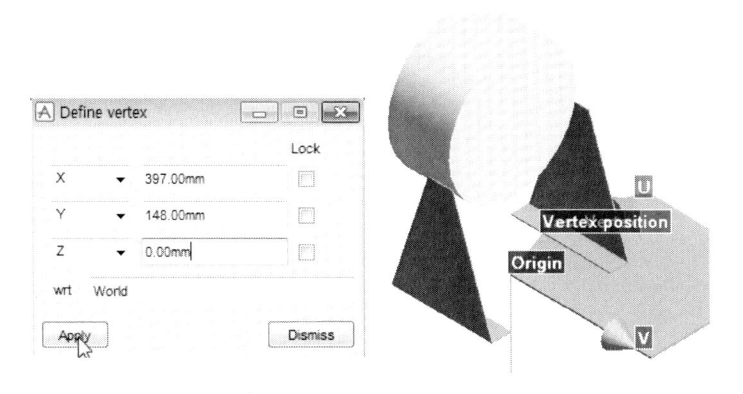

그림 3-2-57: Define Vertex

57. Define Vertex에서 X 397 Y 142 Z 0을 입력하고 Apply를 선택한다.

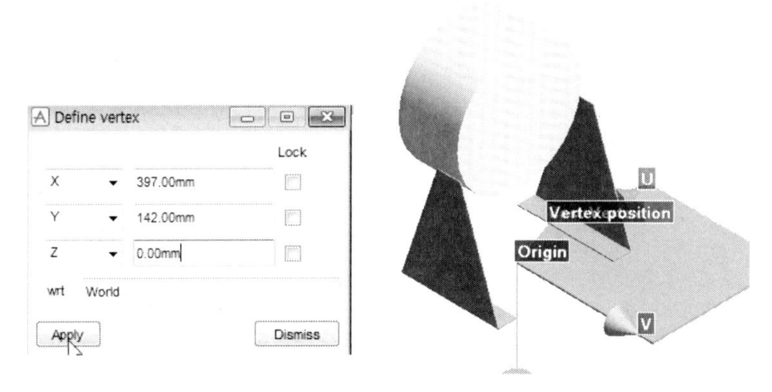

그림 3-2-58: Define Vertex

58. Define Vertex에서 dismiss를 선택한다. Create Extrusion에서 OK를 선택한다.

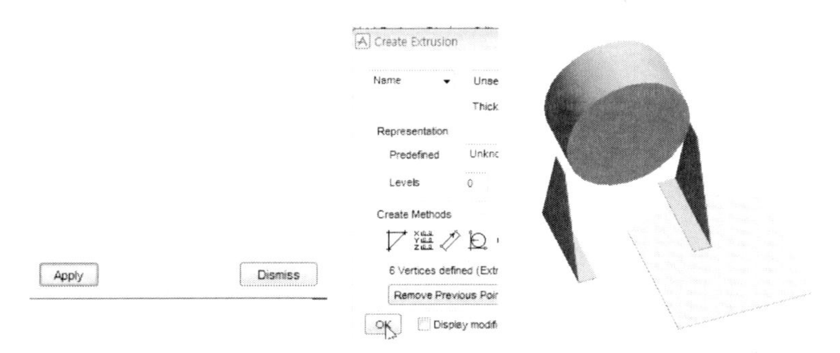

그림 3-2-59: dismiss

59. Design Explore에서 EXTR 1을 선택하고 메뉴에서 Position ➡ Explicitly(AT)을 선택한다. 또는 Design Explore에서 EXTR 1을 선택하고 오른쪽 마우스로 Attribute를 선택한다.

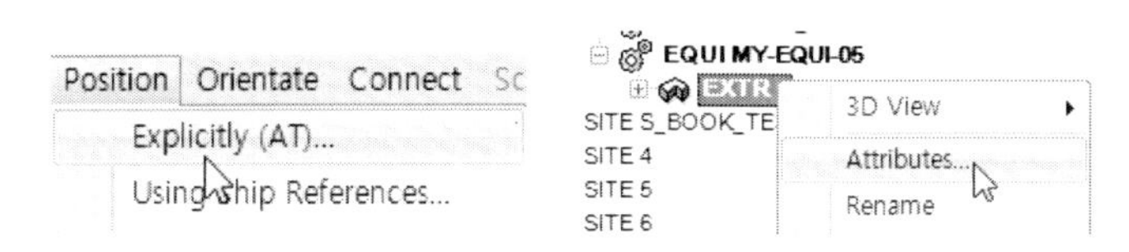

그림 3-2-60: Explicitly(AT)

60. Design Explore에서 EXTR 1을 선택하고 오른쪽 마우스로 Attribute를 선택한다. Orientation WRT에서 Y is Z and Z is Y를 입력한다.

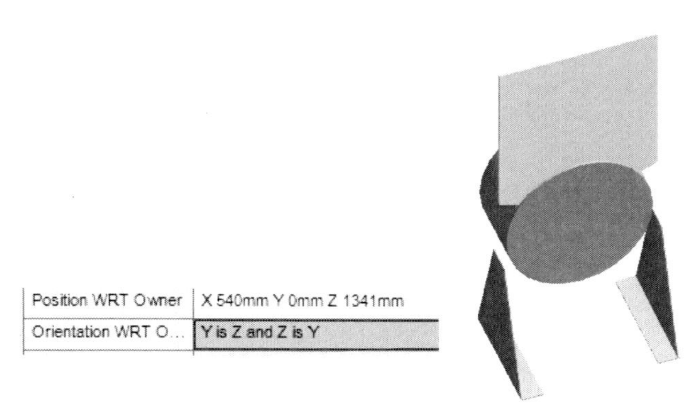

그림 3-2-61: Orientation WRT

61. Design Explore에서 EXTR 1을 선택하고 메뉴에서 Orientate ➡ Rotate를 선택한다. Angle에 -180, Direction에 -Z를 선택하고 Apply를 선택한다. Dismiss를 선택한다.

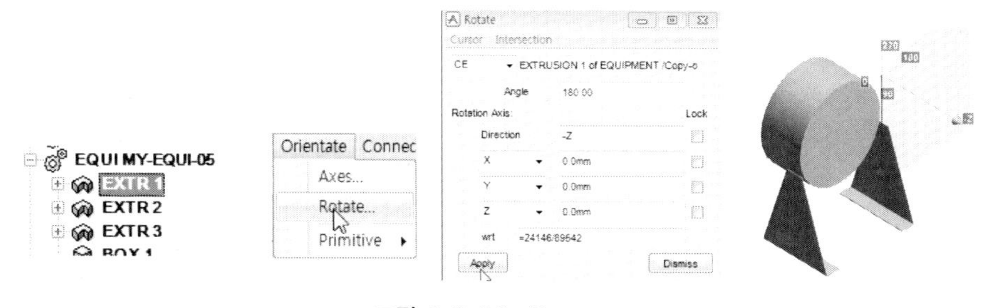

그림 3-2-62: Rotate

62. Height 15, Dia 76의 실린더를 생성한다. Position에 X 310, Y -30, Z 1266을 입력한다.

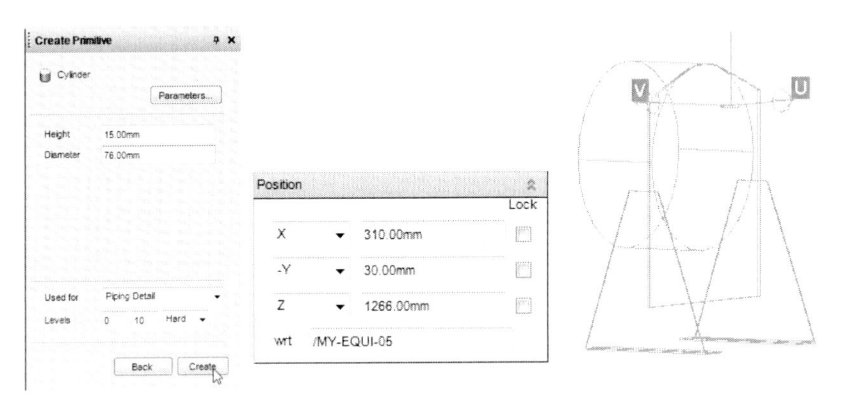

그림 3-2-63: Cylinder

63. Rotate에 Angle 90 Direction About U를 선택하고 Apply Rotation을 선택한다. Next를 선택한다.

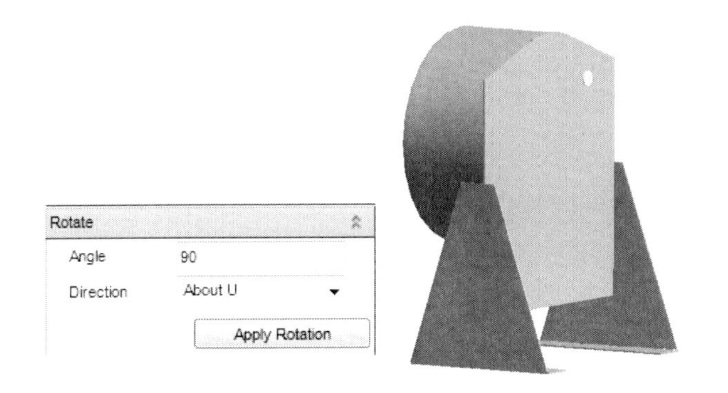

그림 3-2-64: Rotate

64. Height 15, Dia 76의 실린더를 생성한다. Position에 X 310, Y -30, Z 846을 입력한다.

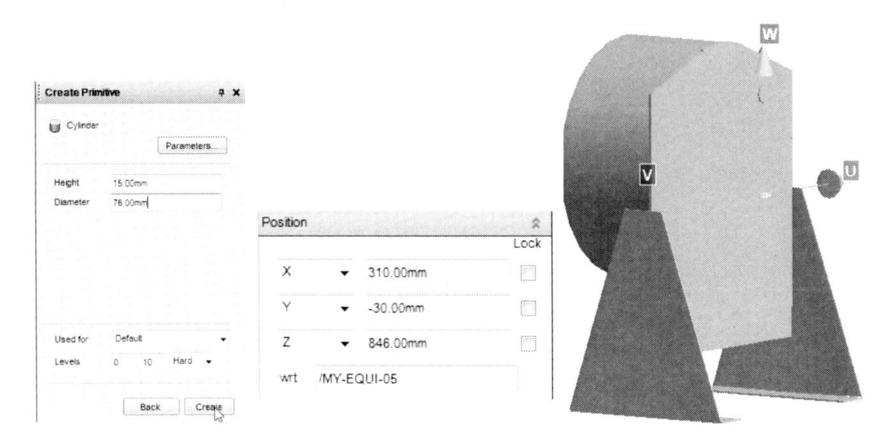

그림 3-2-65: Cylinder

65. Rotate에 Angle 90 Direction About U를 선택하고 Apply Rotation을 선택한다. Next를 선택한다.

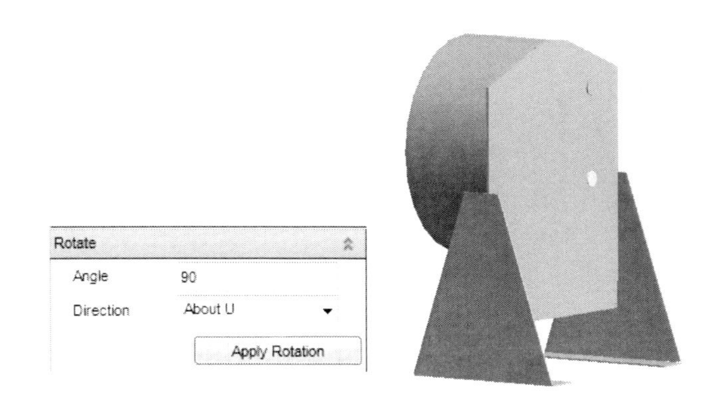

그림 3-2-66: Rotate

66. Height 15, Dia 76의 실린더를 생성한다. Position에 X -310, Y -30, Z 846을 입력한다.

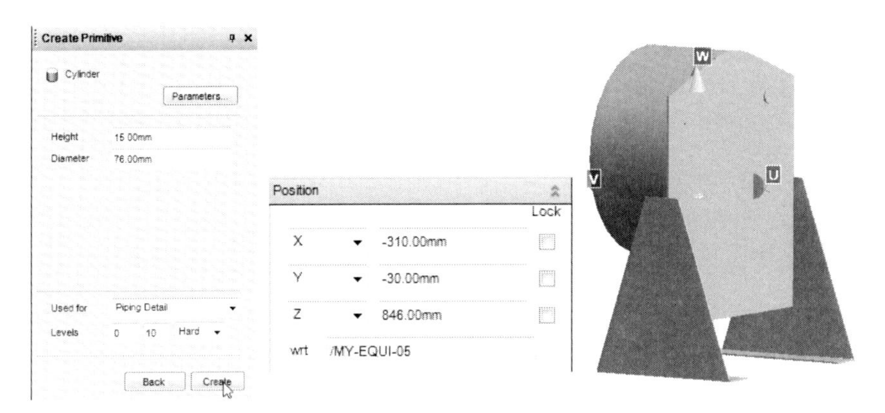

그림 3-2-67: Cylinder

67. Rotate에 Angle 90 Direction About U를 선택하고 Apply Rotation을 선택한다. Next를 선택한다.

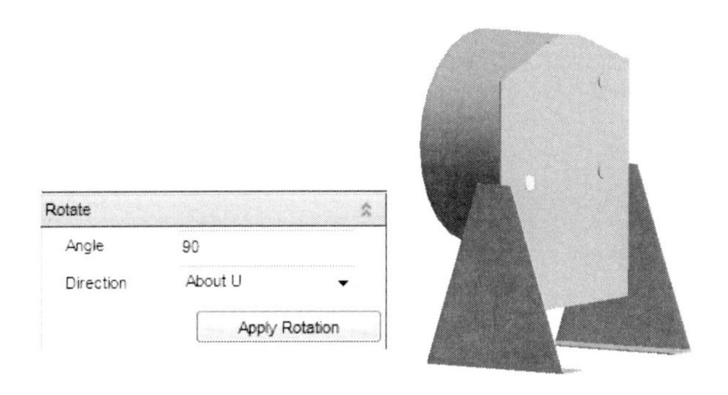

그림 3-2-68: Rotate

68. Height 18, Dia 175의 실린더를 생성한다. Position에 X 0, Y 512, Z 140을 입력한다.

그림 3-2-69: Cylinder

69. Rotate에 Angle 90 Direction About U를 선택하고 Apply Rotation을 선택한다. Next를 선택한다.

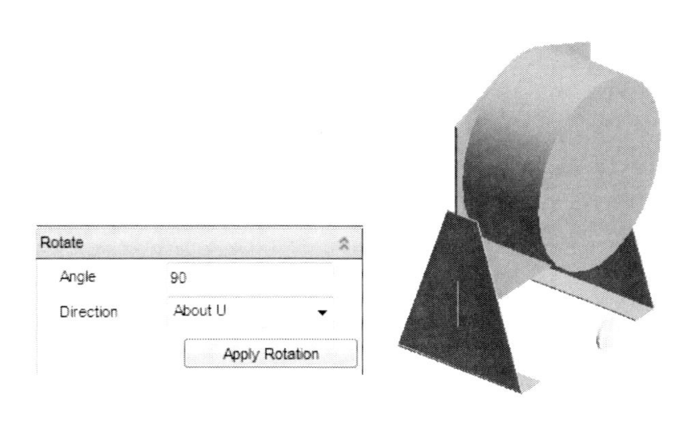

그림 3-2-70: Rotate

70. Height 16, Dia 155의 실린더를 생성한다. Position에 X -310, Y -30, Z 1266을 입력한다.

그림 3-2-71: Cylinder

71. Rotate에 Angle 90 Direction About U를 선택하고 Apply Rotation을 선택한다. Next를 선택한다.

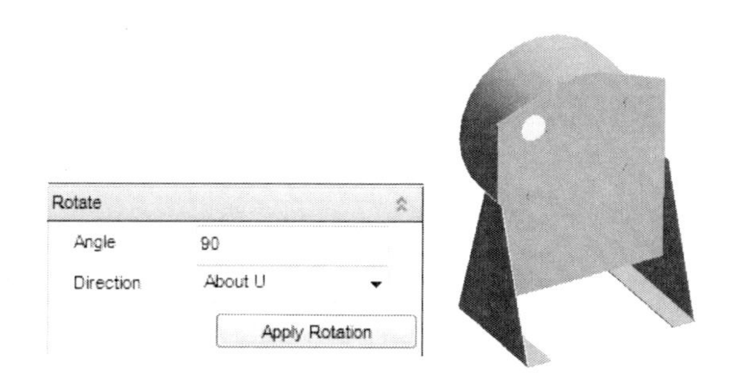

그림 3-2-72: Rotate

72. Primitives에서 Circular Torus를 선택한다. Inside radius 60, Outside Radius에 120을 입력하고 Angle에 90을 입력하고 Create를 선택한다.

그림 3-2-73: Circular Torus

73. Rotate에 Angle 90 Direction About U를 선택하고 Apply Rotation을 선택한다. Rotate에 Angle 90 Direction About W를 선택하고 Apply Rotation을 선택한다. Next를 선택한다.

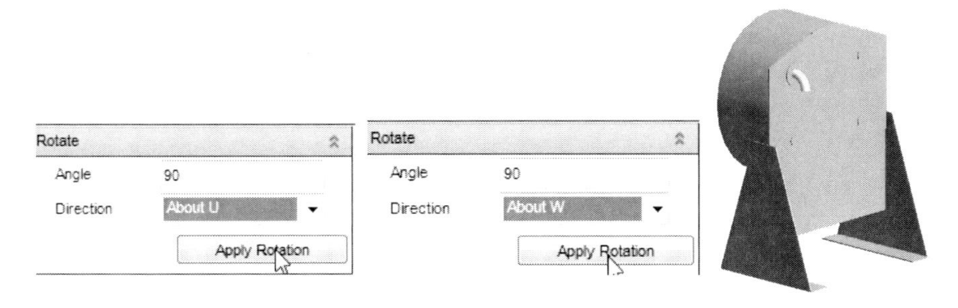

그림 3-2-74: Rotate

74. Height 987, Dia 60 실린더를 생성한다.

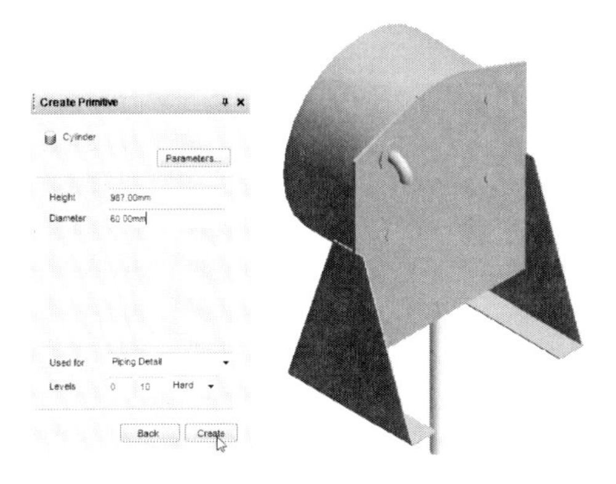

그림 3-2-75: Cylinder

75. CYLI 15을 선택하고 메뉴에서 Connect ➡ Primitive ➡ ID Point를 선택한다. CYLI 15의 ID Point를 선택한다.

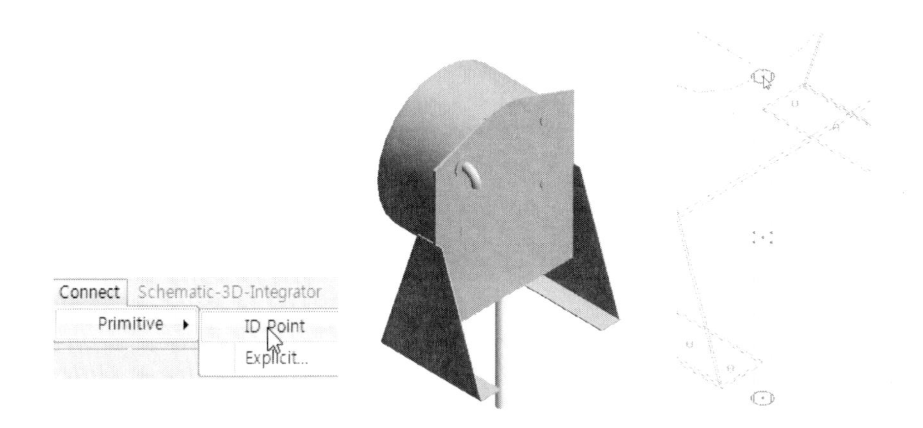

그림 3-2-76: ID Point

76. CTOR 1의 ID Point를 선택한다.

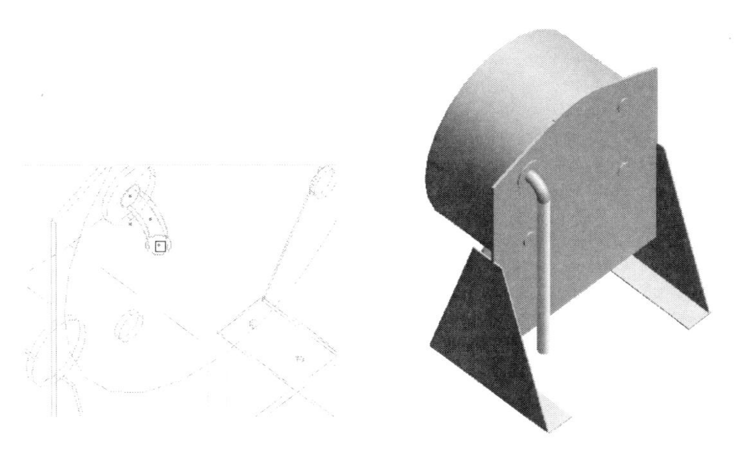

그림 3-2-77: ID Point

77. Primitives에서 Circular Torus를 선택한다. Inside radius 60, Outside Radius에 120을 입력하고 Angle에 90을 입력하고 Create를 선택한다.

그림 3-2-78: Circular Torus

78. CTOR 2을 선택하고 메뉴에서 Connect ➡ Primitive ➡ ID Point를 선택한다. CTOR 2의 ID Point를 선택한다.

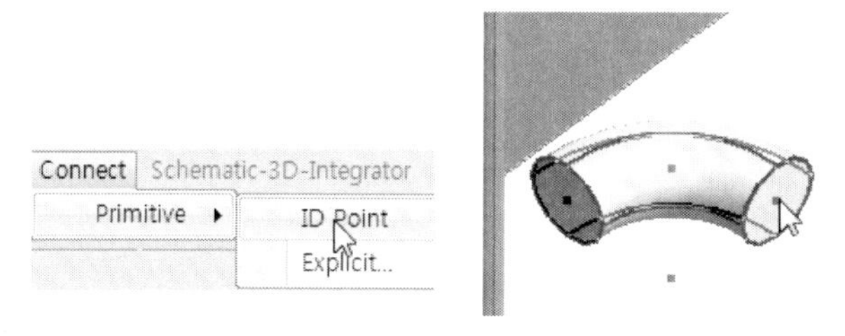

그림 3-2-79: ID Point

79. CYLI 15의 ID Point를 선택한다.

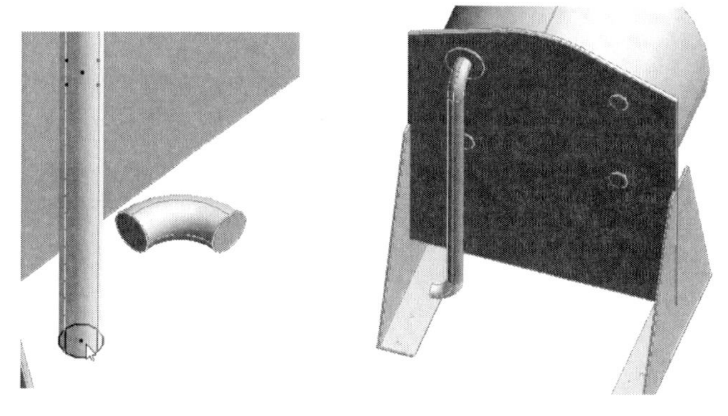

그림 3-2-80: ID Point

80. CTOR 2을 선택하고 Orientate ➡ Rotate를 선택한다. Angle에 90, Direction에 Y를 선택하고 Apply를 선택한다.

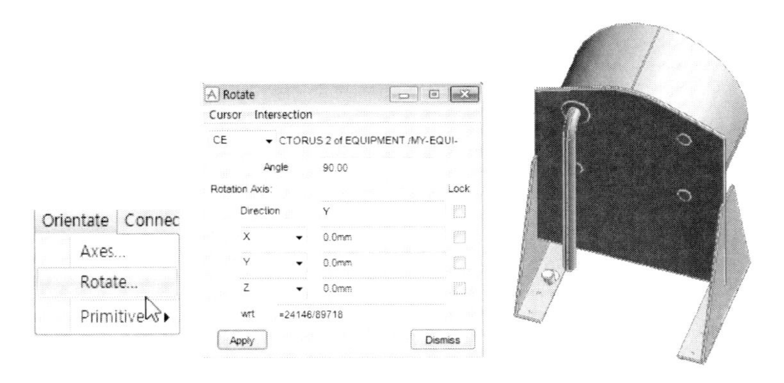

그림 3-2-81: Rotate

81. Height 393, Dia 60 실린더를 생성한다.

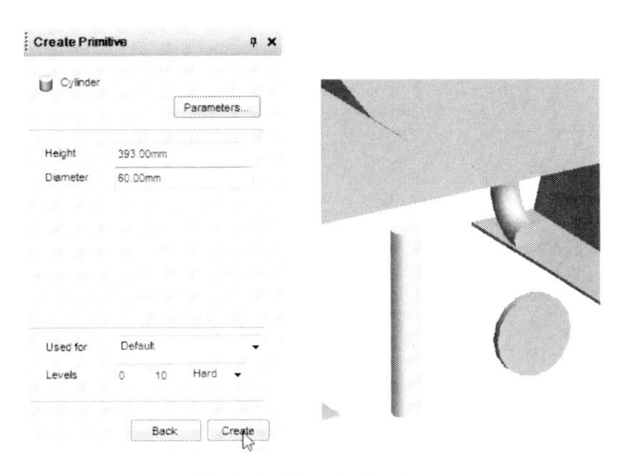

그림 3-2-82: Cylinder

82. CYLI 16을 선택하고 메뉴에서 Connect ➡ Primitive ➡ ID Point를 선택한다. CYLI 16의 ID Point를 선택한다.

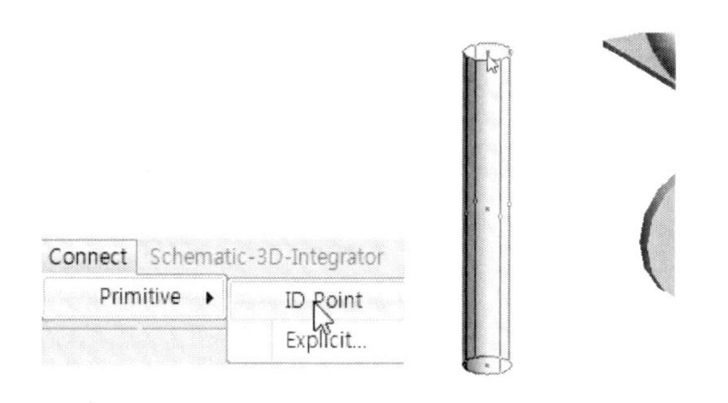

그림 3-2-83: ID Point

83. CTOR 2의 ID Point를 선택한다.

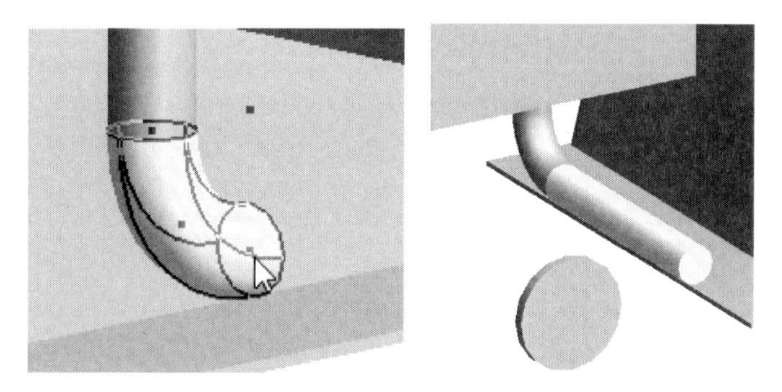

그림 3-2-84: ID Point

84. Primitives 메뉴에서 Cone을 선택하고 Top Diameter 60, Bottom Diameter 76, Height 134을 선택하고 Create를 선택한다.

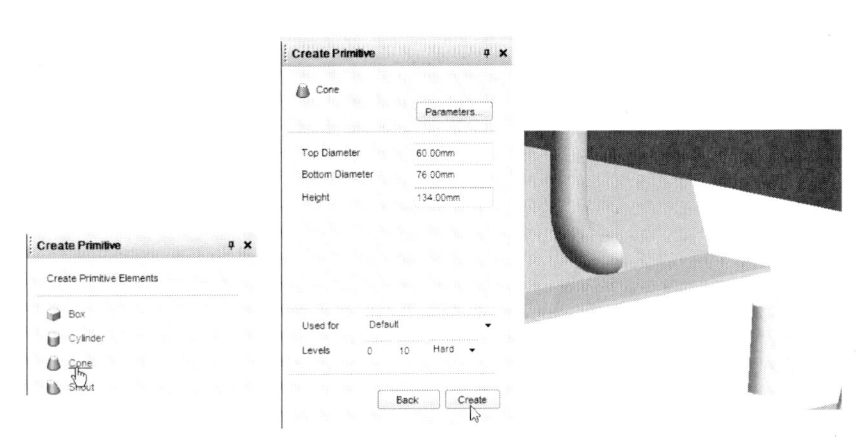

그림 3-2-85: Cone

85. CONE 1을 선택하고 메뉴에서 Connect ➡ Primitive ➡ ID Point를 선택한다. CONE 1의 ID Point를 선택한다.

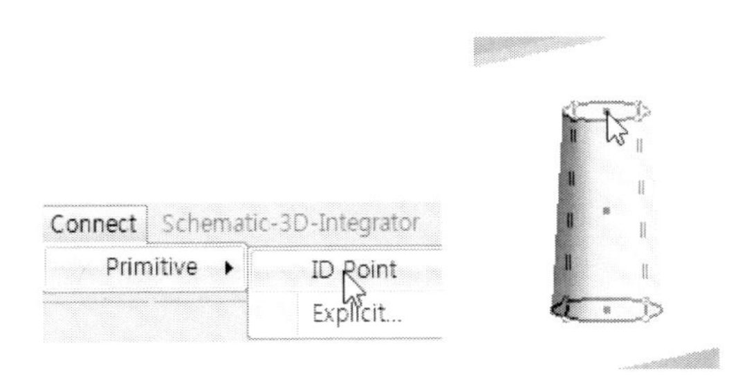

3-2-86: ID Point

86. CYLI 16의 ID Point를 선택한다.

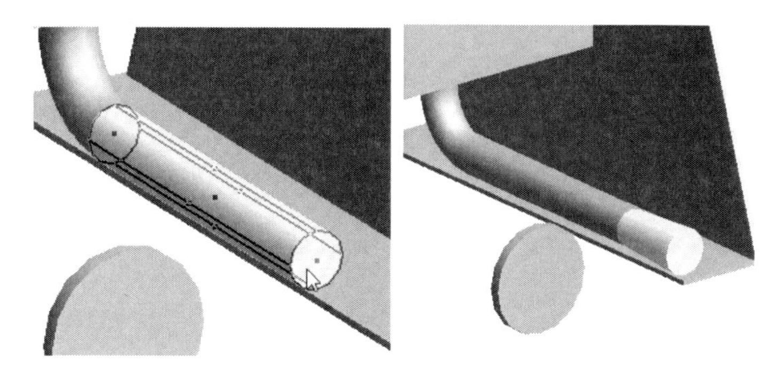

그림 3-2-87: ID Point

87. CYLI 13을 선택하고 메뉴에서 Connect ➡ Primitive ➡ ID Point를 선택한다. CYLI 13의 ID Point를 선택한다.

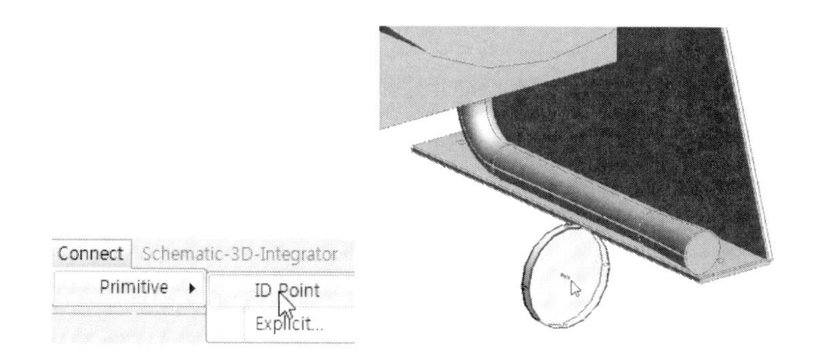

그림 3-2-88: ID Point

88. CONE 1의 ID Point를 선택한다.

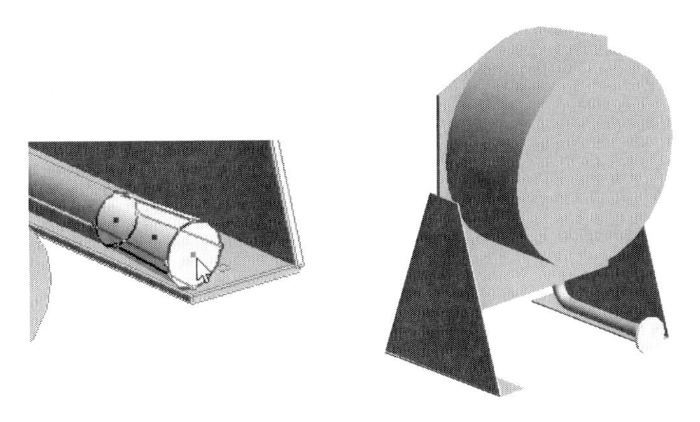

그림 3-2-89: ID Point

89. Height 201, Dia 22 실린더를 생성한다. Rotate에 Angle 90 Direction About U를 선택하고 Apply Rotation을 선택한다. Next를 선택한다.

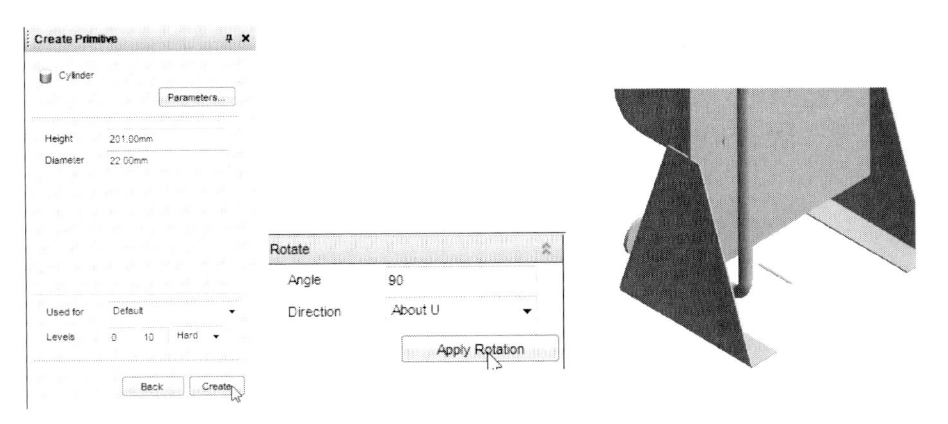

그림 3-2-90: Cylinder

90. Height 12, Dia 95 실린더를 생성한다.

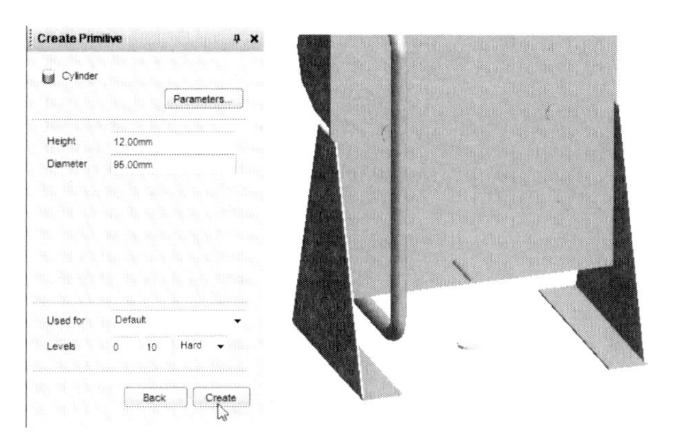

그림 3-2-91: Cylinder

91. CYLI 18을 선택하고 메뉴에서 Connect ➡ Primitive ➡ ID Point를 선택한다. CYLI 18의 ID Point를 선택한다.

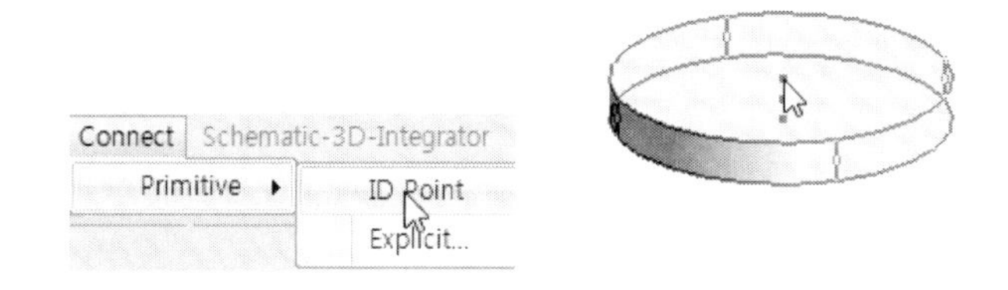

그림 3-2-92: ID Point

92. CYLI 17의 ID Point를 선택한다.

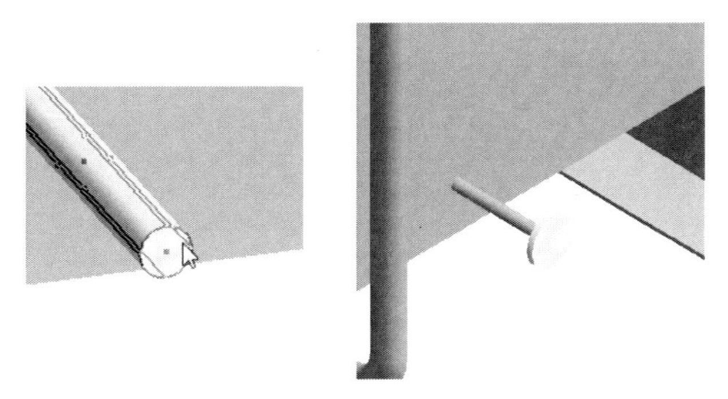

그림 3-2-93: ID Point

93. Box를 선택하고 X 280, Y 380, Z 600을 입력하고 Create를 선택한다. Position에서 X 680 Y -54 Z 350을 입력하고 Next를 선택한다.

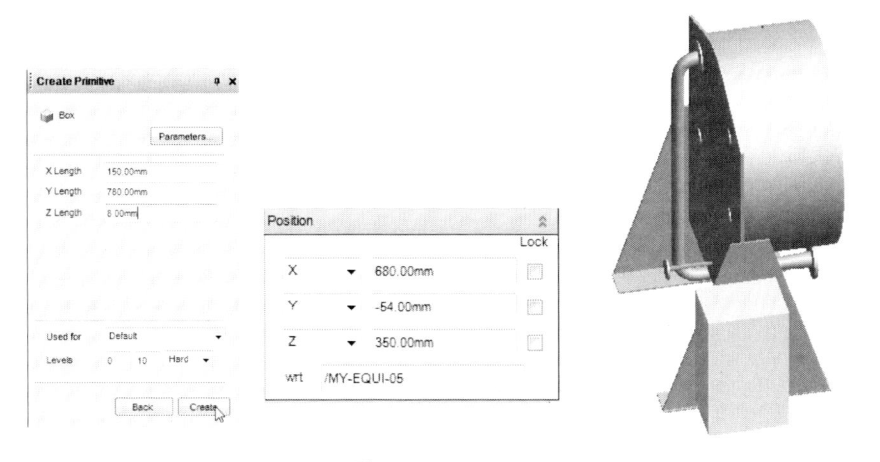

그림 3-2-94: Box

94. Box를 선택하고 X 200, Y 400, Z 400을 입력하고 Create를 선택한다. Position에서 X 640 Y -8 Z 1057을 입력하고 Next를 선택한다.

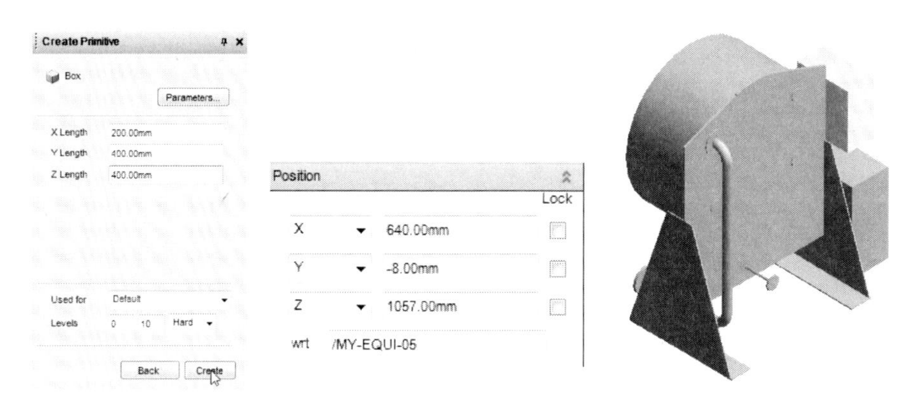

그림 3-2-95: Box

95. Extrusion을 선택한다.

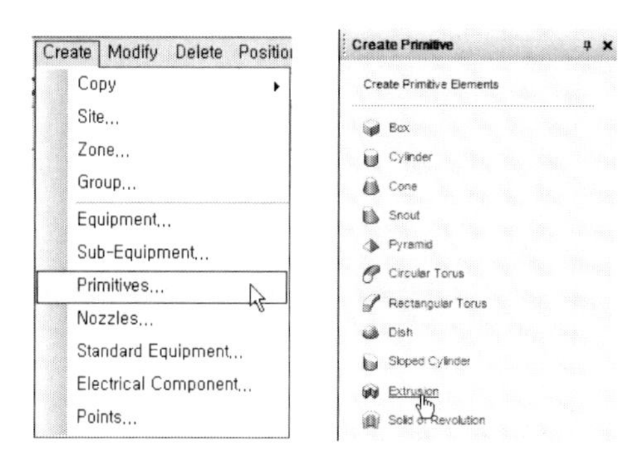

그림 3-2-96: Extrusion

96. Define Vertex에서 X 0 Y 106 Z 0을 입력하고 Apply를 선택한다.

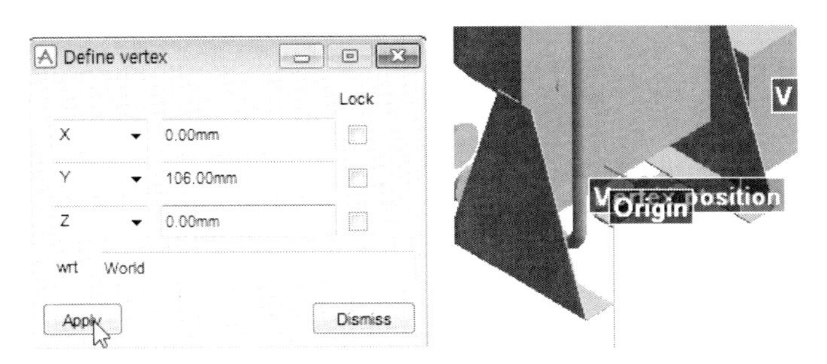

그림 3-2-97:Define Vertex

97. Define Vertex에서 dismiss를 선택한다. Create Extrusion에서 OK를 선택한다.

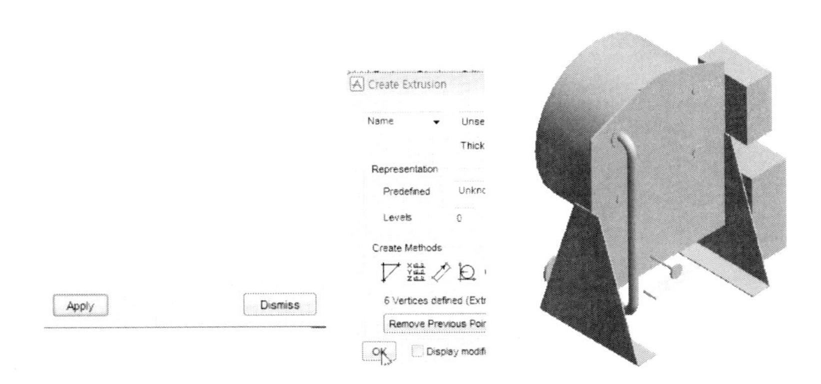

그림 3-2-98: Define Vertex

98. Design Explore에서 EXTR 1을 선택하고 Orientate ➡ Rotate를 선택한다. Angle에 90, Direction에 Z를 선택하고 Apply를 선택한다.

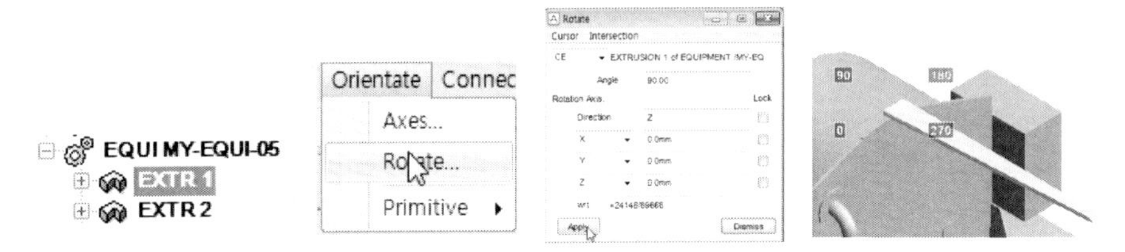

그림 3-2-99: Rotate

99. Angle에 -180, Direction에 Z를 선택하고 Apply를 선택한다. Angle에 90, Direction에 Y를 선택하고 Apply를 선택한다.

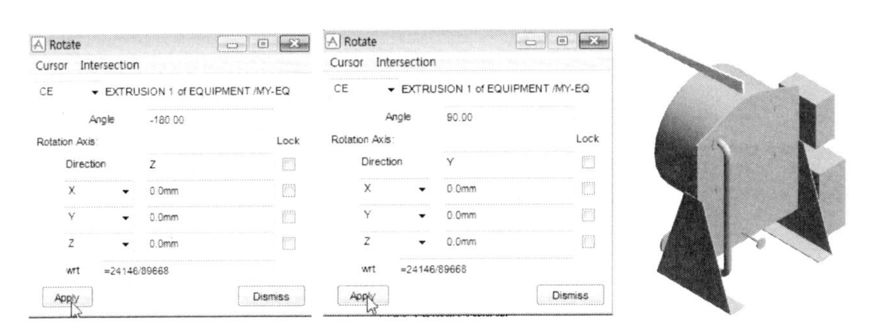

그림 3-2-100: Rotate

100. Box를 선택하고 X 30, Y 30, Z 164을 입력하고 Create를 선택한다. Position에서 X 0 Y 381 Z 1592를 입력하고 Next를 선택한다.

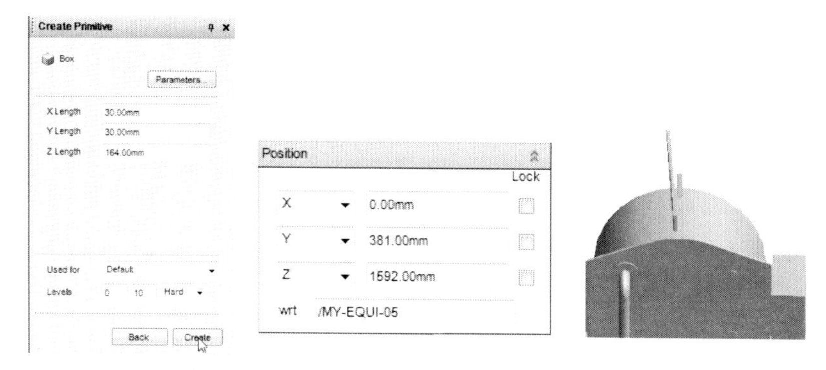

그림 3-2-101: Box

101. Box를 선택하고 X 20, Y 20, Z 249을 입력하고 Create를 선택한다. Position에서 X 24 Y -19 Z 1532 입력하고 Next를 선택한다.

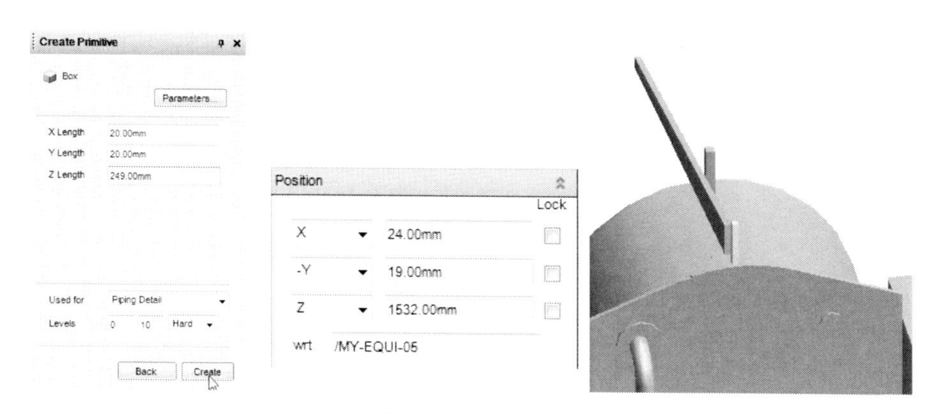

그림 3-2-102: Box

102. Design Explore에서 EXTR 1을 선택하고 메뉴에서 Position ➡ Explicitly(AT)을 선택한다. X 34 Y -16 Z 1560 입력하고 Apply를 선택한다. Dismiss를 선택한다.

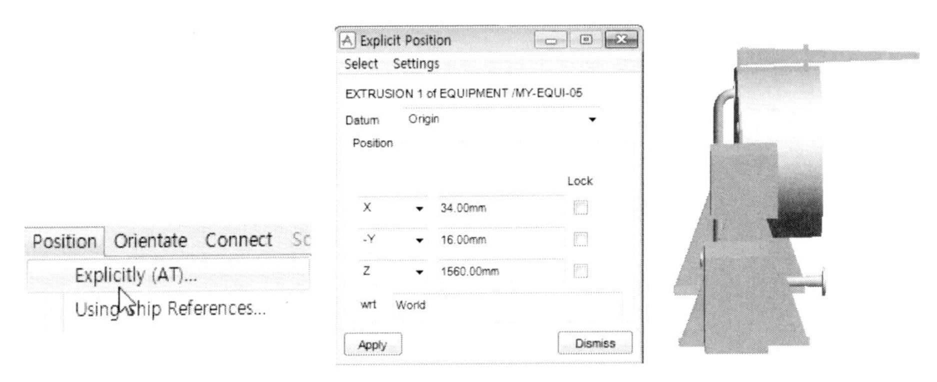

그림 3-2-103: Explicitly(AT)

103. 완성된 Equipment를 확인한다.

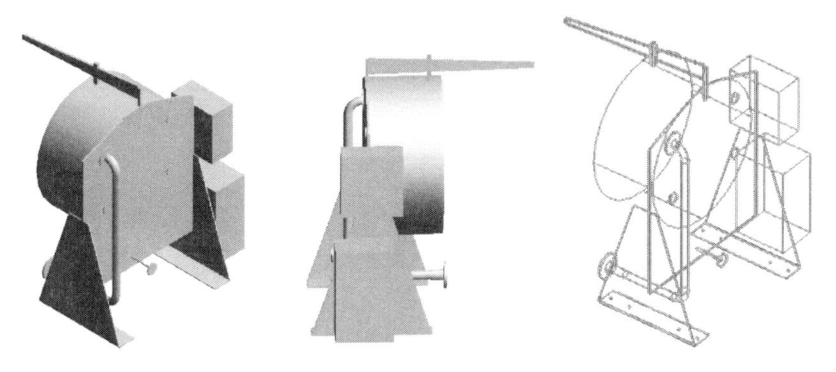

그림 3-2-104: Equipment

3-3. EQUIPMENT 예제-3

다음 EQUIPMENT을 모델링한다.

Site : MY-EQUI-SITE-01

Zone : MY-EQUI-ZONE-02

Equi : MY-EQUI-3_3

Cylinder 높이 500, 지름 250

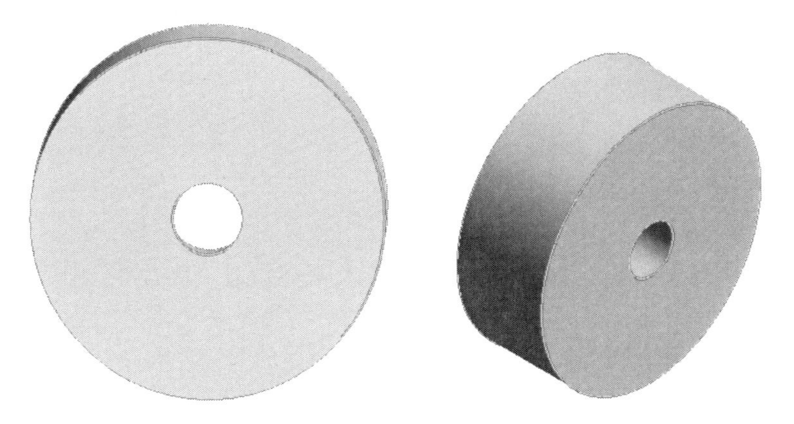

그림 3-3-1: Equipment

1. 높이 500, 지름 250 Cylinder를 생성한다.

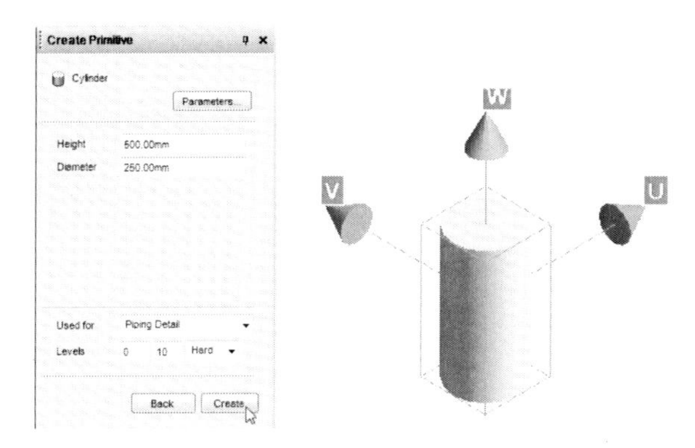

그림 3-3-2: Cylinder

2. Rotate에서 Angle 90을 입력하고, Direction에서 About U로 선택한다. Apply Rotation을 선택한다.

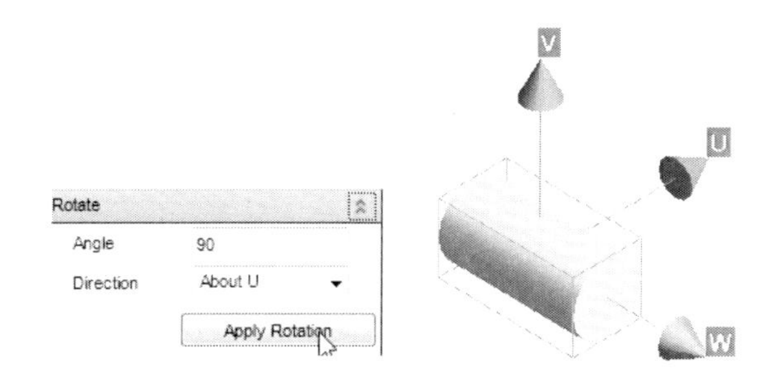

그림 3-3-3: Rotate

3. Primitives 메뉴에서 Extrusion을 선택한다.

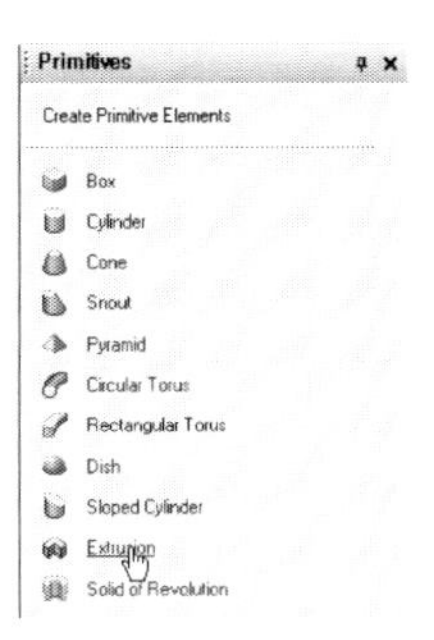

그림 3-3-4: Extrusion

4. Define vertex에서 X 600 Y 0 Z 0을 입력하고 Apply를 누른다.

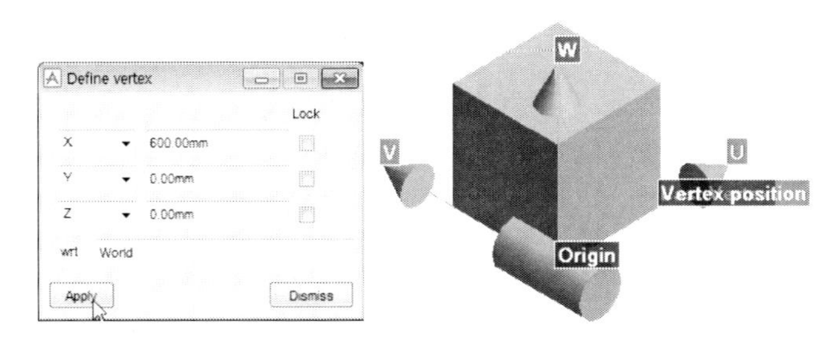

그림 3-3-5: Define Vertex

5. Define vertex 창에서 Dismiss를 누른다. Create Extrusion 창에서 OK를 선택한다.

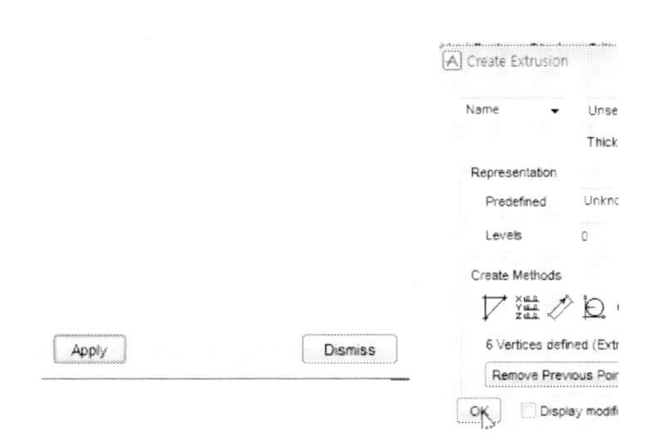

그림 3-3-6: Dismiss

6. Primitives에서 Solid of Revolution을 선택한다.

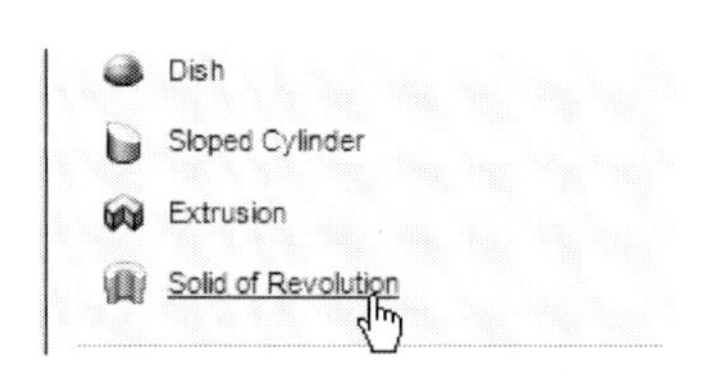

그림 3-3-7: Revolution

7. +ve Revolution 메뉴에서 Rotation Line을 선택한다. 회전 축 선을 선택한다.

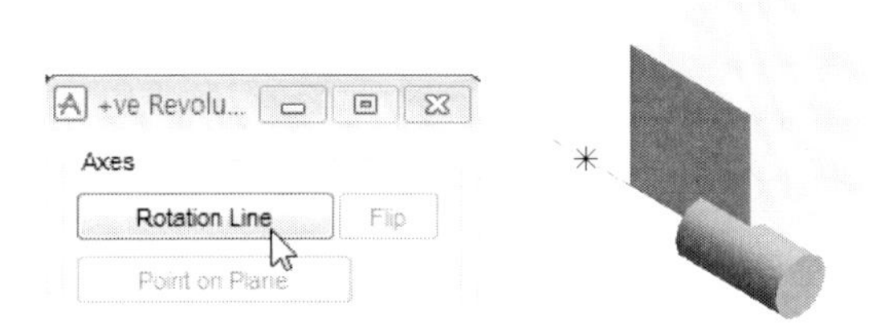

그림 3-3-8: Rotation Line

8. ship position에서 X 125 Y 375 Z 0을 입력한다. Apply를 선택한다.

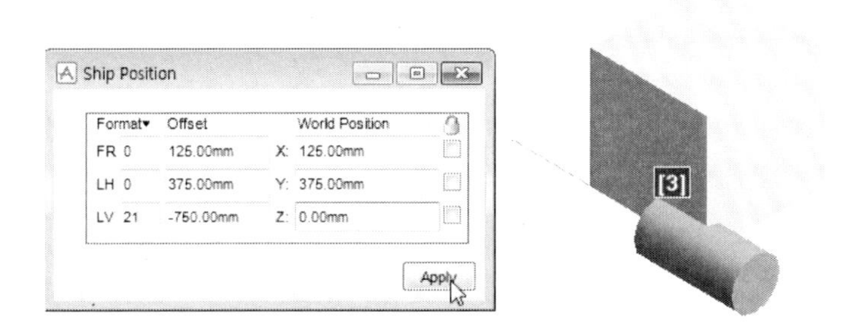

그림 3-3-9: ship position

9. Explicit Position을 선택한다. ship position에서 X 500 Y 375 Z 0을 입력한다. Apply를 선택한다.

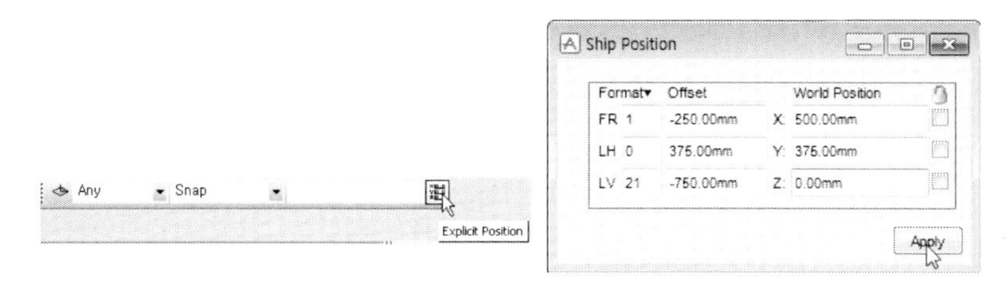

그림 3-3-10: ship position

10. Explicit Position을 선택한다.

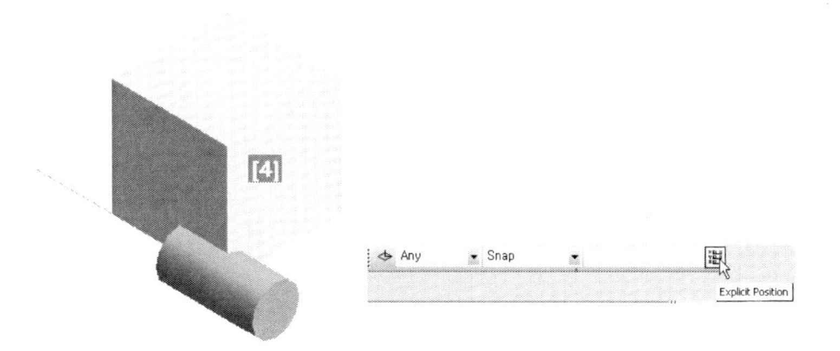

그림 3-3-11: Explicit Position

11. +ve Revolution에서 OK를 선택한다.

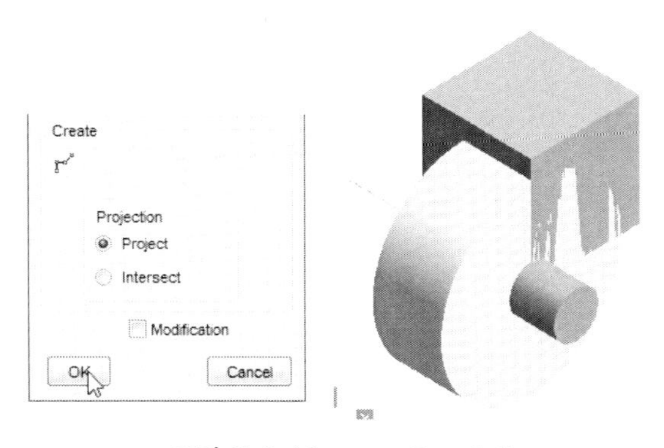

그림 3-3-12: +ve Revolution

12. EXTR 1과 CYLI 1을 삭제한다.

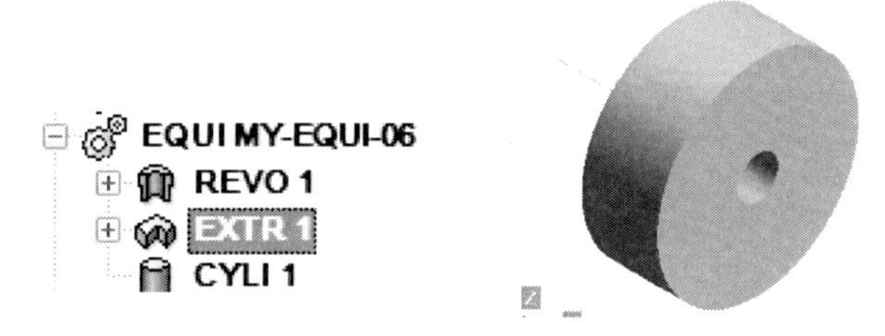

그림 3-3-13: Delete

13. Rotation Line을 삭제한다.

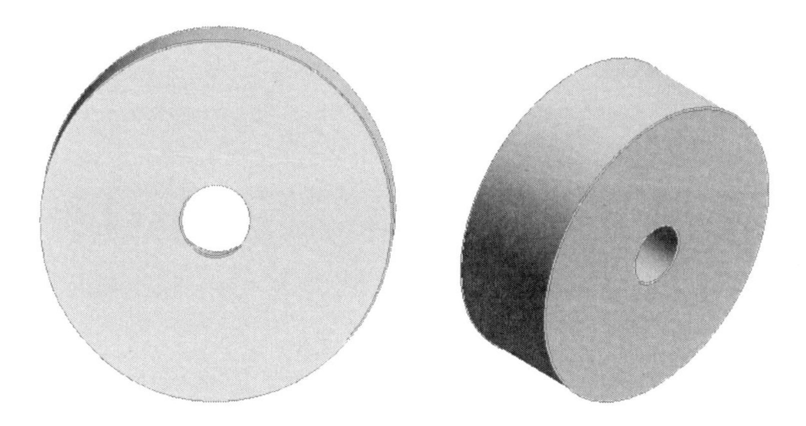

그림 3-3-14: Delete

3-4. EQUIPMENT 예제-4

다음 EQUIPMENT을 모델링한다.

Site : MY-EQUI-SITE-01

Zone : MY-EQUI-ZONE-02

Equi : MY-EQUI-3_4

Cylinder 높이 500, 지름 250

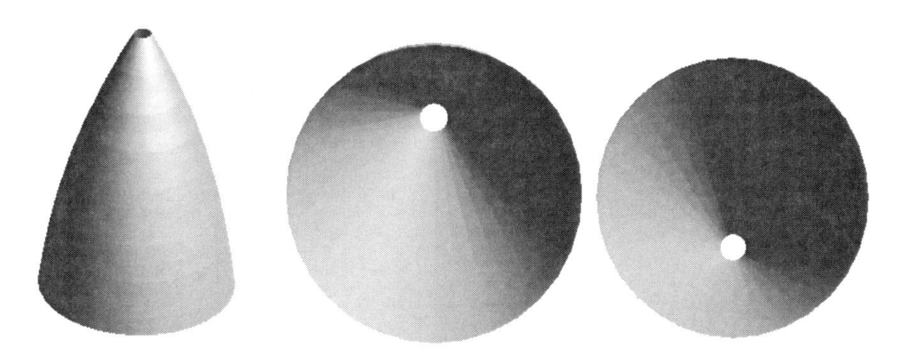

그림 3-4-1: Equipment

1. 높이 500, 지름 250 Cylinder를 생성한다.

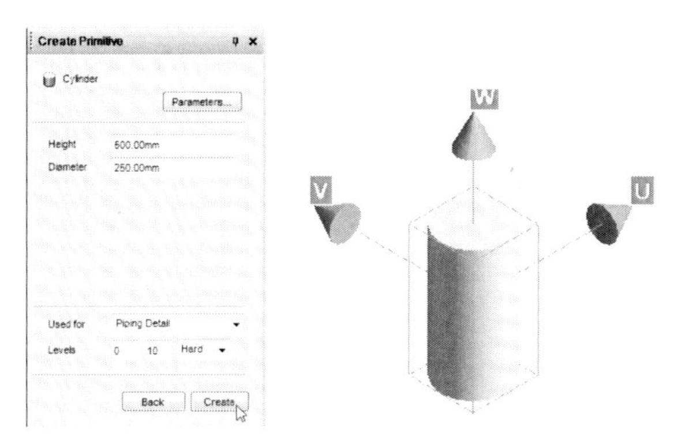

그림 3-4-2: Cylinder

2. Rotate에서 Angle 90을 입력하고, Direction에서 About U로 선택한다. Apply Rotation을 선택한다.

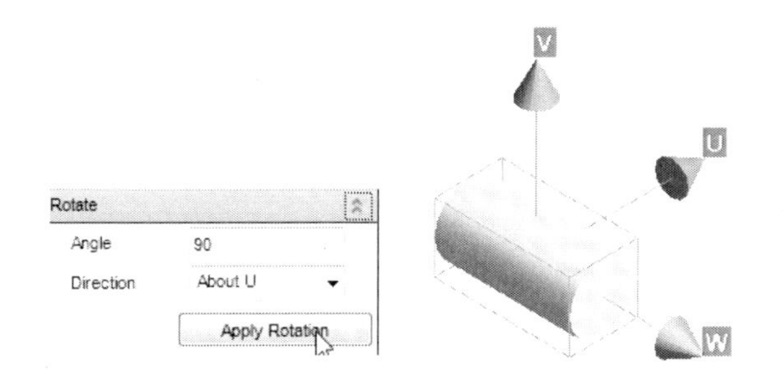

그림 3-4-3: Rotate

3. Primitives 메뉴에서 Extrusion을 선택한다.

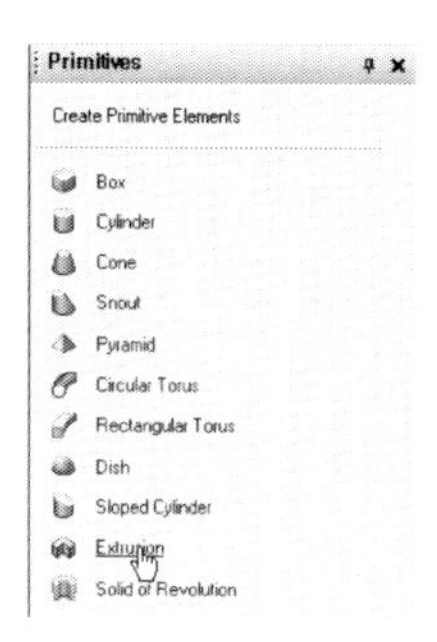

그림 3-4-4: Extrusion

4. Define vertex에서 X 500 Y 0 Z 0을 입력하고 Apply를 누른다.

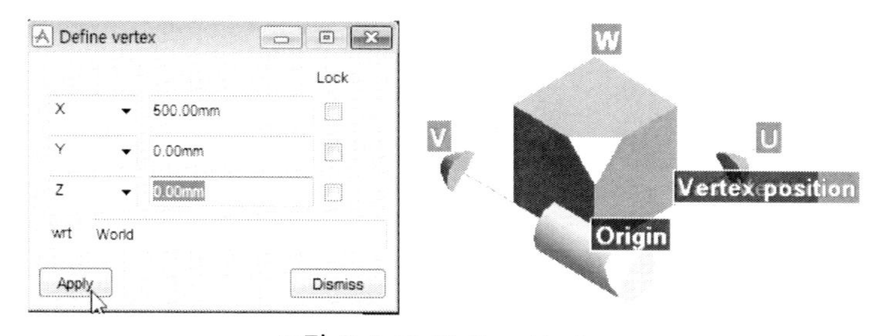

그림 3-4-5: Define Vertex

5. Define vertex 창에서 Dismiss를 누른다. Create Extrusion 창에서 OK를 선택한다.

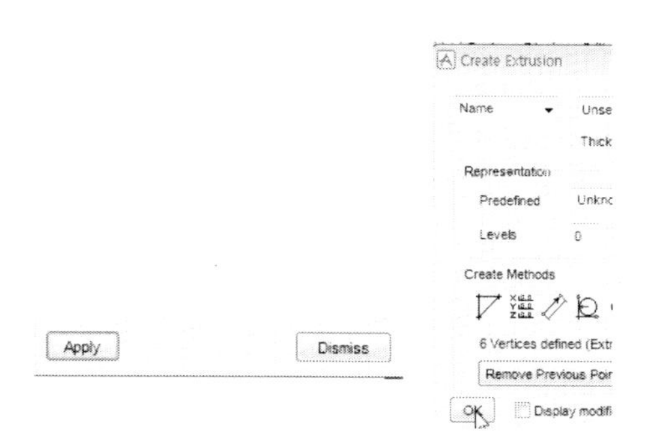

그림 3-4-6: Dismiss

6. Primitives에서 Solid of Revolution을 선택한다.

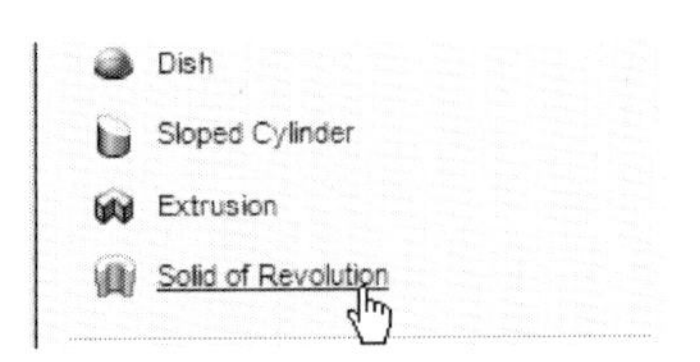

그림 3-4-7: Revolution

7. +ve Revolution 메뉴에서 Rotation Line을 선택한다. 회전 축 선을 선택한다.

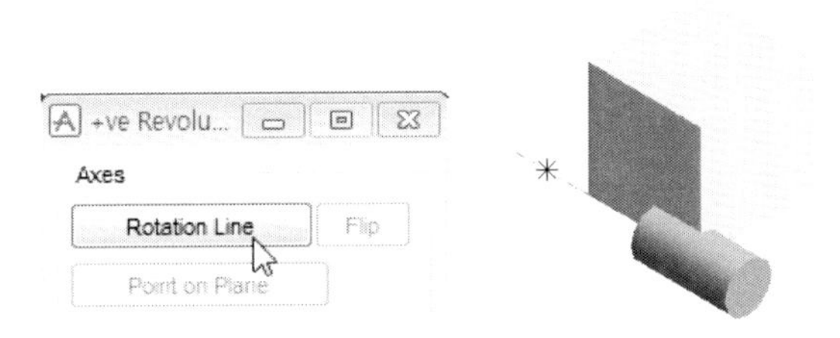

그림 3-4-8: Rotation Line

8. ship position에서 X 43 Y 417 Z 0을 입력한다. Apply를 선택한다.

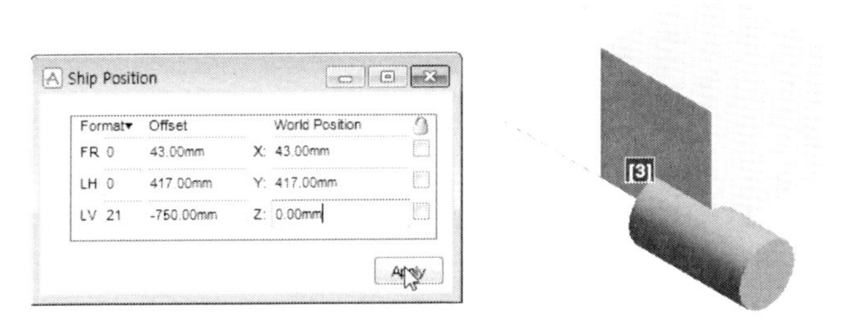

그림 3-4-9: ship position

9. Explicit Position을 선택한다. ship position에서 X 56 Y 388 Z 0을 입력한다. Apply를 선택한다.

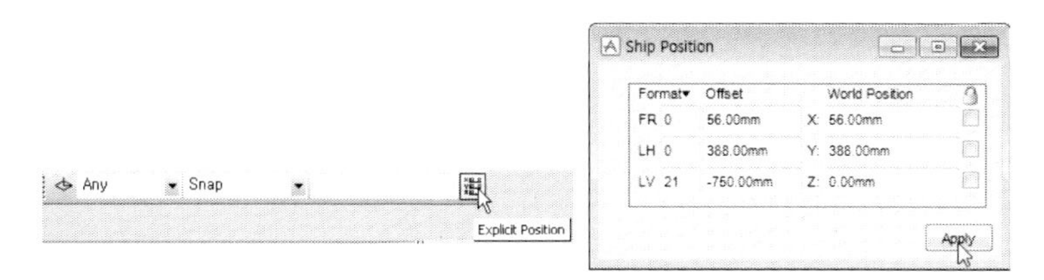

그림 3-4-10: ship position

10. Explicit Position을 선택한다.

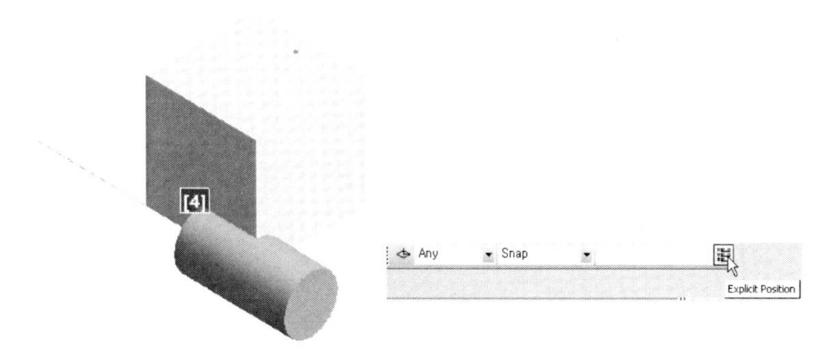

그림 3-4-11: Explicit Position

11. Explicit Position을 선택한다. ship position에서 X 80 Y 331 Z 0을 입력한다. Apply를 선택한다.

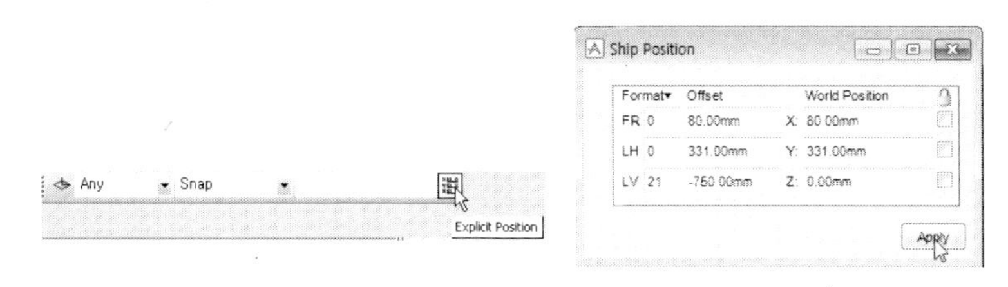

그림 3-4-12: ship position

12. Explicit Position을 선택한다.

그림 3-4-13: Explicit Position

13. ship position에서 X 92 Y 302 Z 0을 입력한다. Apply를 선택한다.

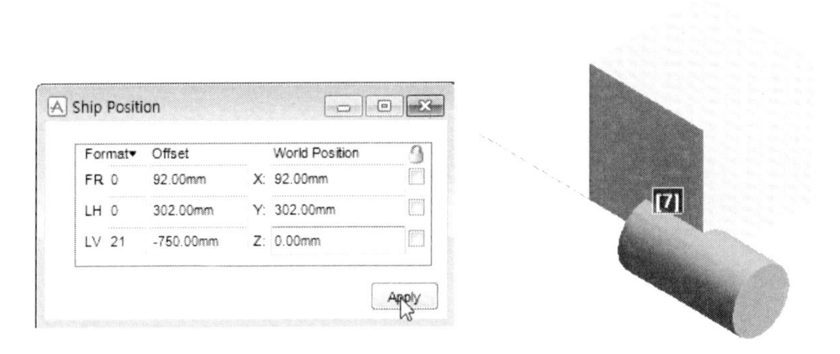

그림 3-4-14: ship position

14. Explicit Position을 선택한다. ship position에서 X 102 Y 273 Z 0을 입력한다. Apply를 선택한다.

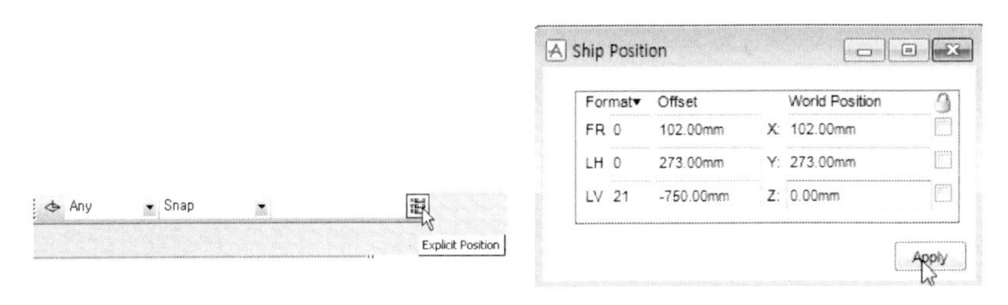

그림 3-4-15: ship position

15. Explicit Position을 선택한다. ship position에서 X 121 Y 213 Z 0을 입력한다. Apply를 선택한다.

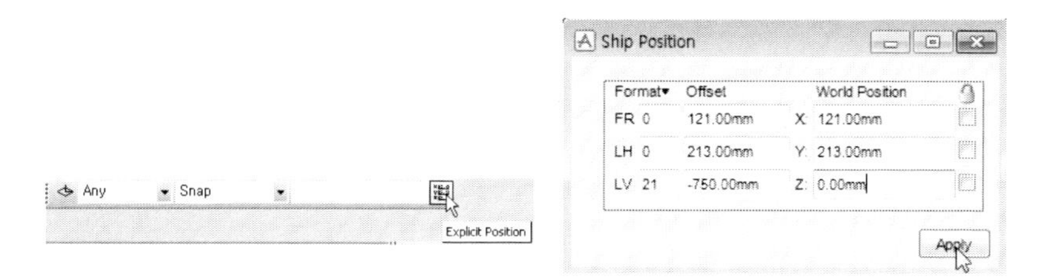

그림 3-4-16: ship position

16. Explicit Position을 선택한다.

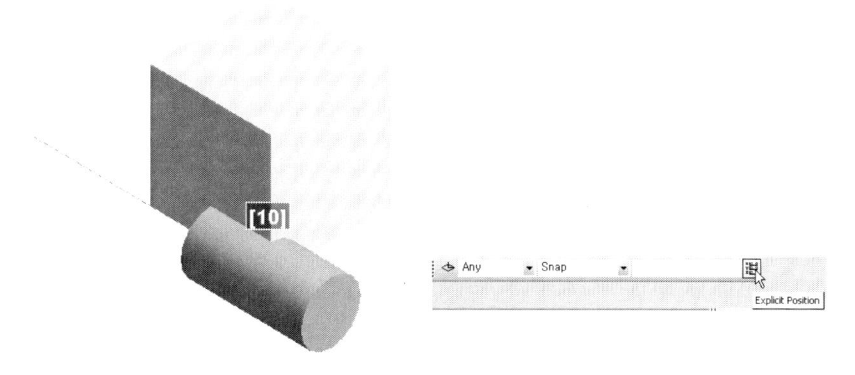

그림 3-4-17: Explicit Position

17. ship position에서 X 129 Y 183 Z 0을 입력한다. Apply를 선택한다.

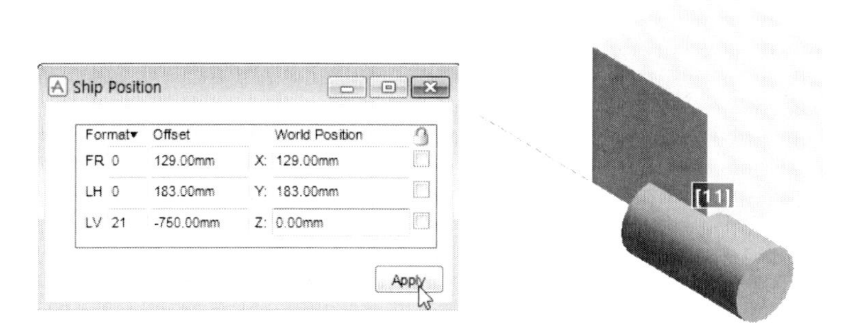

그림 3-4-18: ship position

18. Explicit Position을 선택한다. ship position에서 X 137 Y 153 Z 0을 입력한다. Apply를 선택한다.

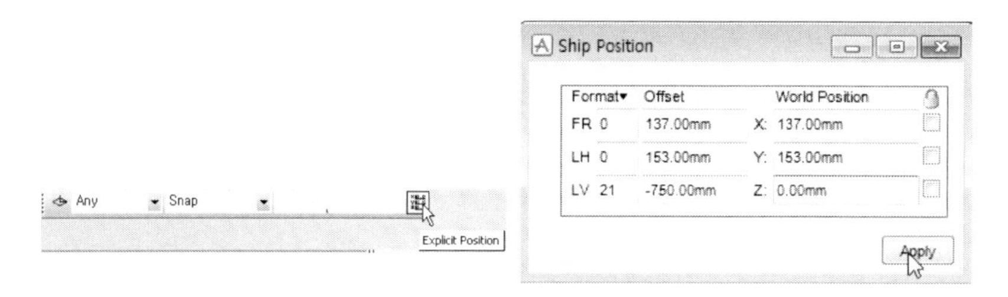

그림 3-4-19: ship position

19. Explicit Position을 선택한다. ship position에서 X 144 Y 122 Z 0을 입력한다. Apply를 선택한다.

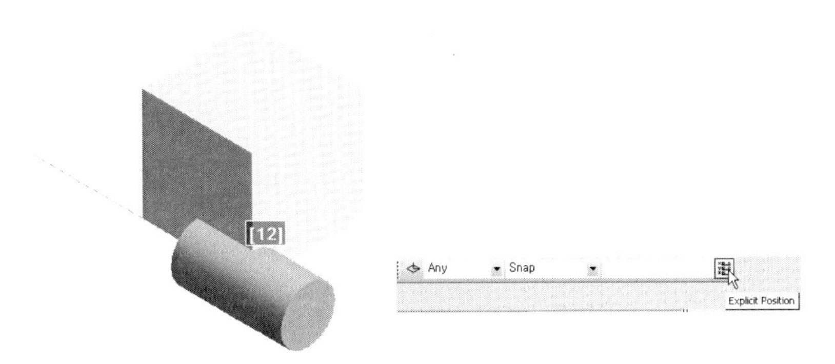

그림 3-4-20: ship position

20. ship position에서 X 144 Y 122 Z 0을 입력한다. Apply를 선택한다.

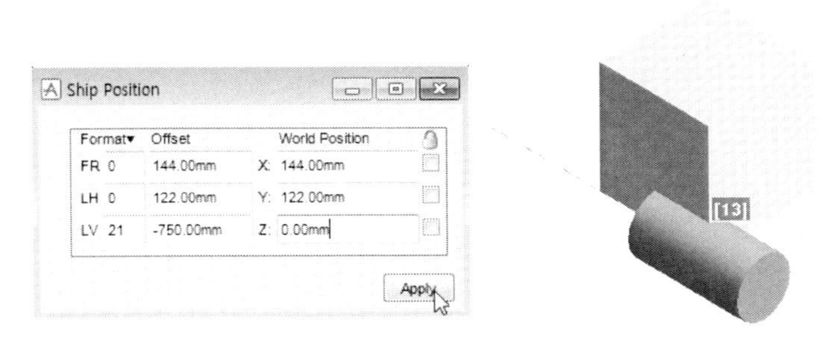

그림 3-4-21: ship position

21. Explicit Position을 선택한다. ship position에서 X 150 Y 92 Z 0을 입력한다. Apply를 선택한다.

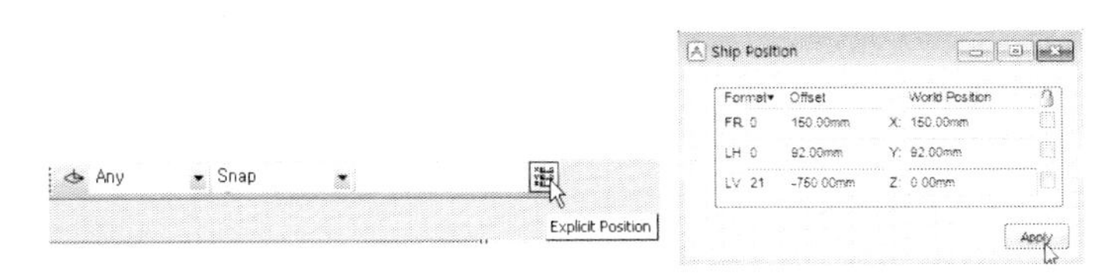

그림 3-4-22: ship position

22. Explicit Position을 선택한다.

그림 3-4-23: Explicit Position

23. +ve Revolution에서 OK를 선택한다.

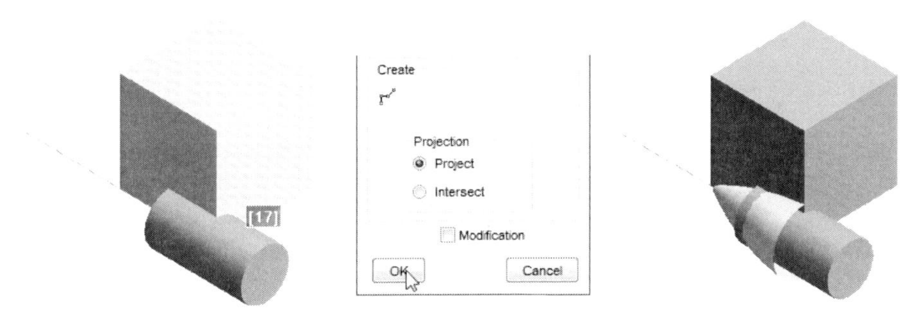

그림 3-4-24: +ve Revolution

24. EXTR 1과 CYLI 1을 삭제한다.

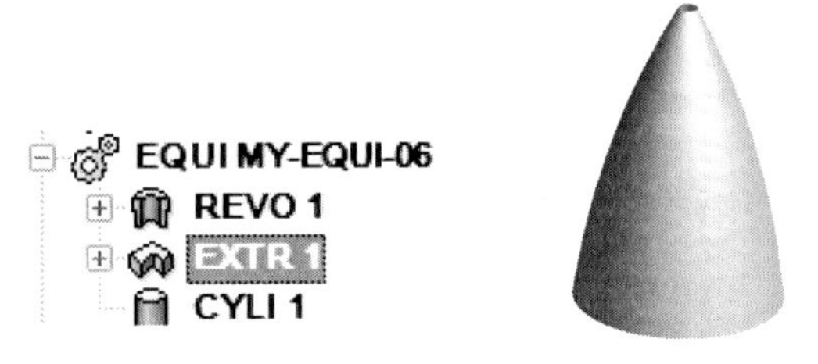

그림 3-4-25: Delete

25. Rotation Line을 삭제한다.

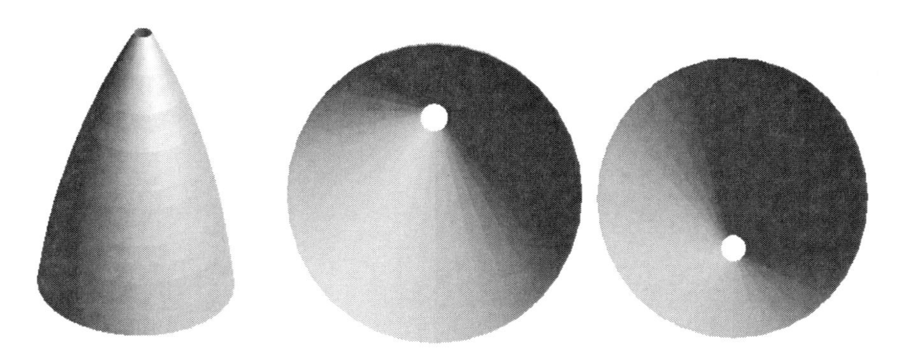

그림 3-4-26: Delete

26. MY-EQUI-08를 Copy-of-MY-EQUI-08로 복사한다. REVO 1의 LOOP 1에서 VERT 1을 복사한다. VERT 1의 Attribute를 선택한다.

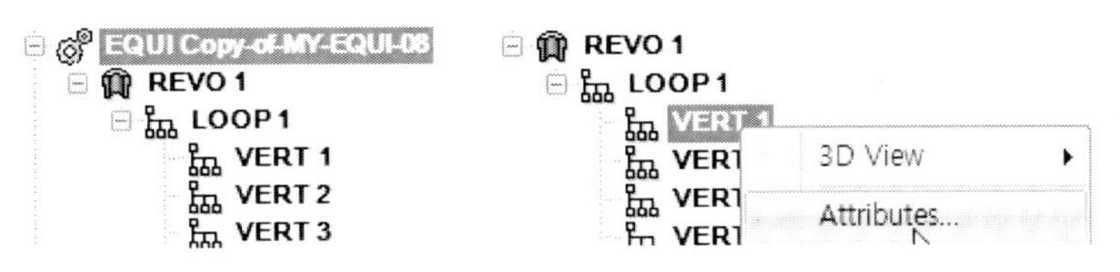

그림 3-4-27: Copy

27. Position을 X 0 Y 0 Z 0으로 변경한다.

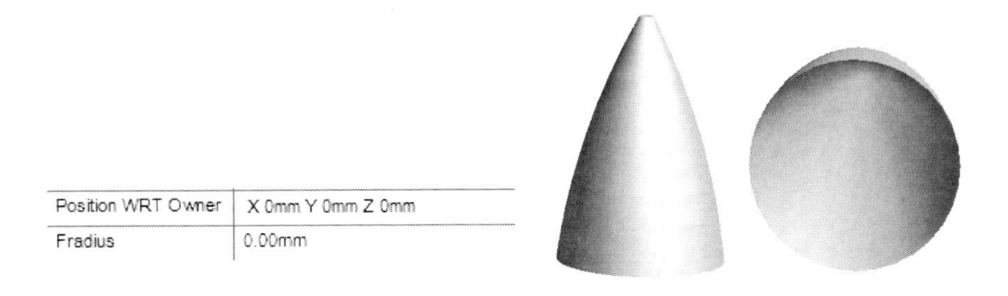

그림 3-4-28: Position

3-5. EQUIPMENT 예제-5

다음 EQUIPMENT을 모델링한다.

Site : MY-EQUI-SITE-01

Zone : MY-EQUI-ZONE-02

Equi : Copy-of-MY-EQUI-3_1

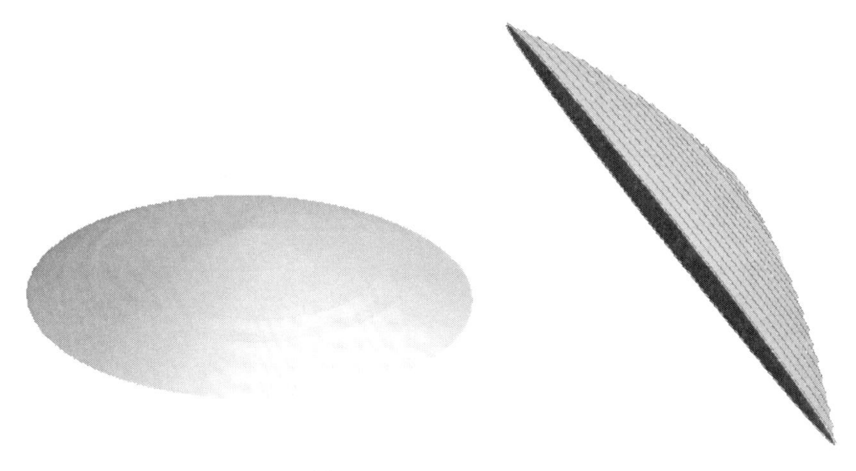

그림 3-5-1: Equipment

1. REVO 1의 LOOP 1에서 VERT 4- VERT 19까지 삭제한다.

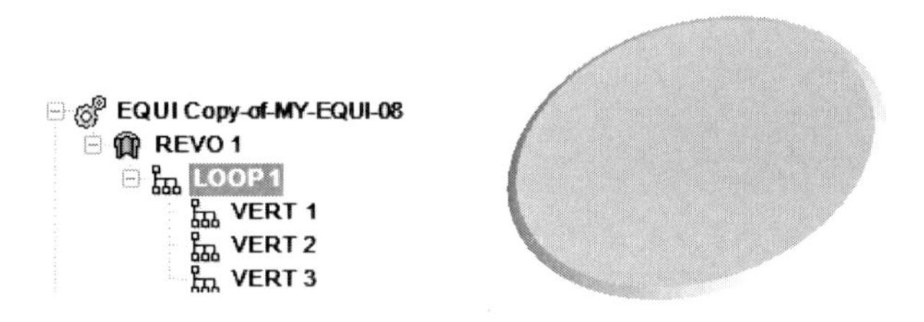

그림 3-5-2: Delete

2. REVO 1의 LOOP 1에서 VERT 6를 복사한다. VERT 7의 Attribute를 선택한다. Position을 X 69 Y 360 Z 0으로 변경한다.

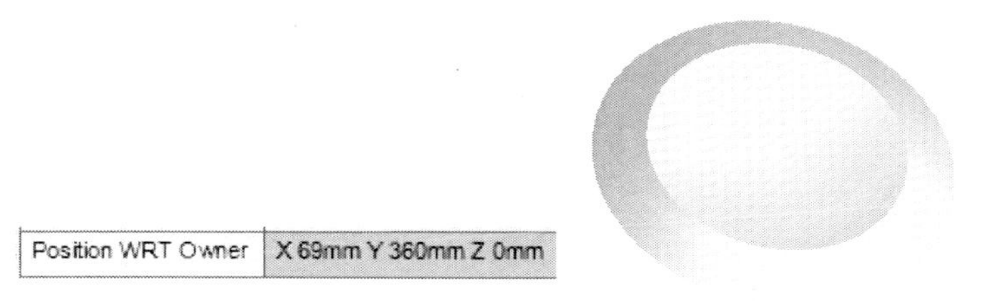

그림 3-5-3: Position

3. REVO 1의 LOOP 1에서 VERT 7를 복사한다. VERT 8의 Attribute를 선택한다. Position을 X 80 Y 331 Z 0으로 변경한다.

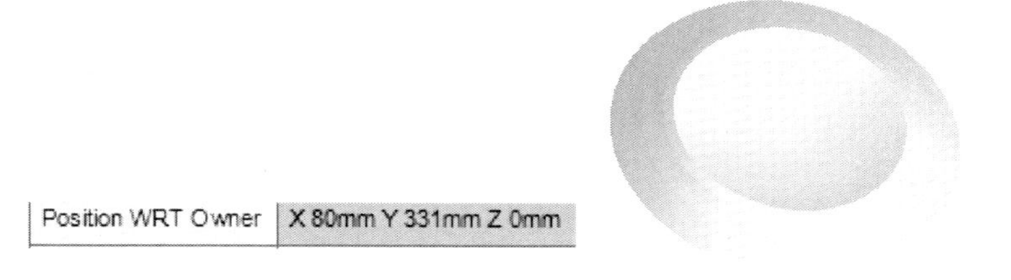

그림 3-5-4: Position

4. REVO 1의 LOOP 1에서 VERT 8를 복사한다. VERT 9의 Attribute를 선택한다. Position을 X 92 Y 302 Z 0으로 변경한다.

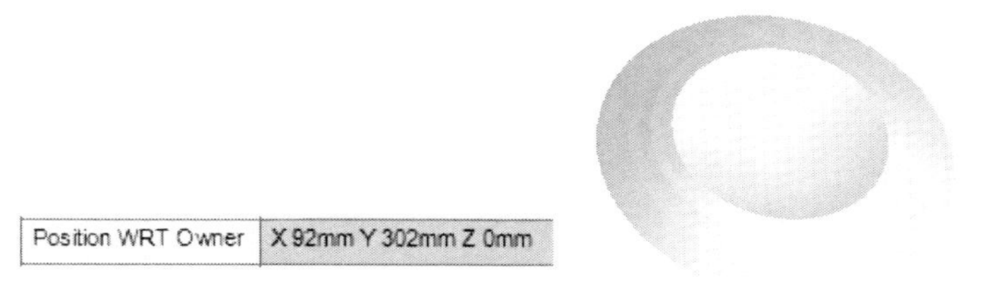

그림 3-5-5: Position

5. REVO 1의 LOOP 1에서 VERT 9를 복사한다. VERT 10의 Attribute를 선택한다. Position을 X 102 Y 273 Z 0으로 변경한다.

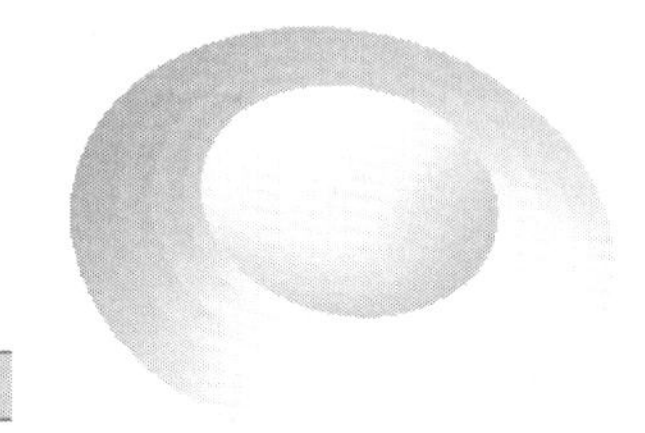

Position WRT Owner | X 102mm Y 273mm Z 0mm

그림 3-5-6: Position

6. REVO 1의 LOOP 1에서 VERT 10를 복사한다. VERT 11의 Attribute를 선택한다. Position을 X 112 Y 243 Z 0으로 변경한다.

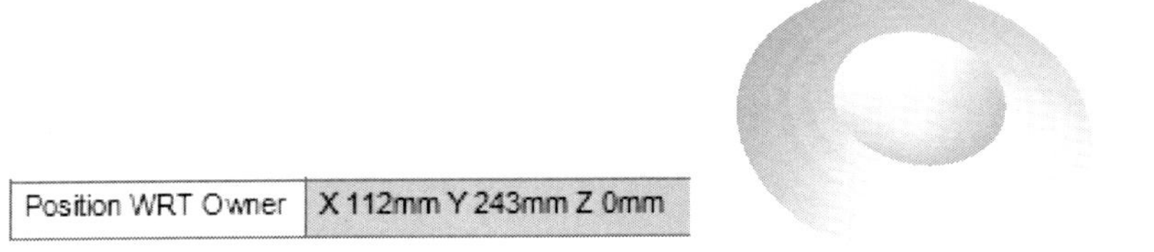

그림 3-5-7: Position

7. REVO 1의 LOOP 1에서 VERT 11를 복사한다. VERT 12의 Attribute를 선택한다. Position을 X 121 Y 213 Z 0으로 변경한다.

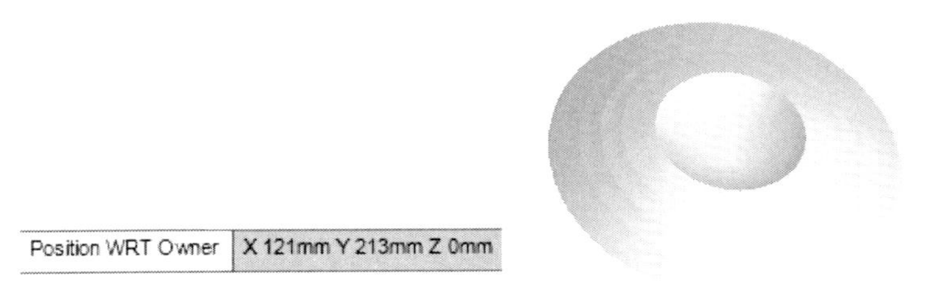

그림 3-5-8: Position

8. REVO 1의 LOOP 1에서 VERT 12를 복사한다. VERT 13의 Attribute를 선택한다. Position을 X 129 Y 183 Z 0으로 변경한다.

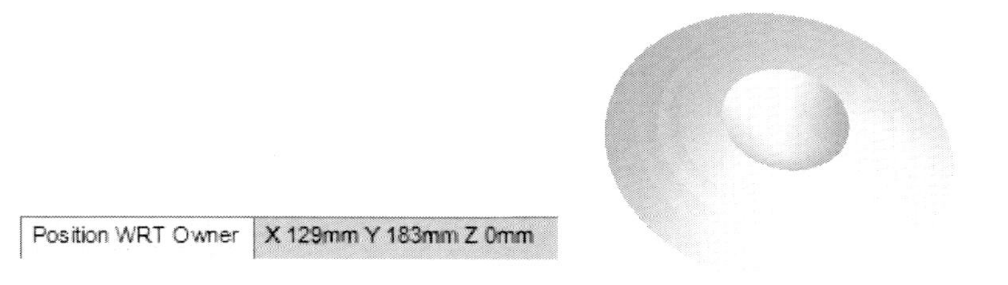

그림 3-5-9: Position

9. REVO 1의 LOOP 1에서 VERT 13를 복사한다. VERT 14의 Attribute를 선택한다. Position을 X 137 Y 153 Z 0으로 변경한다.

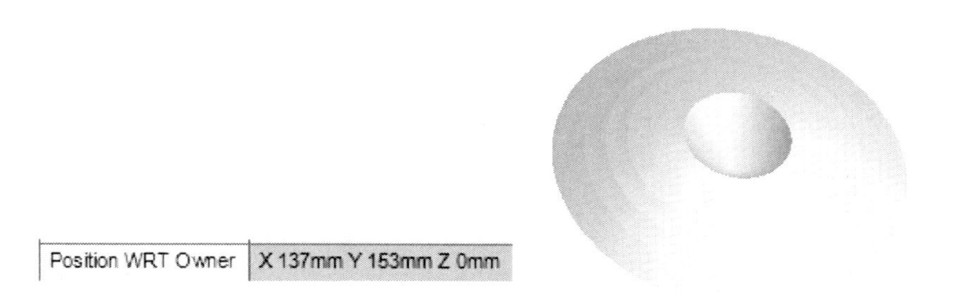

그림 3-5-10: Position

10. REVO 1의 LOOP 1에서 VERT 14를 복사한다. VERT 15의 Attribute를 선택한다. Position을 X 144 Y 122 Z 0으로 변경한다.

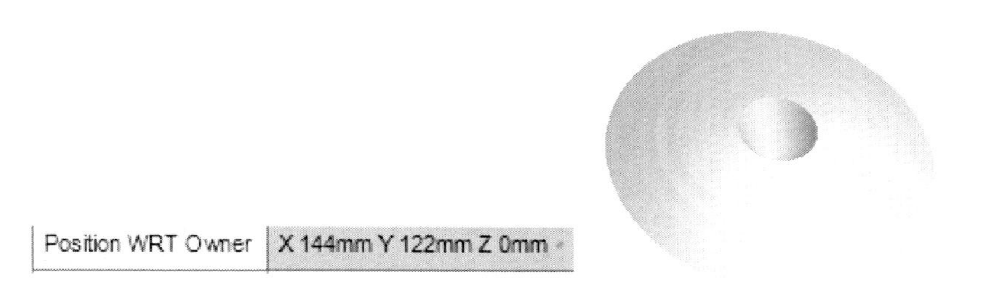

그림 3-5-11: Position

11. REVO 1의 LOOP 1에서 VERT 15를 복사한다. VERT 16의 Attribute를 선택한다. Position을 X 150 Y 92 Z 0으로 변경한다.

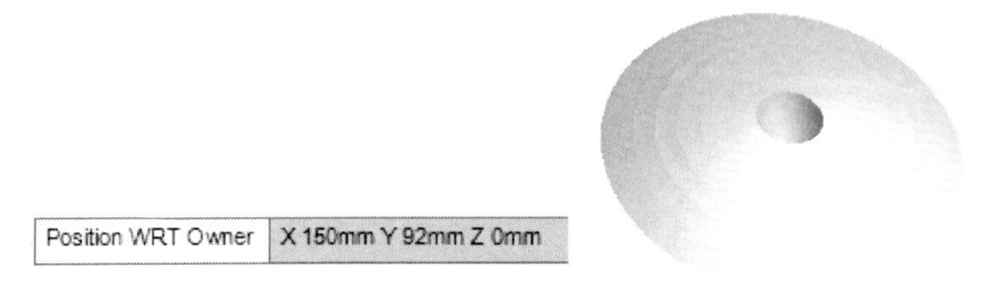

그림 3-5-12: Position

12. REVO 1의 LOOP 1에서 VERT 16를 복사한다. VERT 17의 Attribute를 선택한다. Position을 X 155 Y 61 Z 0으로 변경한다.

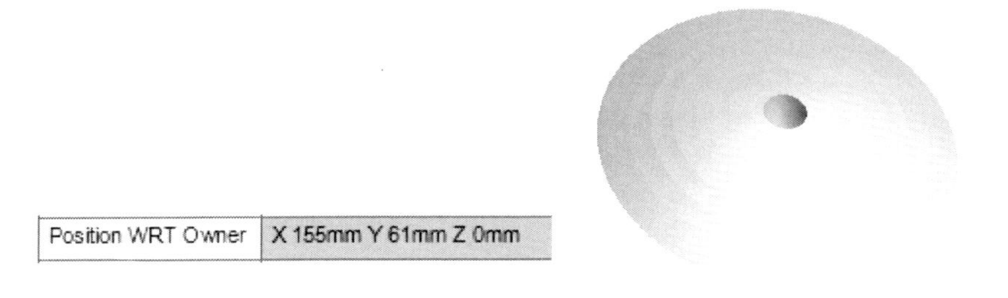

그림 3-5-13: Position

13. REVO 1의 LOOP 1에서 VERT 17를 복사한다. VERT 18의 Attribute를 선택한다. Position을 X 160 Y 30 Z 0으로 변경한다.

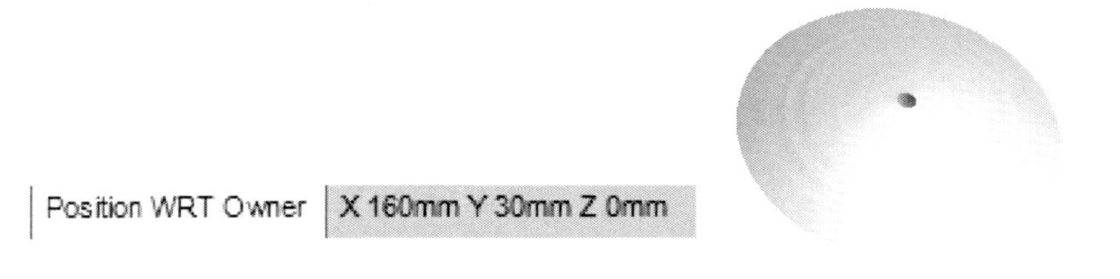

그림 3-5-14: Position

14. REVO 1의 LOOP 1에서 VERT 18를 복사한다. VERT 19의 Attribute를 선택한다. Position을 X 164 Y 0 Z 0으로 변경한다.

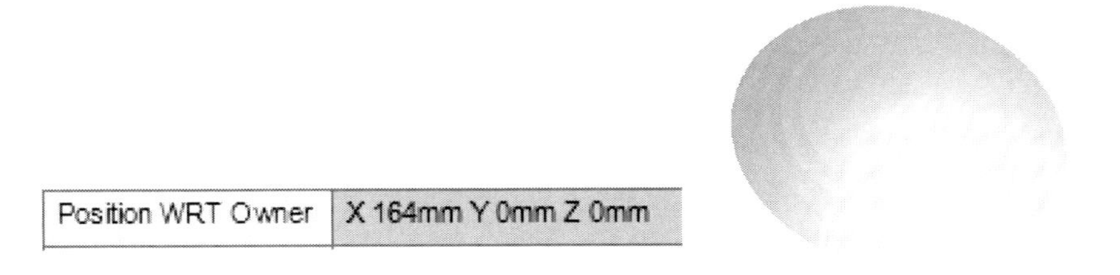

그림 3-5-15: Position

15. Copy-of-MY-EQUI-08를 MY-EQUI-09로 변경한다.

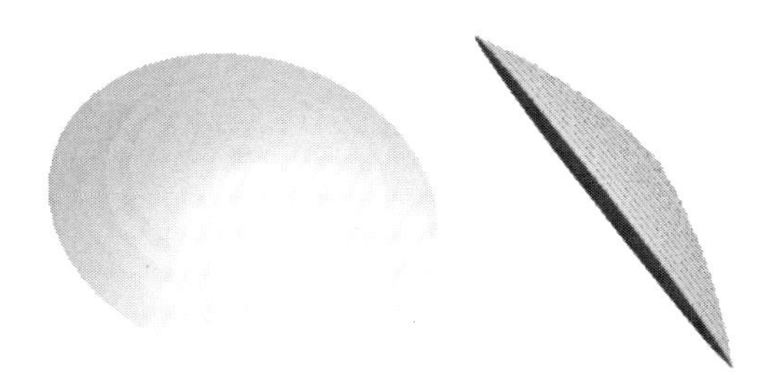

그림 3-5-16: Rename

4장 EQUIPMENT MODELLING 실습 Ⅳ

4-1. EQUIPMENT 예제-1

다음 EQUIPMENT을 모델링한다.

Site : MY-EQUI-SITE-01

Zone : MY-EQUI-ZONE-03

Equi : MY-EQUI-4_1

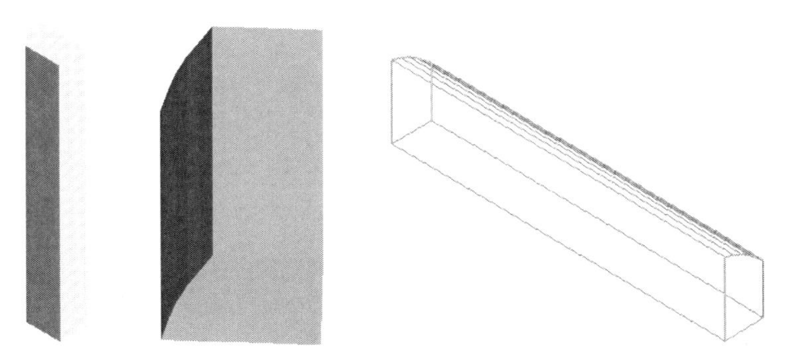

그림 4-1-1: Equipment

1. Extrusion을 선택한다.

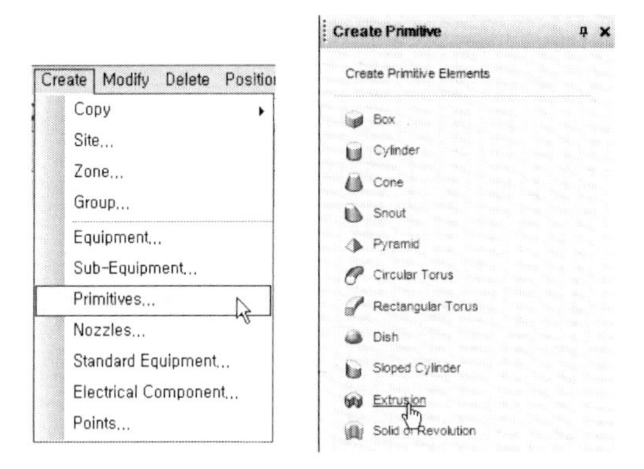

그림 4-1-2: Extrusion

2. Define Vertex에서 X 19 Y 43 Z 0을 입력하고 Apply를 선택한다.

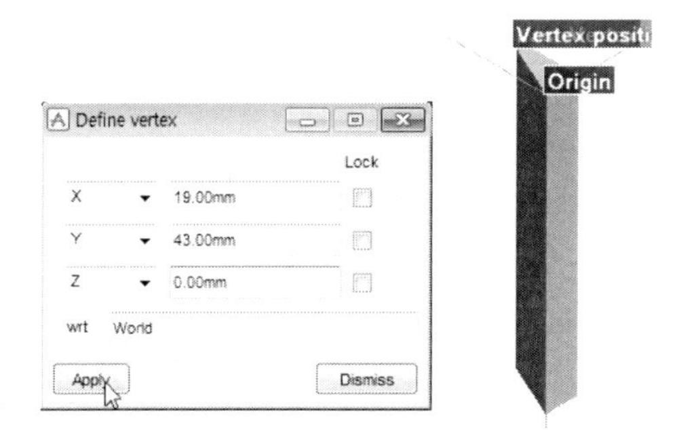

그림 4-1-3: Define Vertex

3. Define Vertex에서 X 14 Y 41 Z 0을 입력하고 Apply를 선택한다.

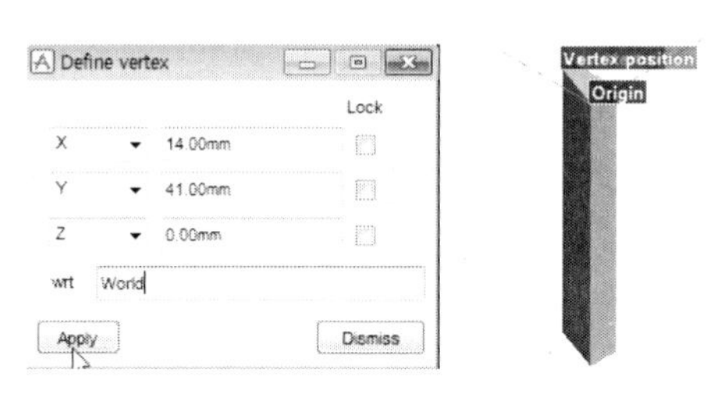

그림 4-1-4: Define Vertex

4. Define Vertex에서 X 9 Y 38 Z 0을 입력하고 Apply를 선택한다.

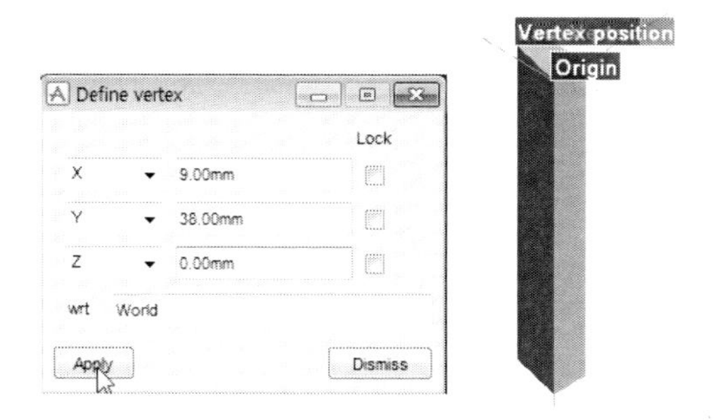

그림 4-1-5: Define Vertex

5. Define Vertex에서 X 4 Y 34 Z 0을 입력하고 Apply를 선택한다.

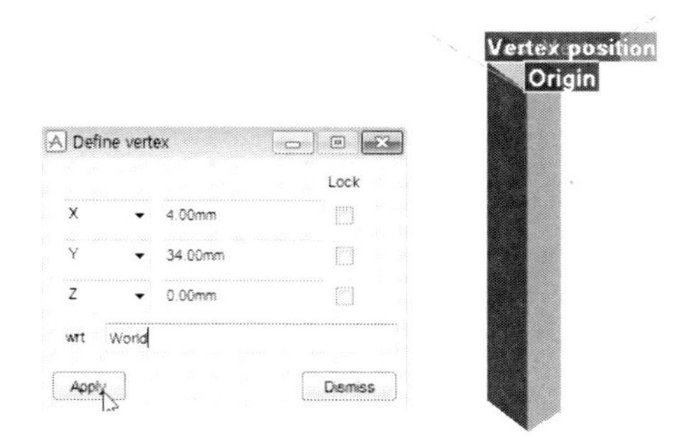

그림 4-1-6: Define Vertex

6. Define Vertex에서 X 0 Y 31 Z 0을 입력하고 Apply를 선택한다.

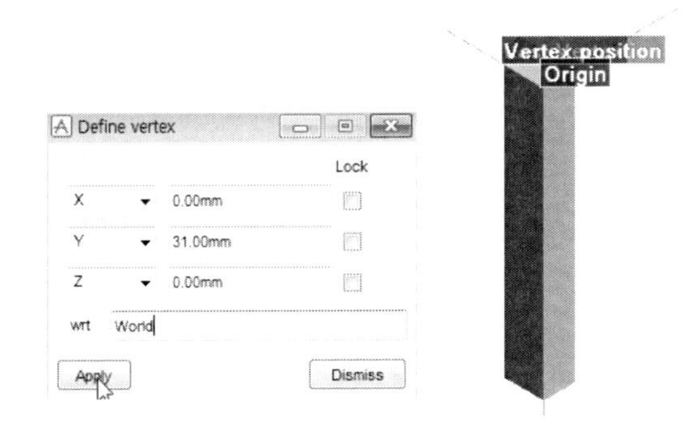

그림 4-1-7: Define Vertex

7. Define Vertex에서 dismiss를 선택한다. Create Extrusion에서 OK를 선택한다.

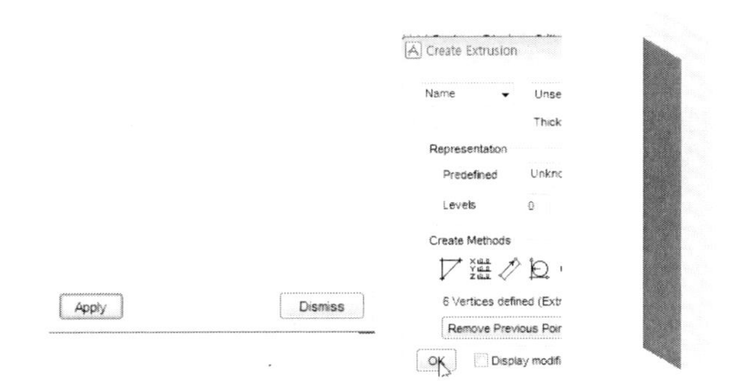

그림 4-1-8: Define Vertex

8. EXTR 1을 선택하고 Position을 X 315 Y 383 Z 21로 변경한다.

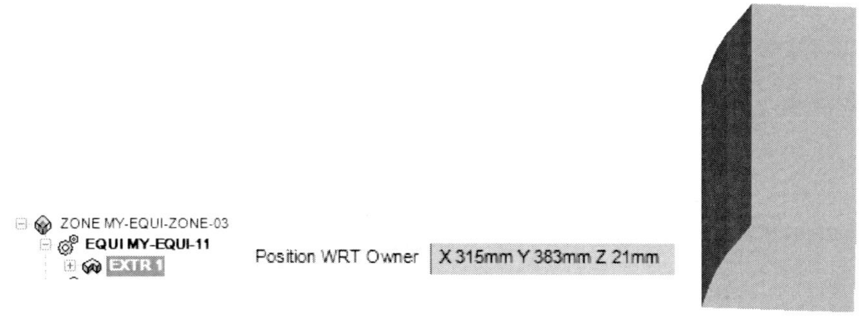

그림 4-1-9: Position

4-2. EQUIPMENT 예제-2

다음 EQUIPMENT을 모델링한다.

Site : MY-EQUI-SITE-01
Zone : MY-EQUI-ZONE-03
Equi : MY-EQUI-4_1

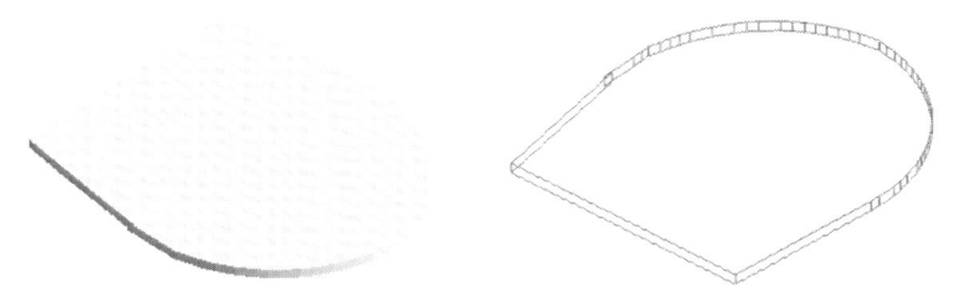

그림 4-2-1: Equipment

1. Extrusion을 선택한다.

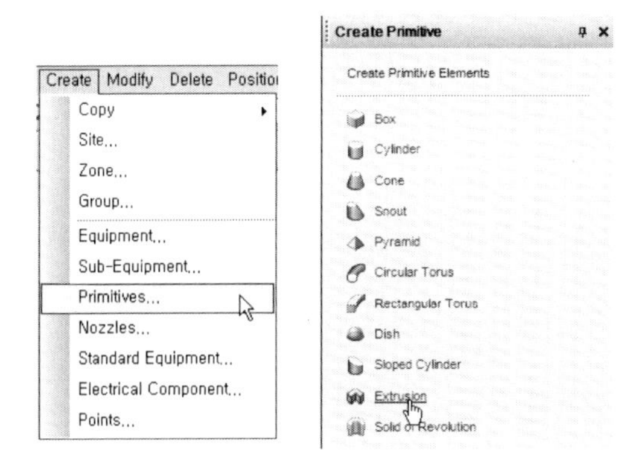

그림 4-2-2: Extrusion

2. Define Vertex에서 X 0 Y -49 Z 0을 입력하고 Apply를 선택한다.

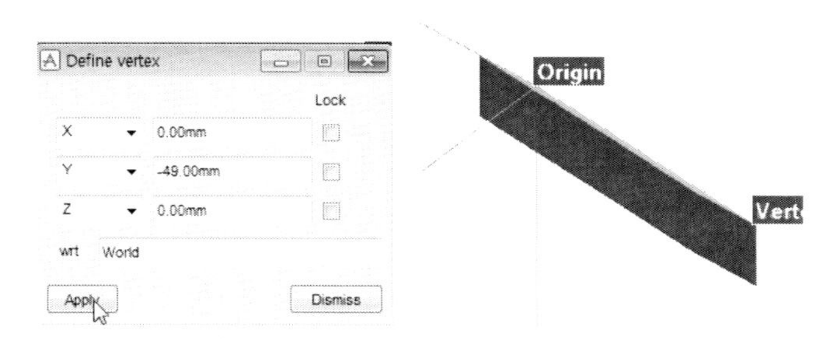

그림 4-2-3: Define Vertex

3. Define Vertex에서 X -1 Y -61 Z 0을 입력하고 Apply를 선택한다.

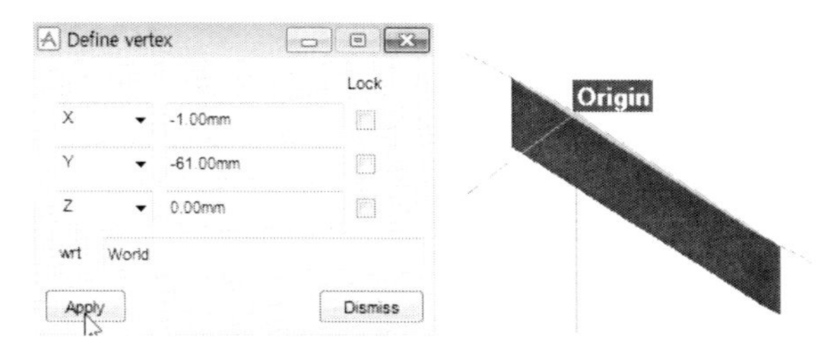

그림 4-2-4: Define Vertex

4. Define Vertex에서 X 4 Y -74 Z 0을 입력하고 Apply를 선택한다.

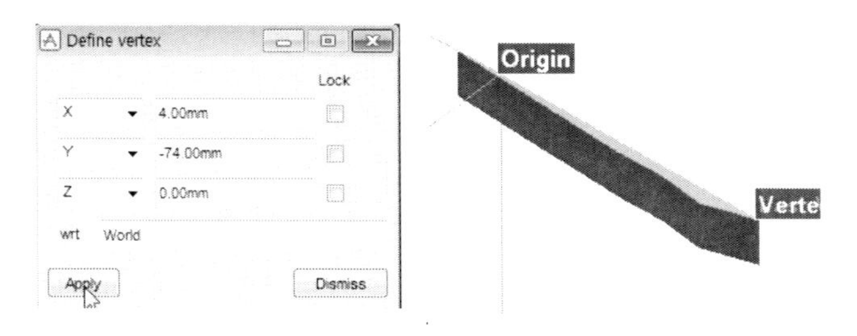

그림 4-2-5: Define Vertex

5. Define Vertex에서 X 7 Y -86 Z 0을 입력하고 Apply를 선택한다.

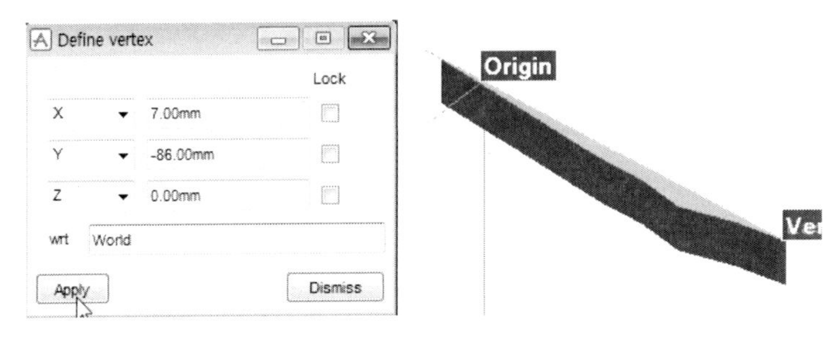

그림 4-2-6: Define Vertex

6. Define Vertex에서 X 11 Y -97 Z 0을 입력하고 Apply를 선택한다.

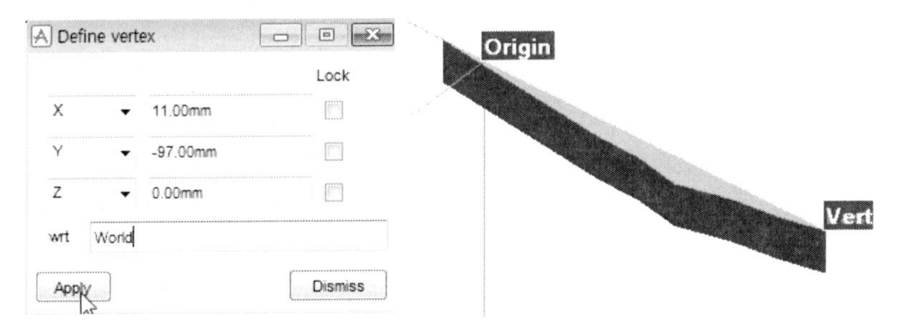

그림 4-2-7: Define Vertex

7. Define Vertex에서 X 16 Y -109 Z 0을 입력하고 Apply를 선택한다.

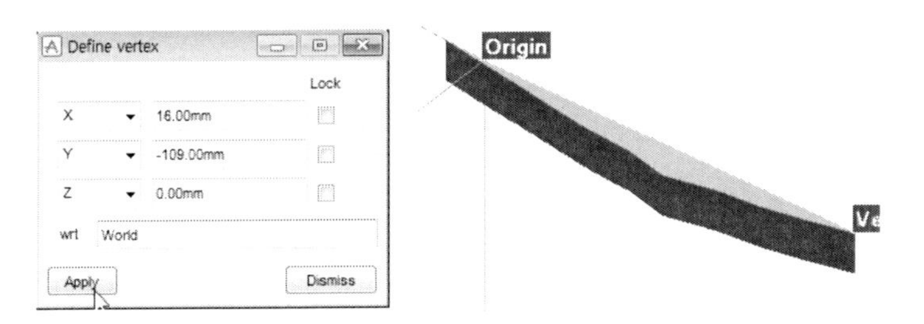

그림 4-2-8: Define Vertex

8. Define Vertex에서 X 22 Y -120 Z 0을 입력하고 Apply를 선택한다.

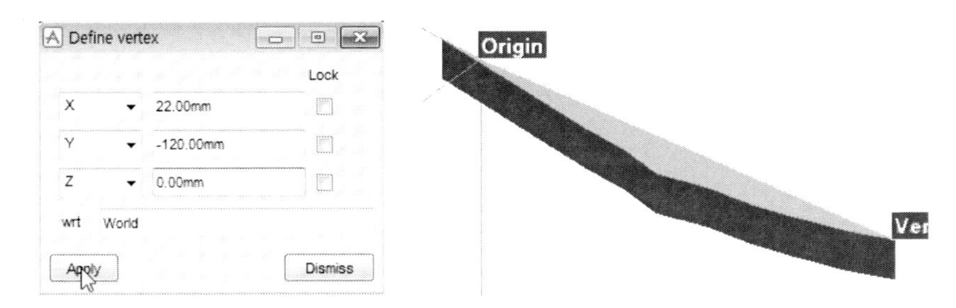

그림 4-2-9: Define Vertex

9. Define Vertex에서 X 28 Y -131 Z 0을 입력하고 Apply를 선택한다.

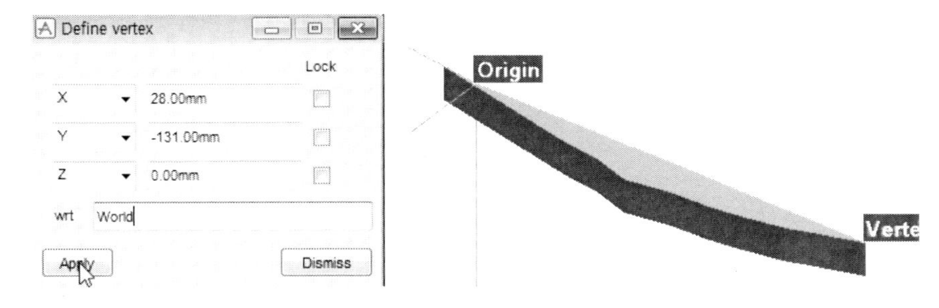

그림 4-2-10: Define Vertex

10. Define Vertex에서 X 35 Y -141 Z 0을 입력하고 Apply를 선택한다.

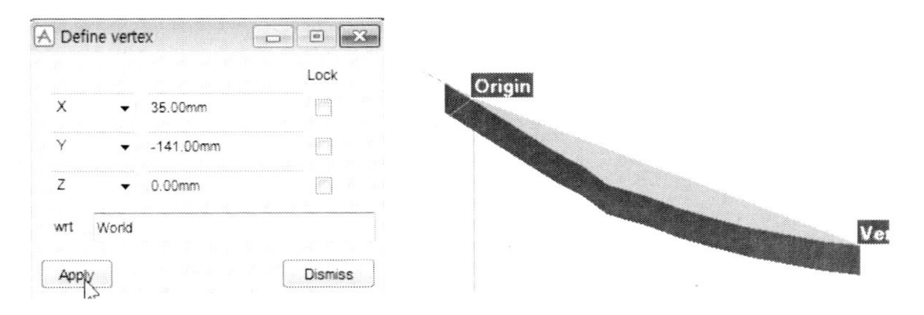

그림 4-2-11: Define Vertex

11. Define Vertex에서 X 59 Y -170 Z 0을 입력하고 Apply를 선택한다.

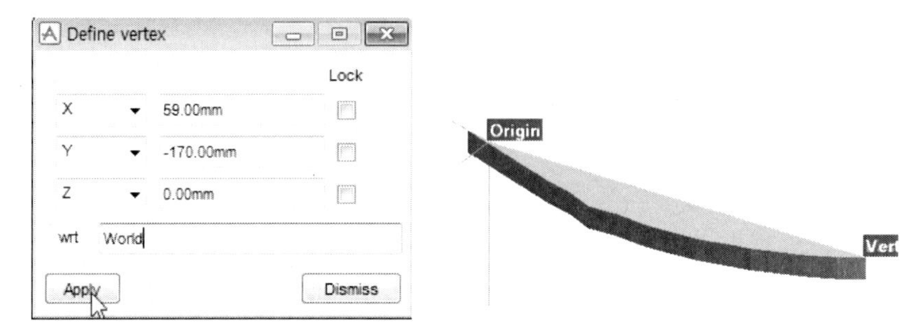

그림 4-2-12: Define Vertex

12. Define Vertex에서 X 68 Y -178 Z 0을 입력하고 Apply를 선택한다.

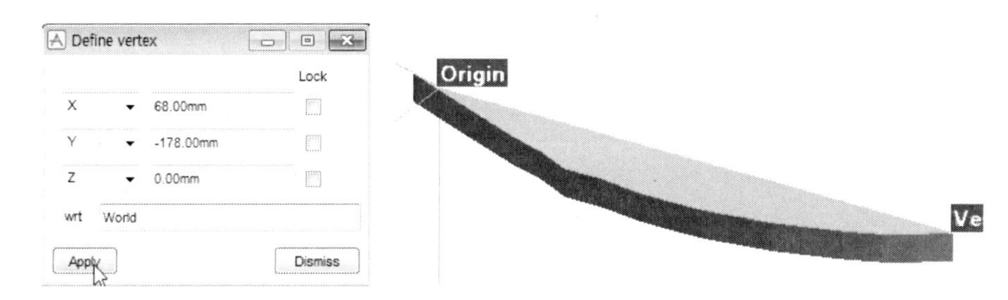

그림 4-2-13: Define Vertex

13. Define Vertex에서 X 77 Y -186 Z 0을 입력하고 Apply를 선택한다.

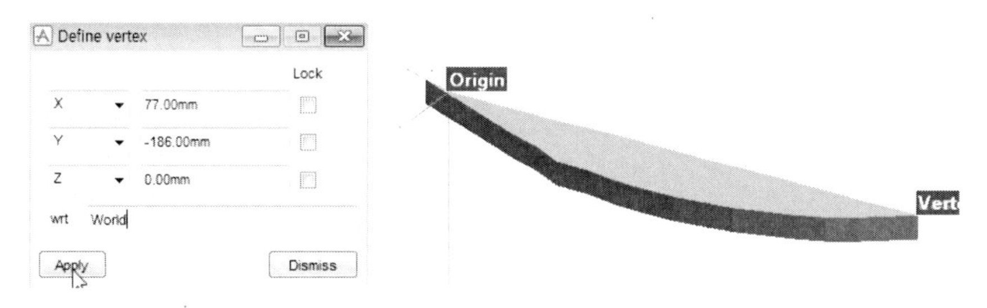

그림 4-2-14: Define Vertex

14. Define Vertex에서 X 87 Y -193 Z 0을 입력하고 Apply를 선택한다.

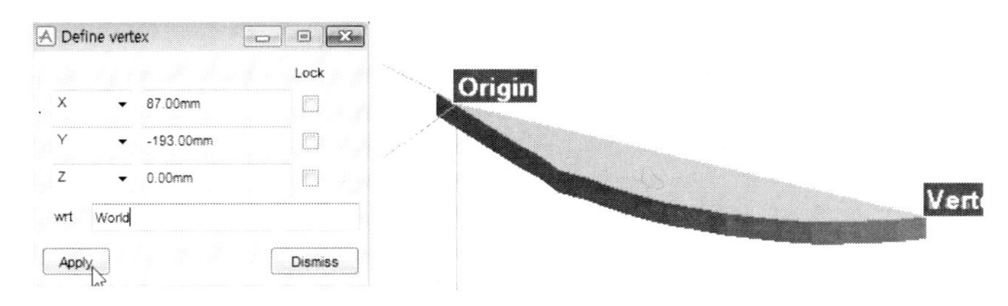

그림 4-2-15: Define Vertex

15. Define Vertex에서 X 98 Y -200 Z 0을 입력하고 Apply를 선택한다.

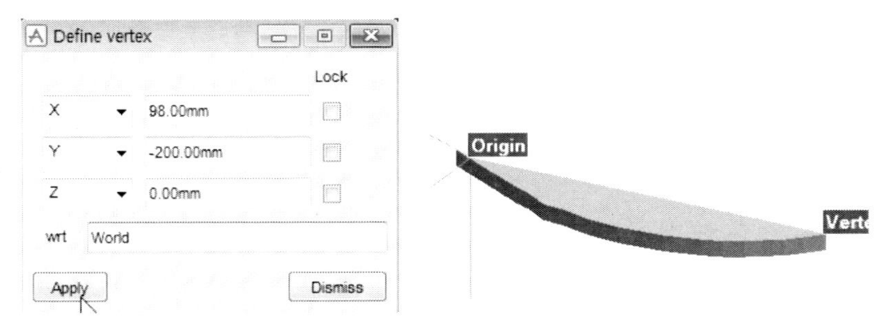

그림 4-2-16: Define Vertex

16. Define Vertex에서 X 109 Y -206 Z 0을 입력하고 Apply를 선택한다.

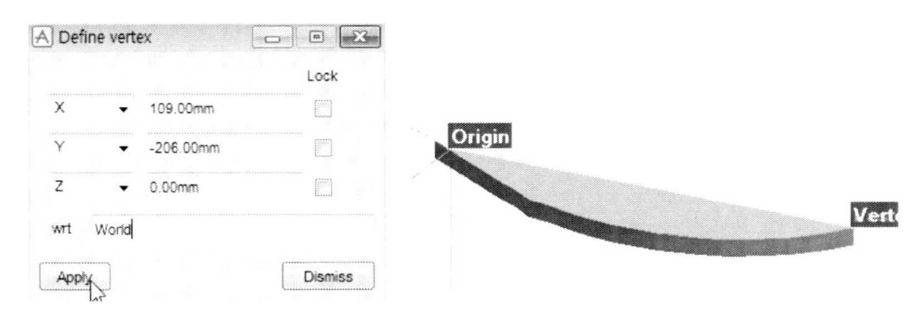

그림 4-2-17: Define Vertex

17. Define Vertex에서 X 120 Y -211 Z 0을 입력하고 Apply를 선택한다.

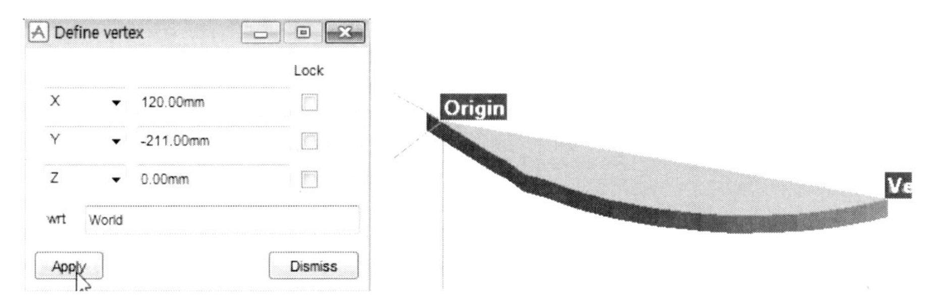

그림 4-2-18: Define Vertex

18. Define Vertex에서 X 132 Y -216 Z 0을 입력하고 Apply를 선택한다.

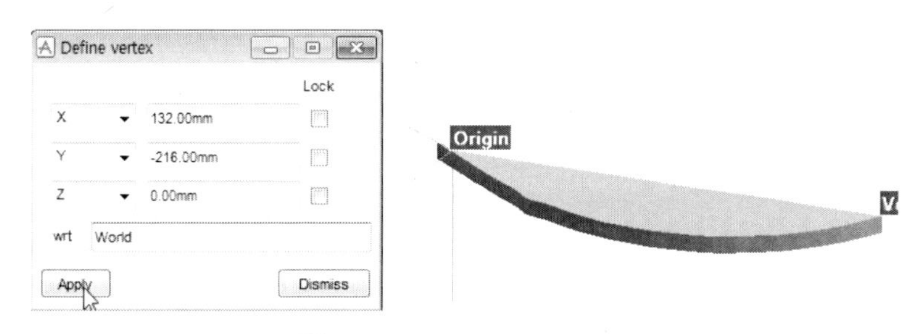

그림 4-2-19: Define Vertex

19. Define Vertex에서 X 144 Y -220 Z 0을 입력하고 Apply를 선택한다.

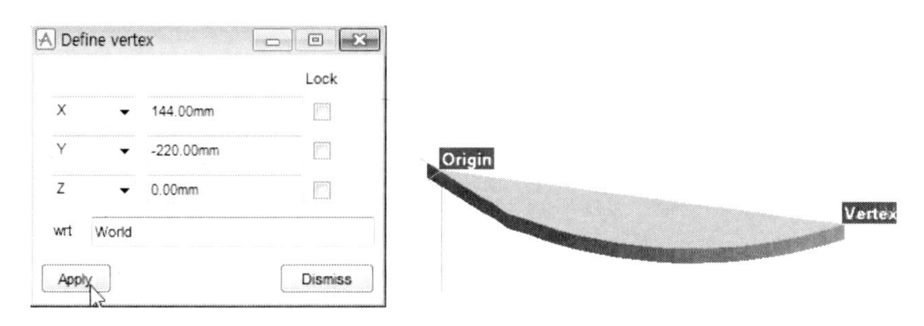

그림 4-2-20: Define Vertex

20. Define Vertex에서 X 156 Y -223 Z 0을 입력하고 Apply를 선택한다.

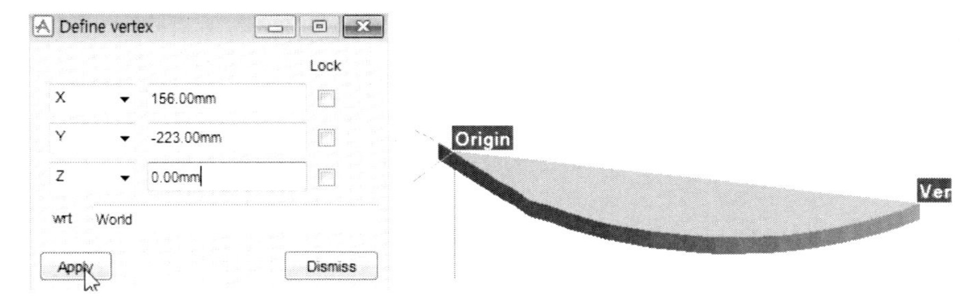

그림 4-2-21: Define Vertex

21. Define Vertex에서 X 168 Y -225 Z 0을 입력하고 Apply를 선택한다.

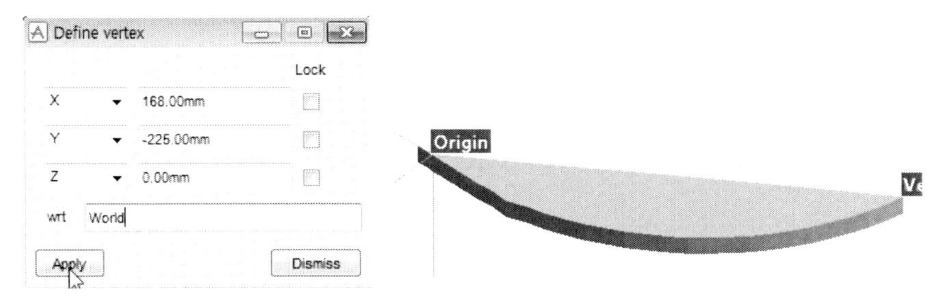

그림 4-2-22: Define Vertex

22. Define Vertex에서 X 180 Y -227 Z 0을 입력하고 Apply를 선택한다.

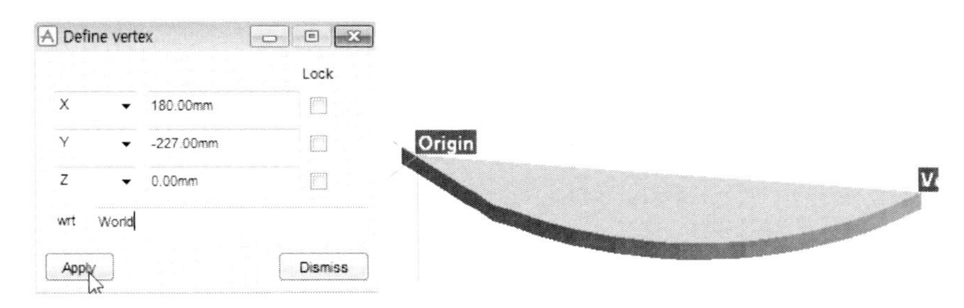

그림 4-2-23: Define Vertex

23. Define Vertex에서 X 192 Y -225 Z 0을 입력하고 Apply를 선택한다.

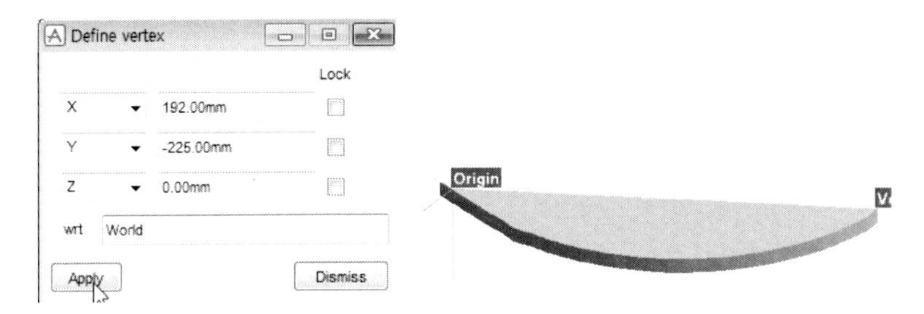

그림 4-2-24: Define Vertex

24. Define Vertex에서 X 205 Y -223 Z 0을 입력하고 Apply를 선택한다.

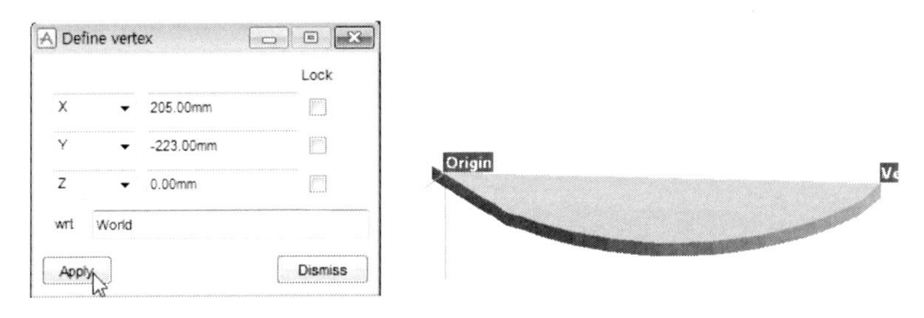

그림 4-2-25: Define Vertex

25. Define Vertex에서 X 217 Y -220 Z 0을 입력하고 Apply를 선택한다.

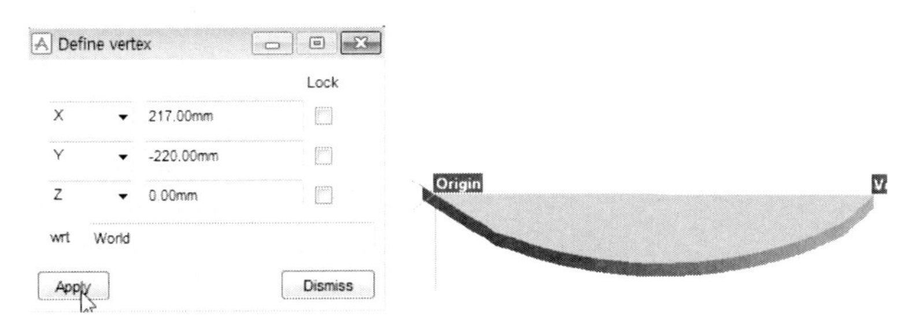

그림 4-2-26: Define Vertex

26. Define Vertex에서 X 228 Y -216 Z 0을 입력하고 Apply를 선택한다.

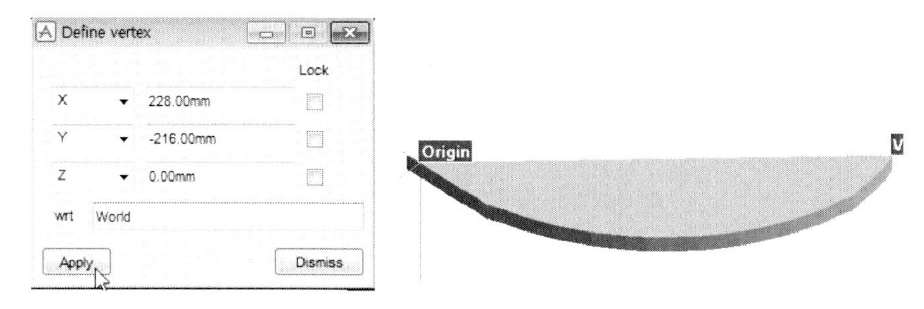

그림 4-2-27: Define Vertex

27. Define Vertex에서 X 240 Y -211 Z 0을 입력하고 Apply를 선택한다.

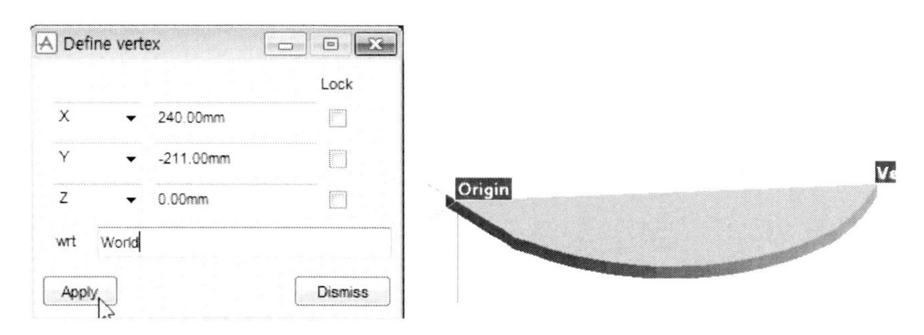

그림 4-2-28: Define Vertex

28. Define Vertex에서 X 251 Y -206 Z 0을 입력하고 Apply를 선택한다.

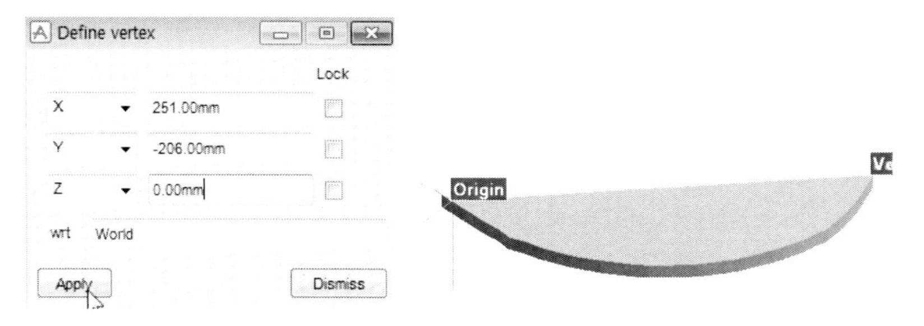

그림 4-2-29: Define Vertex

29. Define Vertex에서 X 262 Y -200 Z 0을 입력하고 Apply를 선택한다.

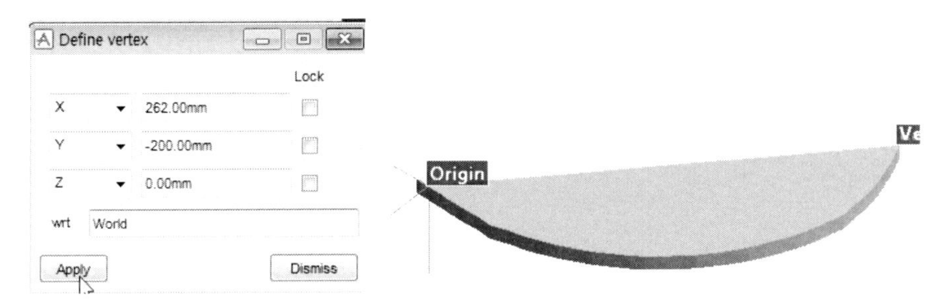

그림 4-2-30: Define Vertex

30. Define Vertex에서 X 273 Y -193 Z 0을 입력하고 Apply를 선택한다.

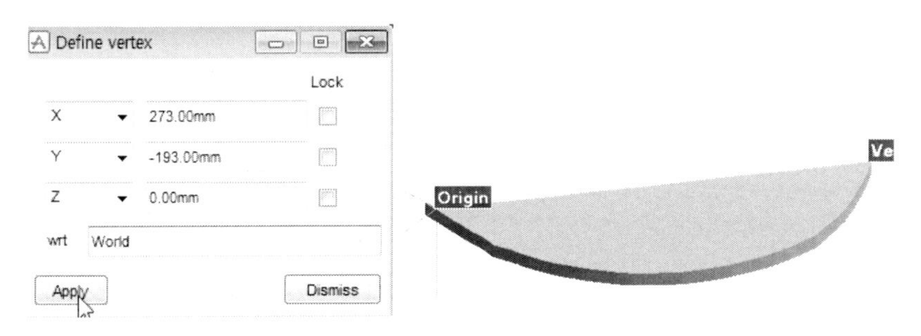

그림 4-2-31: Define Vertex

31. Define Vertex에서 X 283 Y -186 Z 0을 입력하고 Apply를 선택한다.

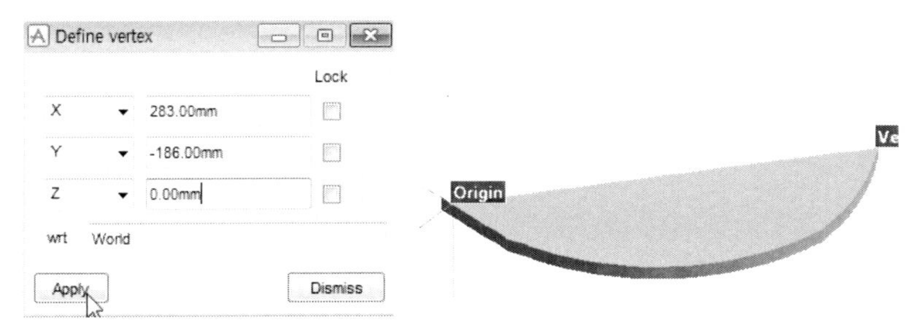

그림 4-2-32: Define Vertex

32. Define Vertex에서 X 292 Y -178 Z 0을 입력하고 Apply를 선택한다.

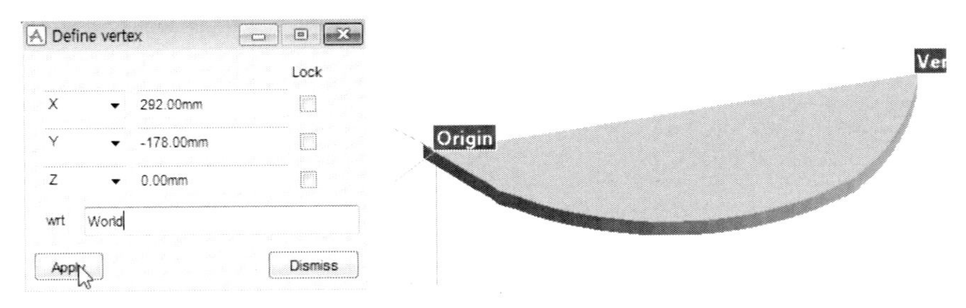

그림 4-2-33: Define Vertex

33. Define Vertex에서 X 302 Y -170 Z 0을 입력하고 Apply를 선택한다.

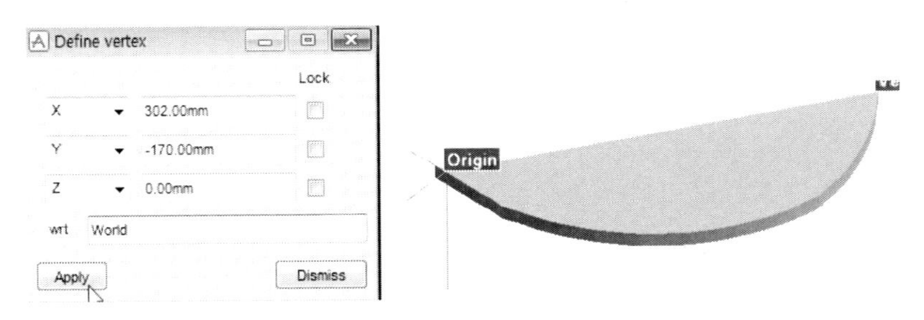

그림 4-2-34: Define Vertex

34. Define Vertex에서 X 310 Y -161 Z 0을 입력하고 Apply를 선택한다.

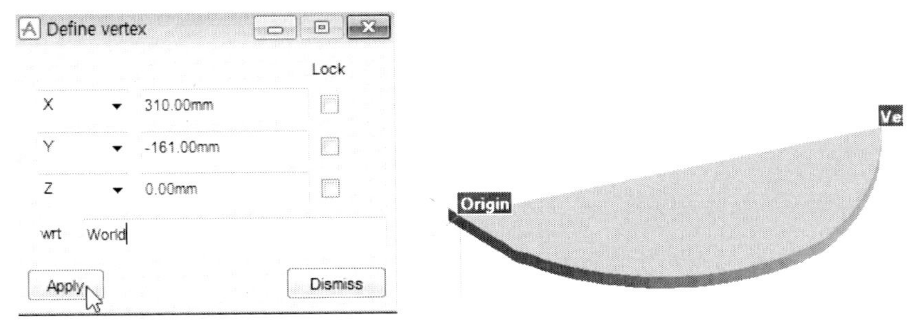

그림 4-2-35: Define Vertex

35. Define Vertex에서 X 318 Y -151 Z 0을 입력하고 Apply를 선택한다.

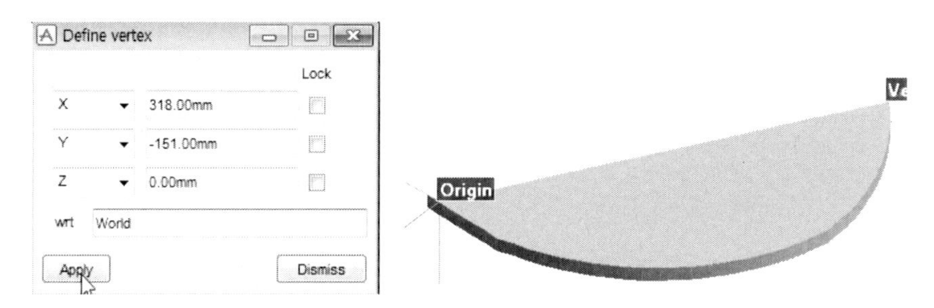

그림 4-2-36: Define Vertex

36. Define Vertex에서 X 326 Y -141 Z 0을 입력하고 Apply를 선택한다.

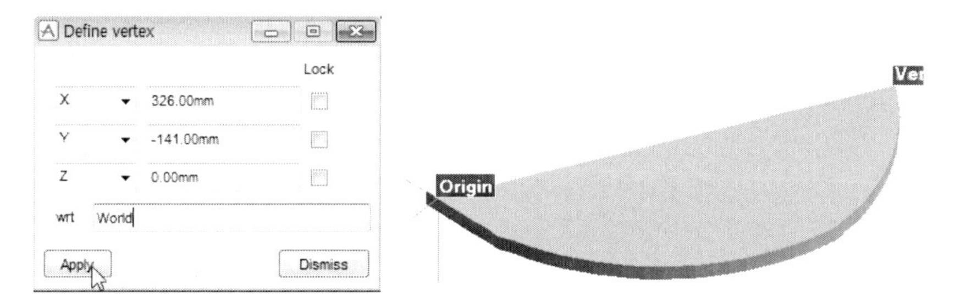

그림 4-2-37: Define Vertex

37. Define Vertex에서 X 332 Y -131 Z 0을 입력하고 Apply를 선택한다.

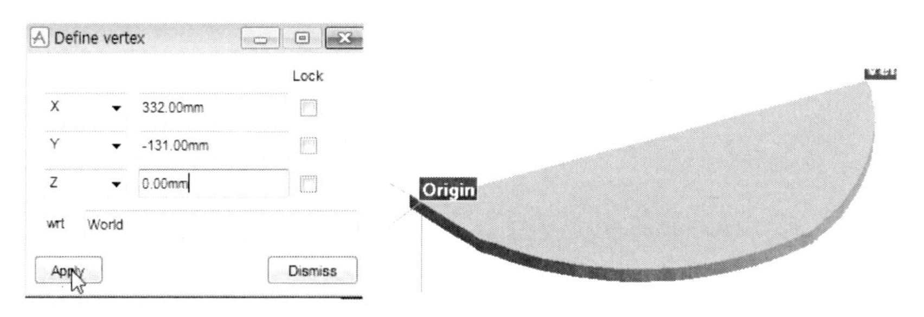

그림 4-2-38: Define Vertex

38. Define Vertex에서 X 339 Y -120 Z 0을 입력하고 Apply를 선택한다.

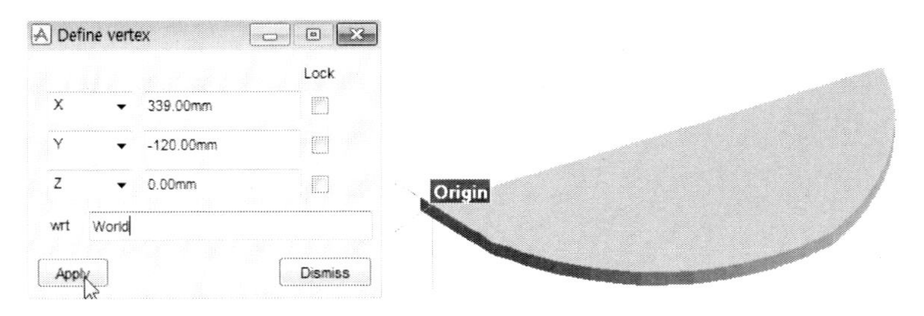

그림 4-2-39: Define Vertex

39. Define Vertex에서 X 344 Y -109 Z 0을 입력하고 Apply를 선택한다.

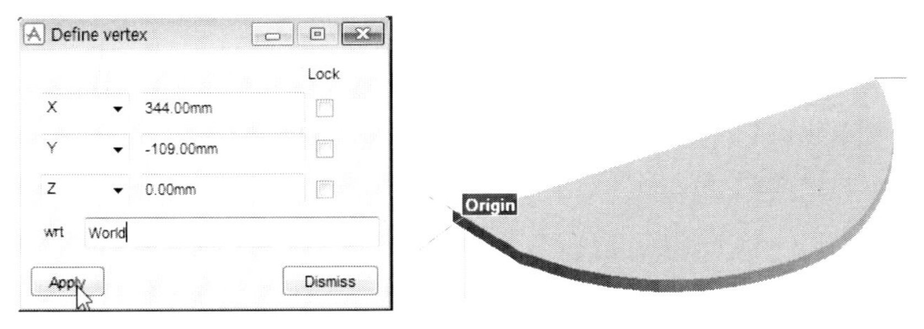

그림 4-2-40: Define Vertex

40. Define Vertex에서 X 349 Y -97 Z 0을 입력하고 Apply를 선택한다.

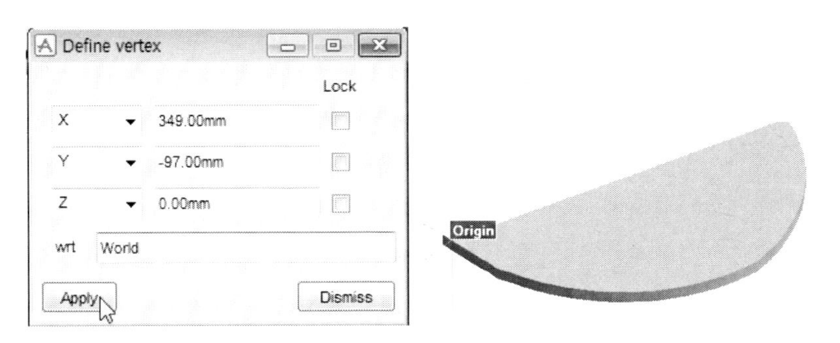

그림 4-2-41: Define Vertex

41. Define Vertex에서 X 353 Y -86 Z 0을 입력하고 Apply를 선택한다.

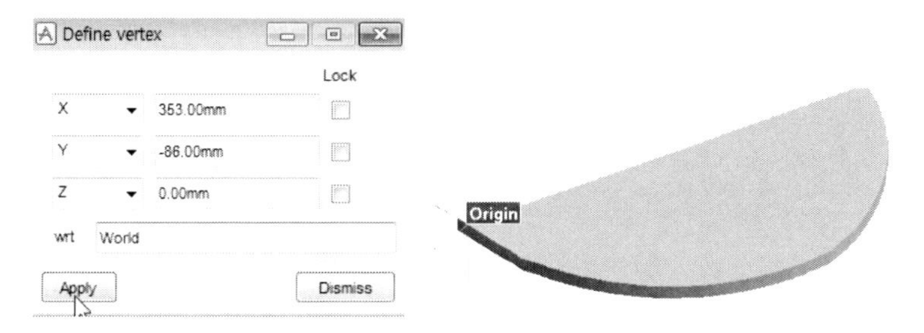

그림 4-2-42: Define Vertex

42. Define Vertex에서 X 356 Y -74 Z 0을 입력하고 Apply를 선택한다.

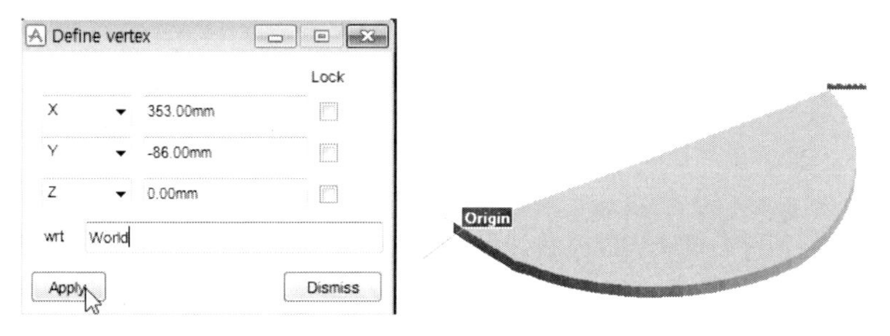

그림 4-2-43: Define Vertex

43. Define Vertex에서 X 359 Y -62 Z 0을 입력하고 Apply를 선택한다.

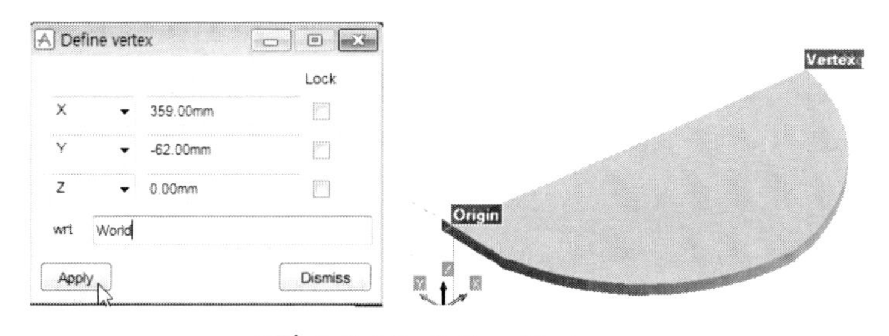

그림 4-2-44: Define Vertex

44. Define Vertex에서 X 361 Y -49 Z 0을 입력하고 Apply를 선택한다.

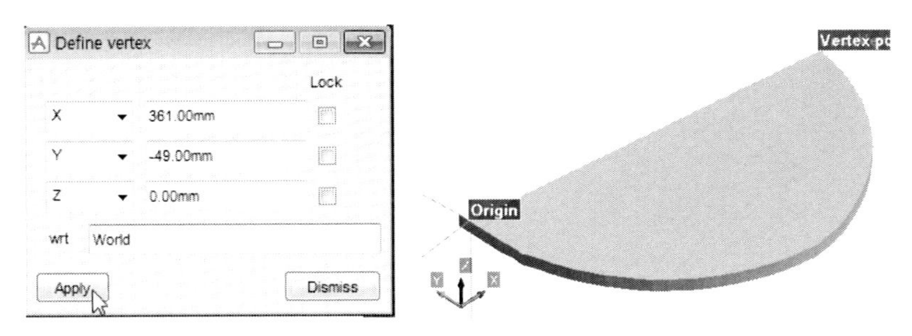

그림 4-2-45: Define Vertex

45. Define Vertex에서 X 362 Y -37 Z 0을 입력하고 Apply를 선택한다.

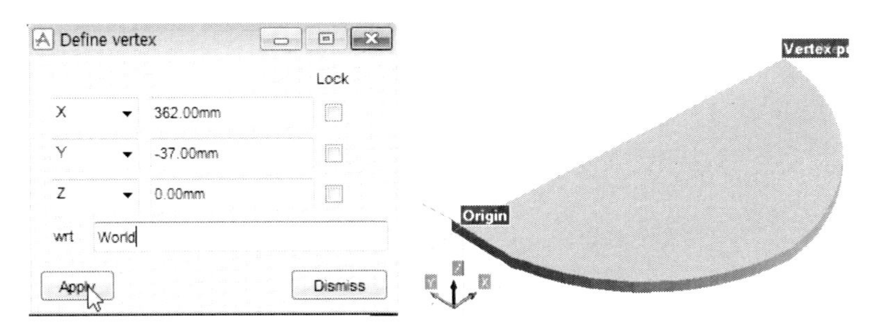

그림 4-2-46: Define Vertex

46. Define Vertex에서 X 362 Y -24 Z 0을 입력하고 Apply를 선택한다.

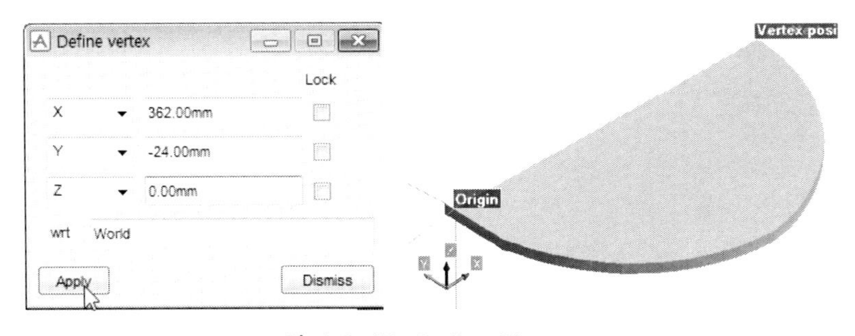

그림 4-2-47: Define Vertex

47. Define Vertex에서 dismiss를 선택한다. Create Extrusion에서 OK를 선택한다.

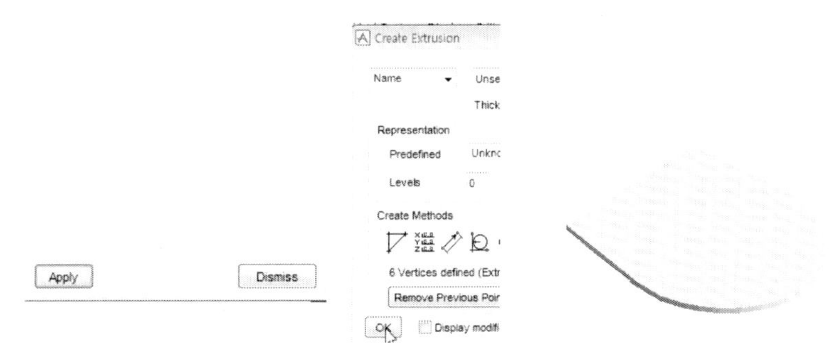

그림 4-2-48: Define Vertex

48. EXTR 1을 선택하고 Position을 X 121 Y 402 Z -53로 변경한다. Orientation에서 Y is X and Z is Y로 변경한다.

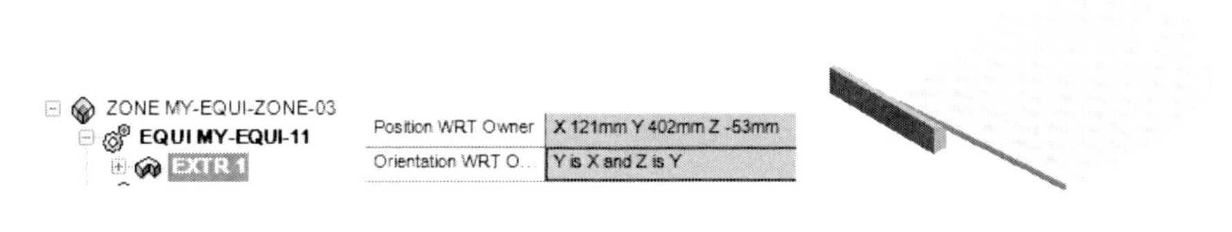

그림 4-2-49: Position

49. EXTR 3을 선택하고 Position을 X 300 Y 393 Z -141로 변경한다. Orientation에서 Y is X 1.7031 -Y 4.0366 -Z and Z is -X 7.8666 Y 85.94 -Z로 변경한다.

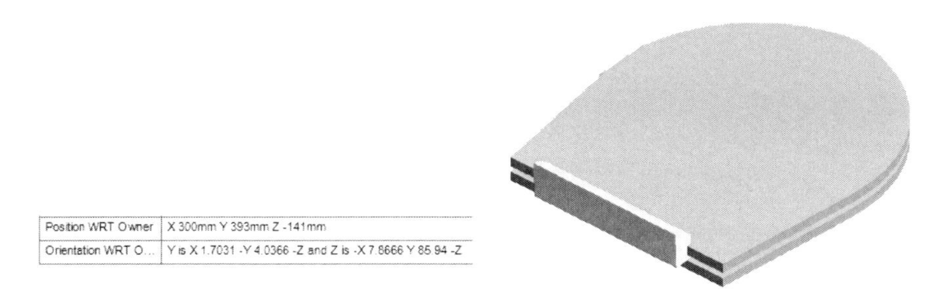

그림 4-2-50: Position

4-3. EQUIPMENT 예제-3

다음 EQUIPMENT을 모델링한다.

Site : MY-EQUI-SITE-01

Zone : MY-EQUI-ZONE-03

Equi : MY-EQUI-4_1

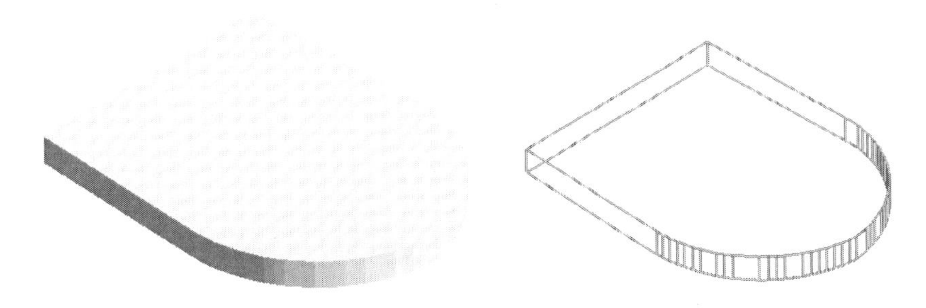

그림 4-3-1: Equipment

1. Extrusion을 선택한다.

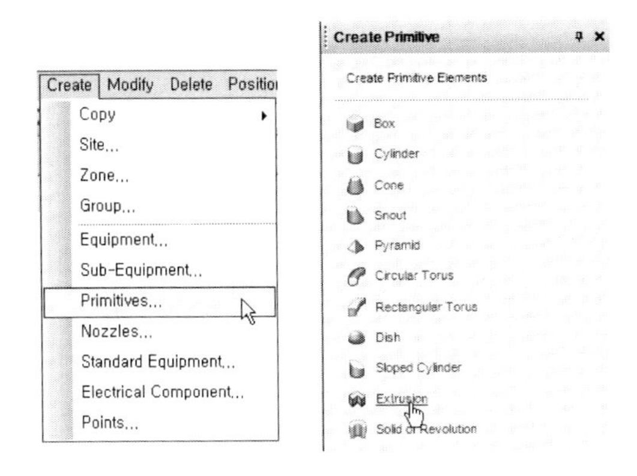

그림 4-3-2: Extrusion

2. Define Vertex에서 X 29 Y -110 Z 0을 입력하고 Apply를 선택한다.

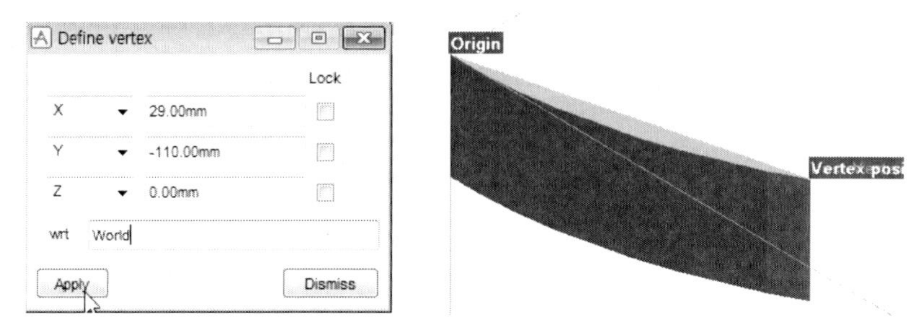

그림 4-3-3: Define Vertex

3. Define Vertex에서 X 36 Y -121 Z 0을 입력하고 Apply를 선택한다.

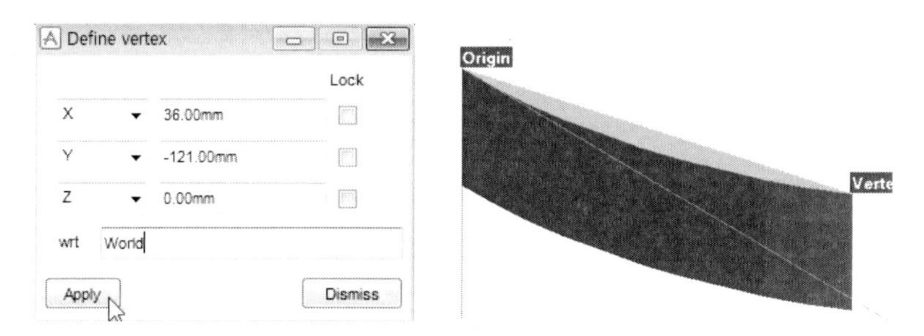

그림 4-3-4: Define Vertex

4. Define Vertex에서 X 52 Y -141 Z 0을 입력하고 Apply를 선택한다.

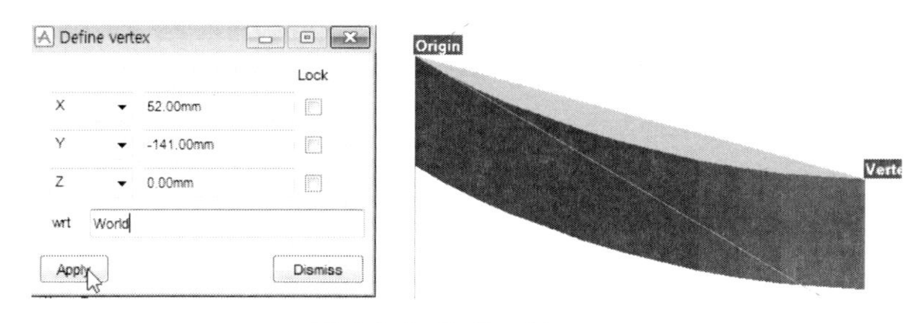

그림 4-3-5: Define Vertex

5. Define Vertex에서 X 60 Y -151 Z 0을 입력하고 Apply를 선택한다.

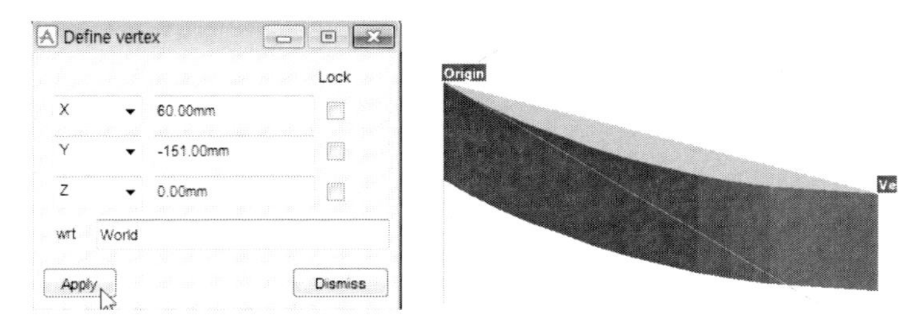

그림 4-3-6: Define Vertex

6. Define Vertex에서 X 70 Y -160 Z 0을 입력하고 Apply를 선택한다.

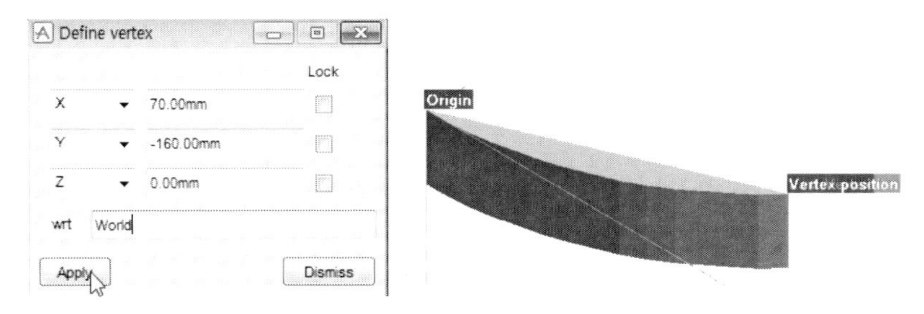

그림 4-3-7: Define Vertex

7. Define Vertex에서 X 79 Y -168 Z 0을 입력하고 Apply를 선택한다.

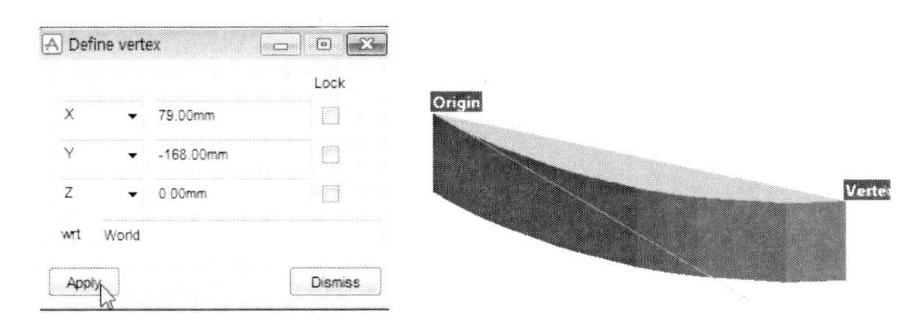

그림 4-3-8: Define Vertex

8. Define Vertex에서 X 89 Y -176 Z 0을 입력하고 Apply를 선택한다.

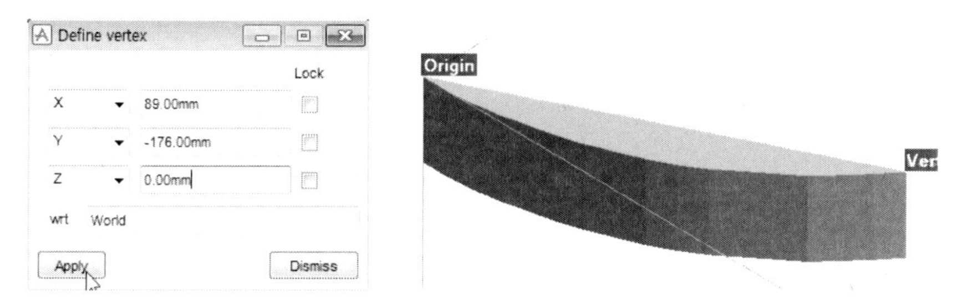

그림 4-3-9: Define Vertex

9. Define Vertex에서 X 100 Y -183 Z 0을 입력하고 Apply를 선택한다.

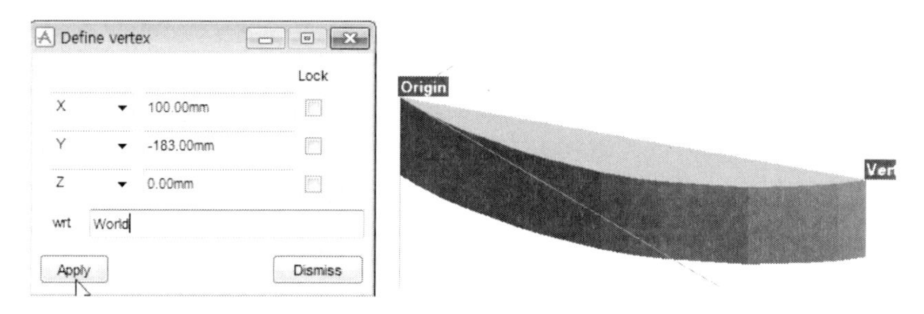

그림 4-3-10: Define Vertex

10. Define Vertex에서 X 111 Y -190 Z 0을 입력하고 Apply를 선택한다.

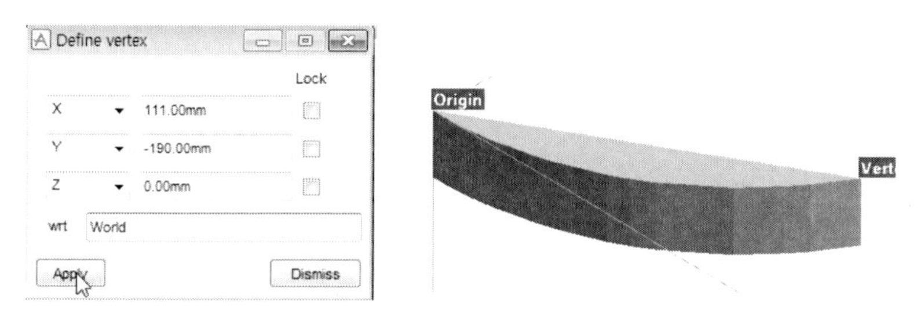

그림 4-3-11: Define Vertex

11. Define Vertex에서 X 123 Y -196 Z 0을 입력하고 Apply를 선택한다.

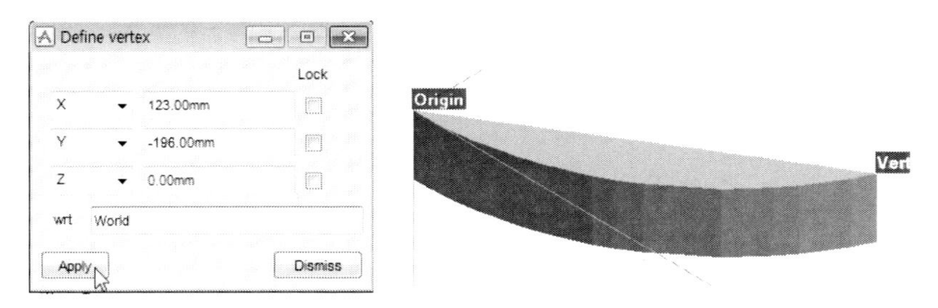

그림 4-3-12: Define Vertex

12. Define Vertex에서 X 134 Y -201 Z 0을 입력하고 Apply를 선택한다.

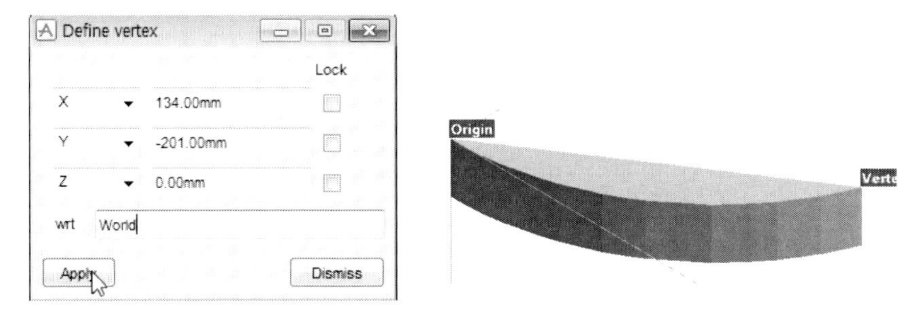

그림 4-3-13: Define Vertex

13. Define Vertex에서 X 146 Y -206 Z 0을 입력하고 Apply를 선택한다.

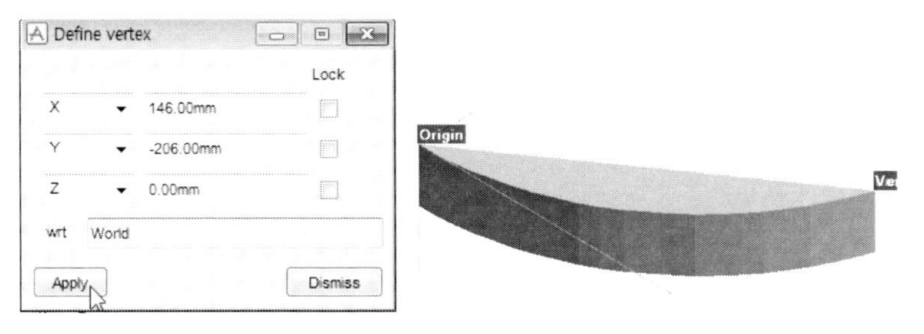

그림 4-3-14: Define Vertex

14. Define Vertex에서 X 159 Y -209 Z 0을 입력하고 Apply를 선택한다.

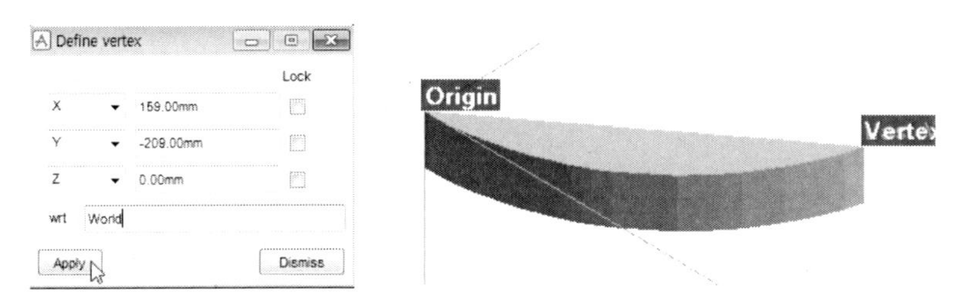

그림 4-3-15: Define Vertex

15. Define Vertex에서 X 171 Y -213 Z 0을 입력하고 Apply를 선택한다.

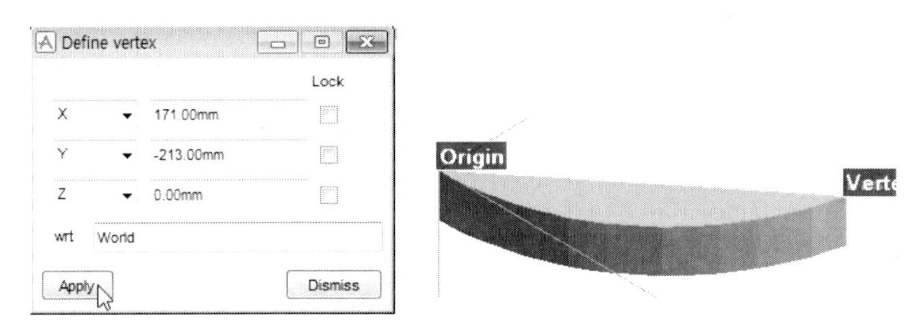

그림 4-3-16: Define Vertex

16. Define Vertex에서 X 184 Y -215 Z 0을 입력하고 Apply를 선택한다.

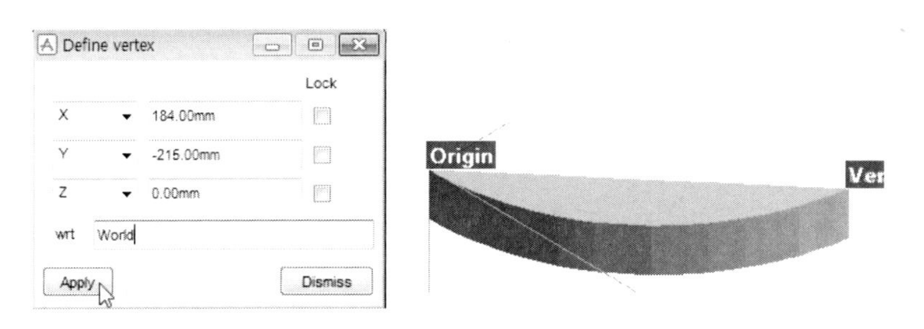

그림 4-3-17: Define Vertex

17. Define Vertex에서 X 196 Y -217 Z 0을 입력하고 Apply를 선택한다.

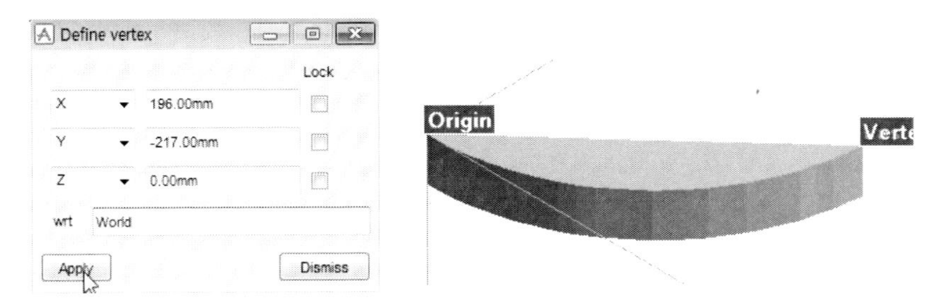

그림 4-3-18: Define Vertex

18. Define Vertex에서 X 209 Y -215 Z 0을 입력하고 Apply를 선택한다.

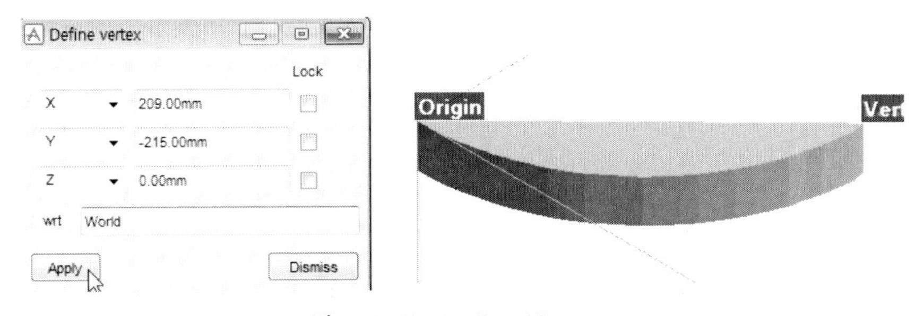

그림 4-3-19: Define Vertex

19. Define Vertex에서 X 222 Y -213 Z 0을 입력하고 Apply를 선택한다.

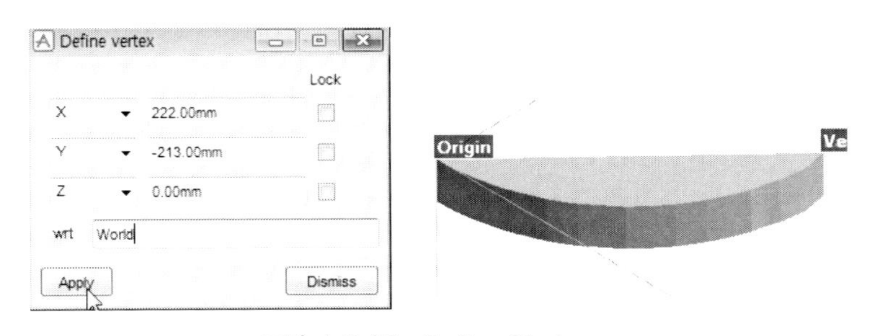

그림 4-3-20: Define Vertex

20. Define Vertex에서 X 234 Y -209 Z 0을 입력하고 Apply를 선택한다.

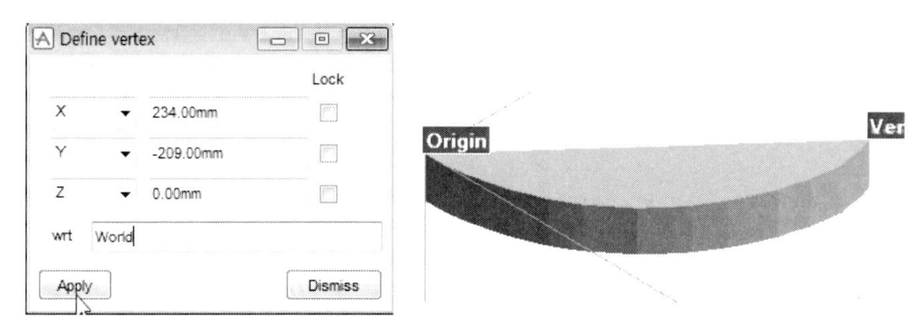

그림 4-3-21: Define Vertex

21. Define Vertex에서 X 246 Y -206 Z 0을 입력하고 Apply를 선택한다.

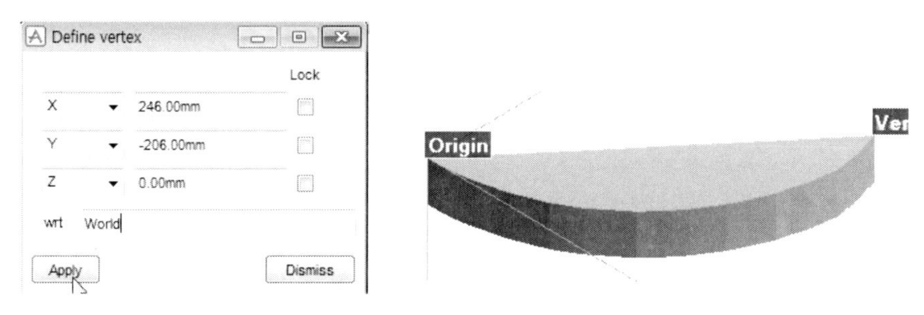

그림 4-3-22: Define Vertex

22. Define Vertex에서 X 258 Y -201 Z 0을 입력하고 Apply를 선택한다.

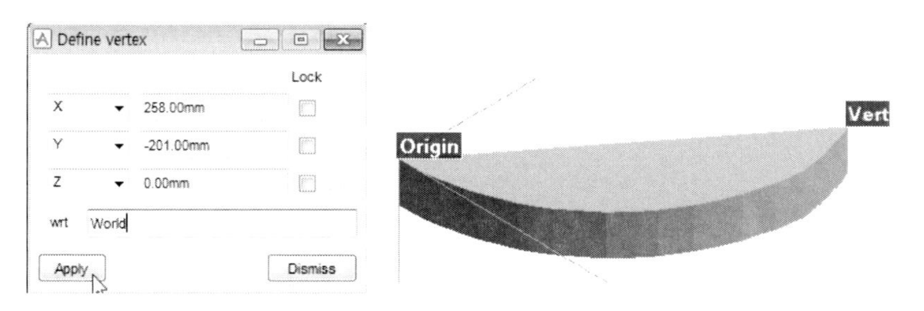

그림 4-3-23: Define Vertex

23. Define Vertex에서 X 270 Y -196 Z 0을 입력하고 Apply를 선택한다.

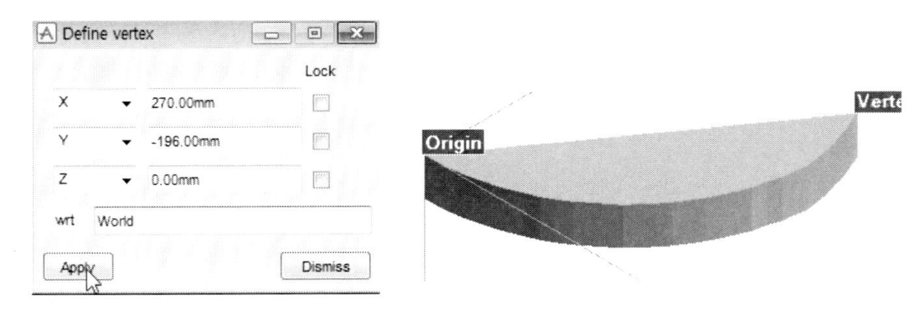

그림 4-3-24: Define Vertex

24. Define Vertex에서 X 282 Y -190 Z 0을 입력하고 Apply를 선택한다.

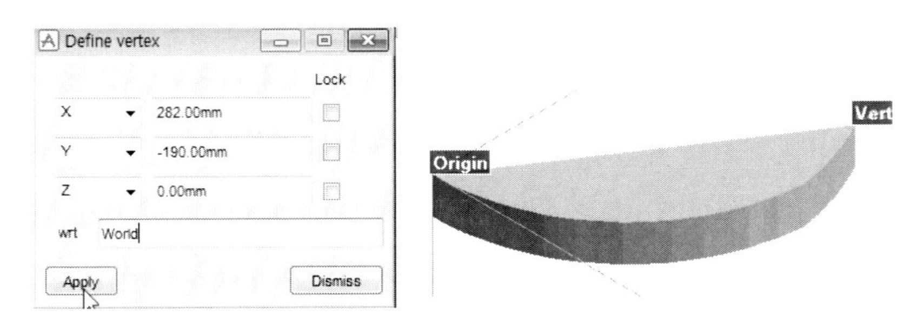

그림 4-3-25: Define Vertex

25. Define Vertex에서 X 293 Y -183 Z 0을 입력하고 Apply를 선택한다.

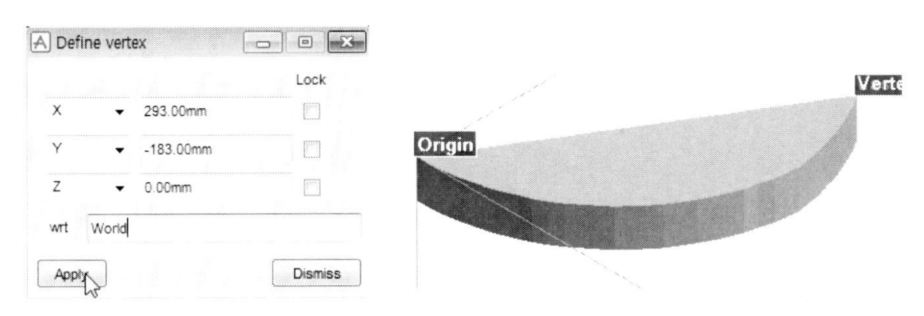

그림 4-3-26: Define Vertex

26. Define Vertex에서 X 303 Y -176 Z 0을 입력하고 Apply를 선택한다.

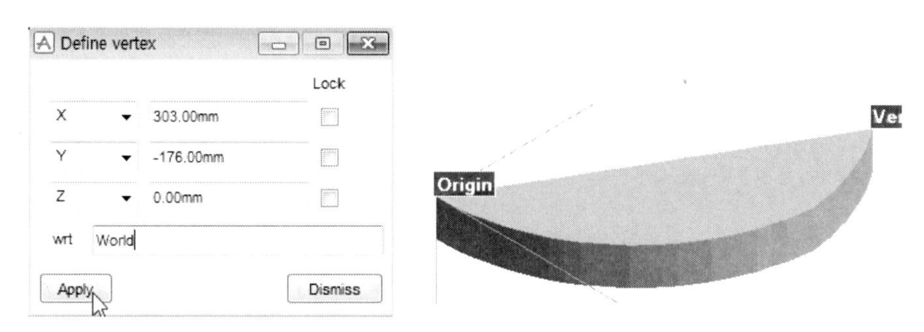

그림 4-3-27: Define Vertex

27. Define Vertex에서 X 313 Y -168 Z 0을 입력하고 Apply를 선택한다.

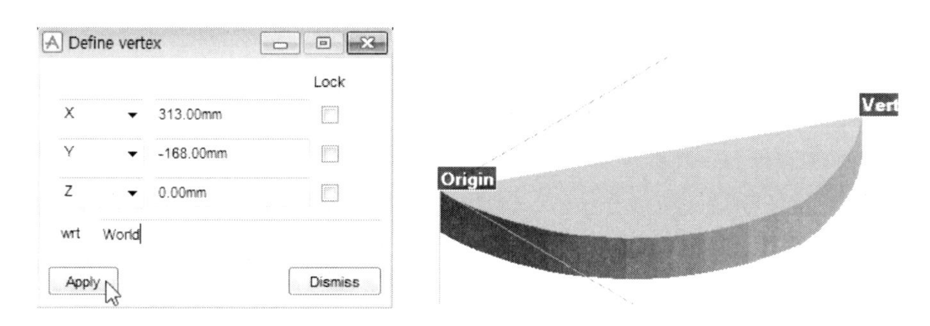

그림 4-3-28: Define Vertex

28. Define Vertex에서 X 323 Y -160 Z 0을 입력하고 Apply를 선택한다.

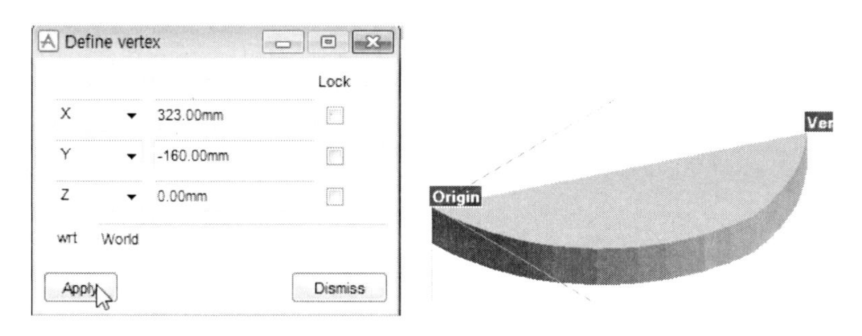

그림 4-3-29: Define Vertex

29. Define Vertex에서 X 332 Y -151 Z 0을 입력하고 Apply를 선택한다.

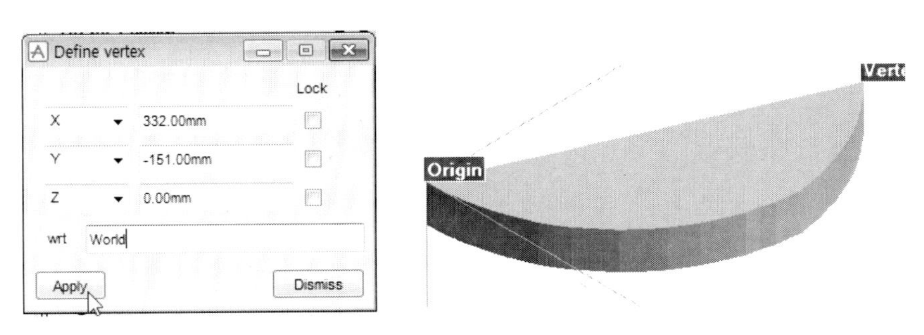

그림 4-3-30: Define Vertex

30. Define Vertex에서 X 341 Y -141 Z 0을 입력하고 Apply를 선택한다.

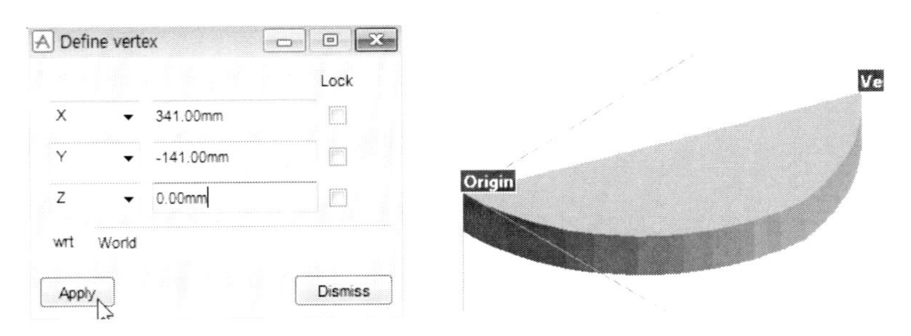

그림 4-3-31: Define Vertex

31. Define Vertex에서 X 349 Y -131 Z 0을 입력하고 Apply를 선택한다.

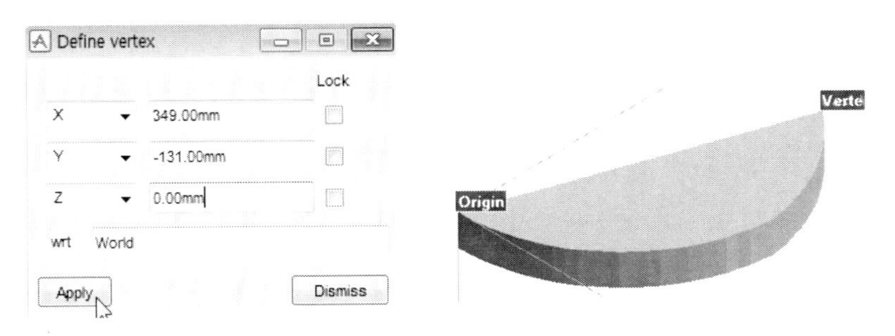

그림 4-3-32: Define Vertex

32. Define Vertex에서 X 356 Y -121 Z 0을 입력하고 Apply를 선택한다.

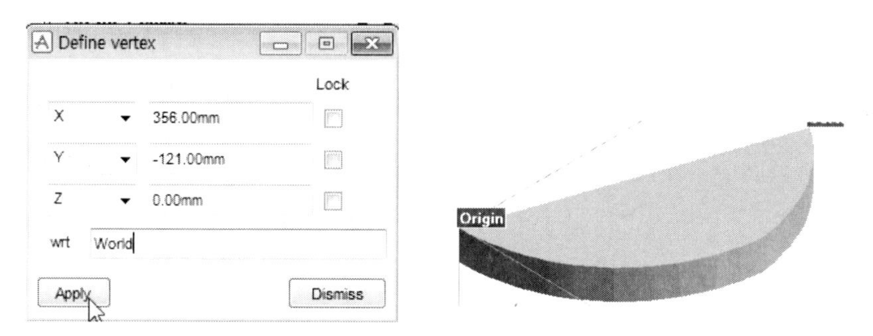

그림 4-3-33: Define Vertex

33. Define Vertex에서 X 363 Y -110 Z 0을 입력하고 Apply를 선택한다.

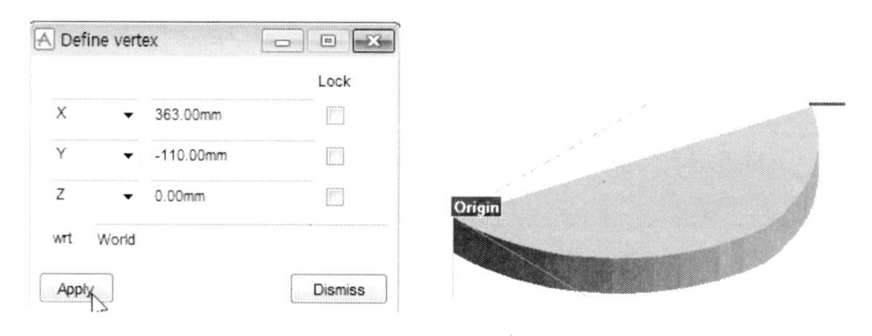

그림 4-3-34: Define Vertex

34. Define Vertex에서 X 369 Y -99 Z 0을 입력하고 Apply를 선택한다.

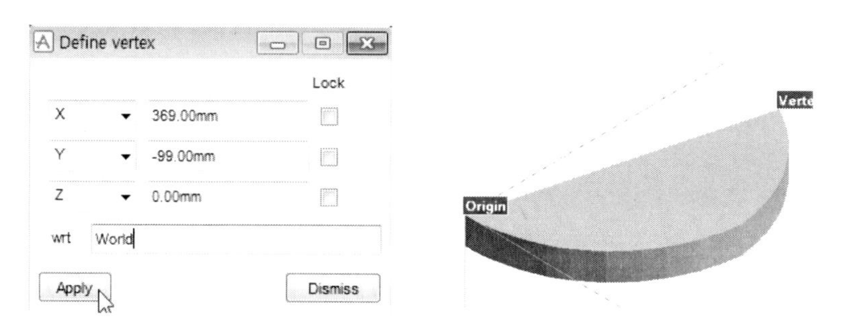

그림 4-3-35: Define Vertex

35. Define Vertex에서 X 375 Y -87 Z 0을 입력하고 Apply를 선택한다.

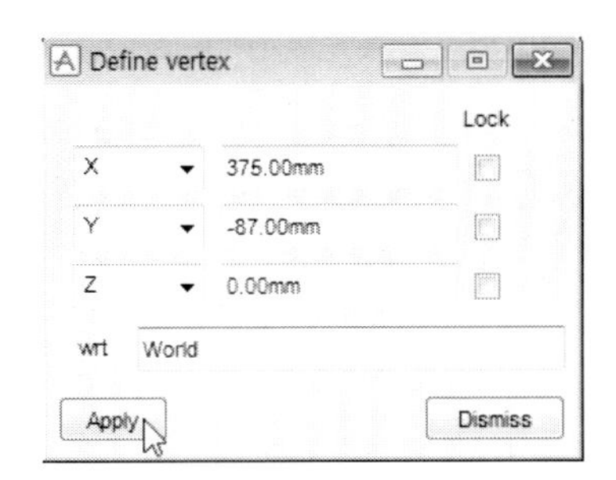

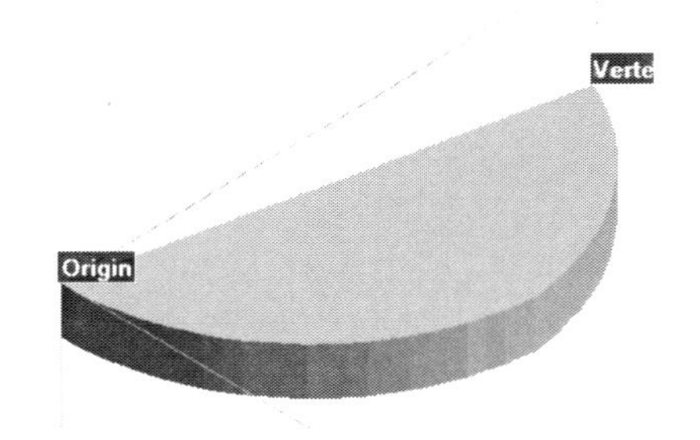

그림 4-3-36: Define Vertex

36. Define Vertex에서 X 380 Y -75 Z 0을 입력하고 Apply를 선택한다.

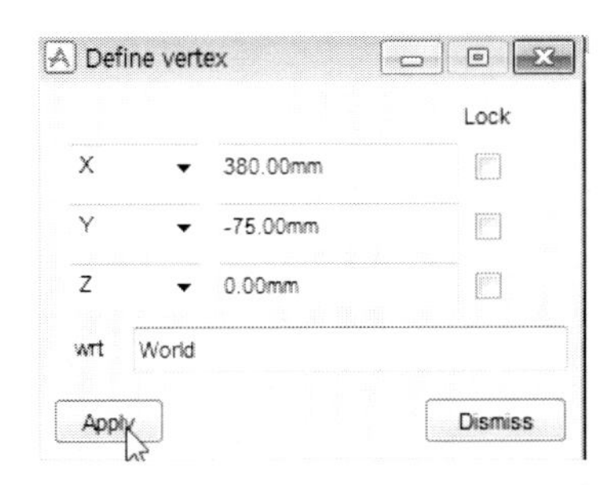

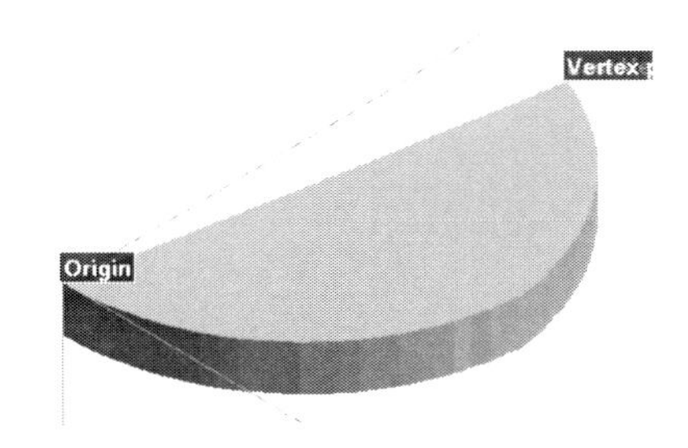

그림 4-3-37: Define Vertex

37. Define Vertex에서 X 384 Y -63 Z 0을 입력하고 Apply를 선택한다.

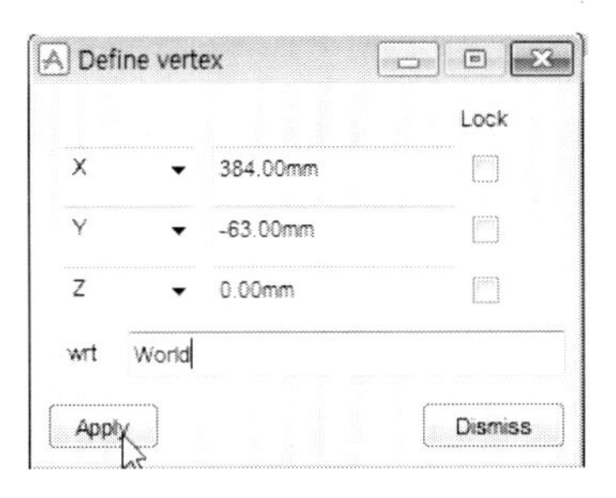

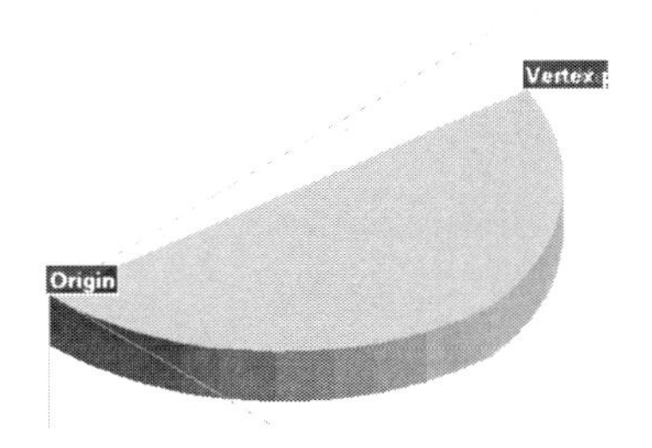

그림 4-3-38: Define Vertex

38. Define Vertex에서 X 387 Y -50 Z 0을 입력하고 Apply를 선택한다.

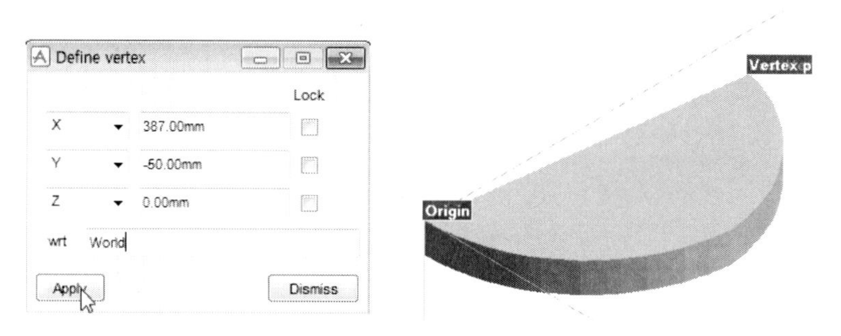

그림 4-3-39: Define Vertex

39. Define Vertex에서 X 390 Y -38 Z 0을 입력하고 Apply를 선택한다.

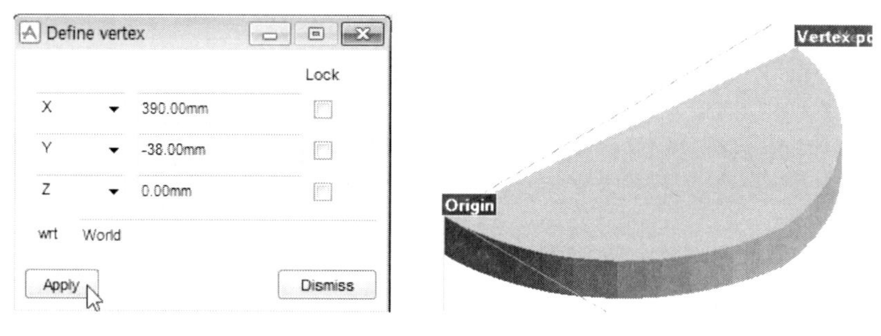

그림 4-3-40: Define Vertex

40. Define Vertex에서 X 392 Y -25 Z 0을 입력하고 Apply를 선택한다.

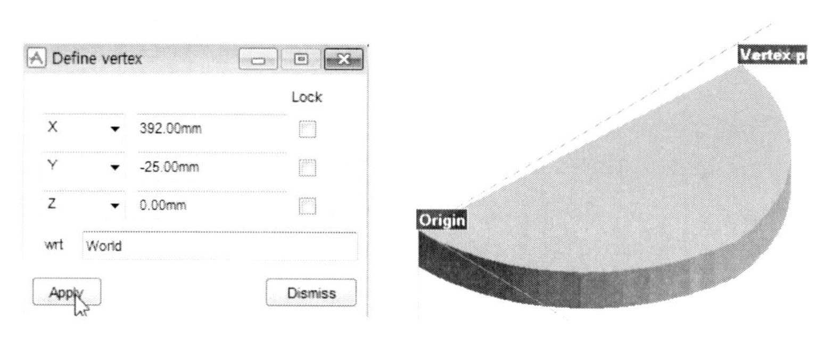

그림 4-3-41: Define Vertex

41. Define Vertex에서 X 393 Y -12 Z 0을 입력하고 Apply를 선택한다.

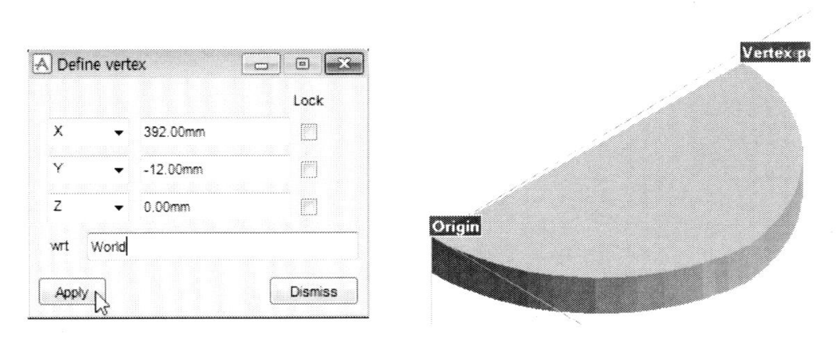

그림 4-3-42: Define Vertex

42. Define Vertex에서 X 393 Y 0 Z 0을 입력하고 Apply를 선택한다.

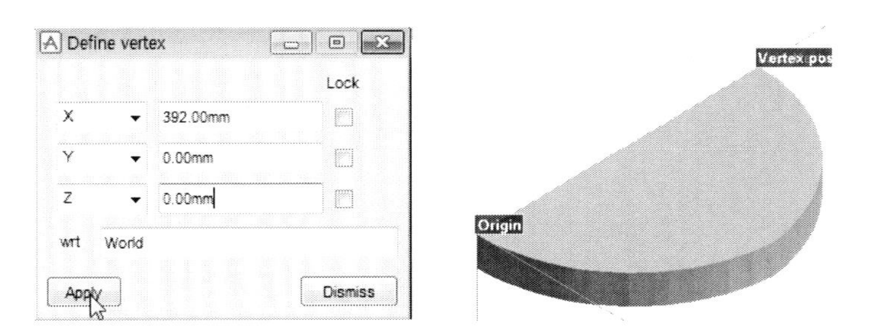

그림 4-3-43: Define Vertex

43. Define Vertex에서 dismiss를 선택한다. Create Extrusion에서 OK를 선택한다.

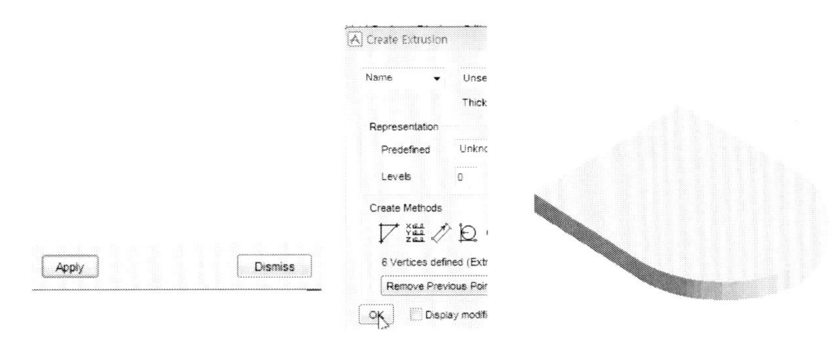

그림 4-3-44: Define Vertex

44. EXTR 1을 선택하고 Position을 X 96 Y 337 Z -69로 변경한다. Orientation에서 Y is X and Z is Y로 변경한다.

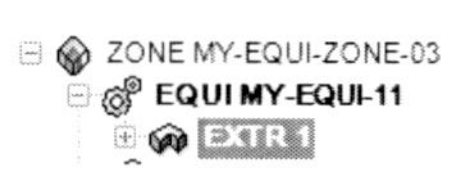

Position WRT Owner	X 96mm Y 337mm Z -69mm
Orientation WRT O...	Y is X and Z is Y

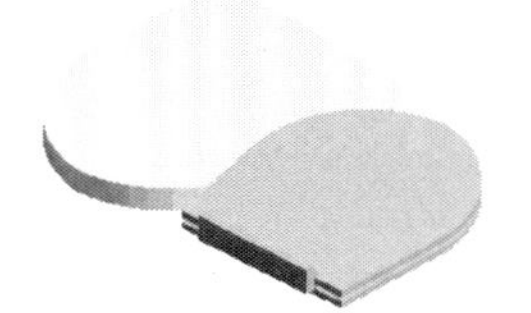

그림 4-3-45: Position

45. EXTR 1을 선택하고 Position을 X 42 Y 315 Z -48로 변경한다. Orientation에서 Y is -X and Z is Y로 변경한다.

Position WRT Owner	X 42mm Y 315mm Z -48mm
Orientation WRT O...	Y is -X and Z is Y

그림 4-3-46: Orientation

4-4. EQUIPMENT 예제-4

다음 EQUIPMENT을 모델링한다.

Site : MY-EQUI-SITE-01

Zone : MY-EQUI-ZONE-03

Equi : MY-EQUI-4_1

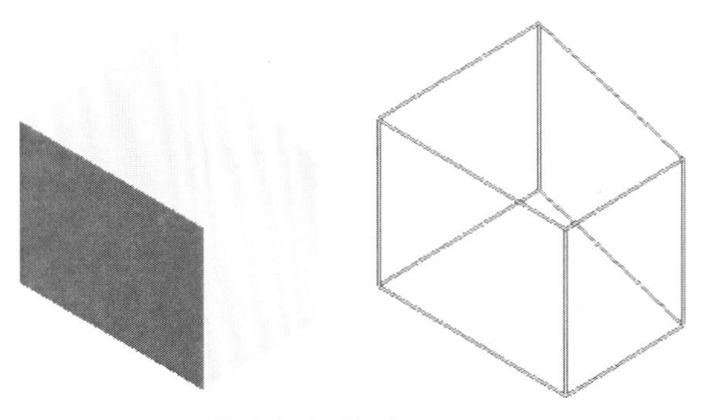

그림 4-4-1: Equipment

1. Extrusion을 선택한다.

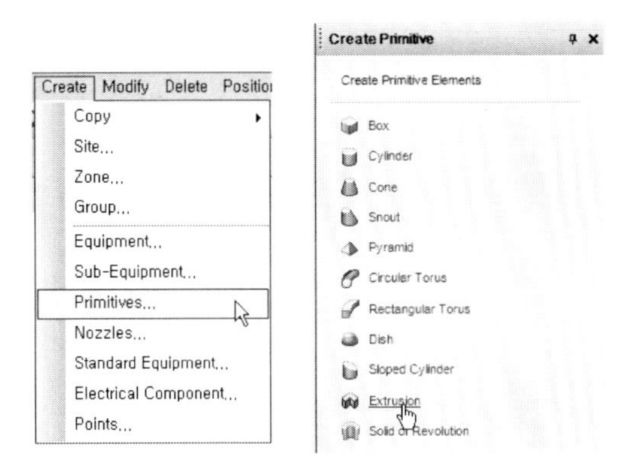

그림 4-4-2: Extrusion

2. Define Vertex에서 X 0 Y 337 Z 0을 입력하고 Apply를 선택한다.

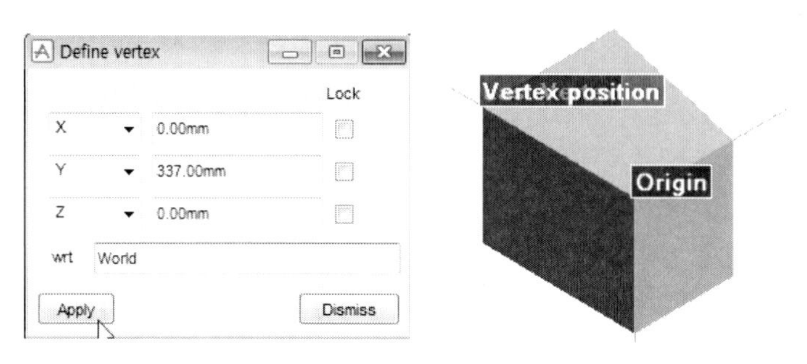

그림 4-4-3: Define Vertex

3. Define Vertex에서 dismiss를 선택한다. Create Extrusion에서 OK를 선택한다.

그림 4-4-4: Dismiss

4. EXTR 1을 선택하고 Position을 X 317 Y 5 Z -390로 변경한다. Orientation에서 Y is -X and Z is Z로 변경한다.

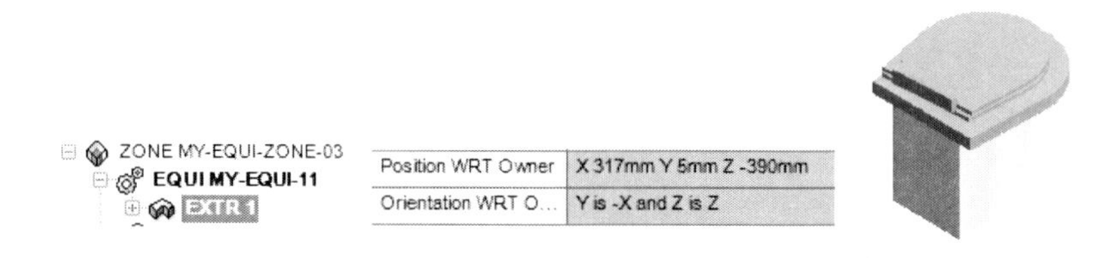

그림 4-4-5: Position

4-5. EQUIPMENT 예제-5

다음 EQUIPMENT을 모델링한다.

Site : MY-EQUI-SITE-01

Zone : MY-EQUI-ZONE-03

Equi : MY-EQUI-4_1

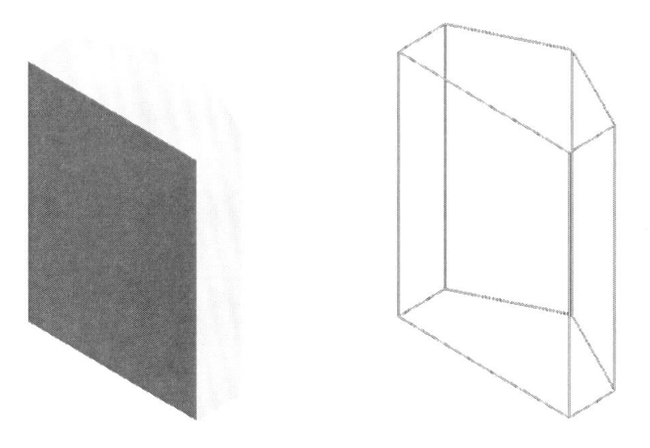

그림 4-5-1: Equipment

1. Extrusion을 선택한다.

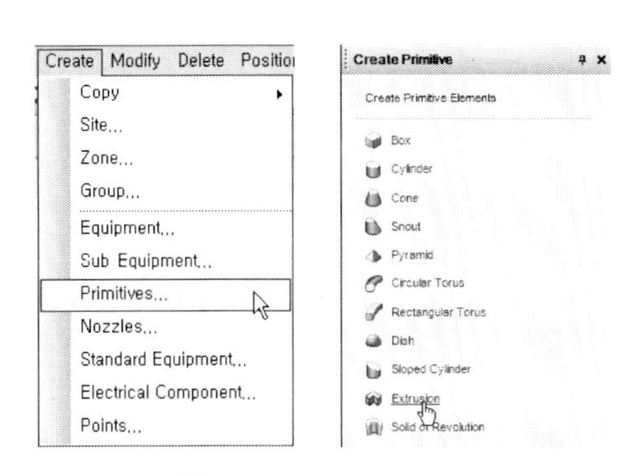

그림 4-5-2: Extrusion

2. Define Vertex에서 X -69 Y 254 Z 0을 입력하고 Apply를 선택한다.

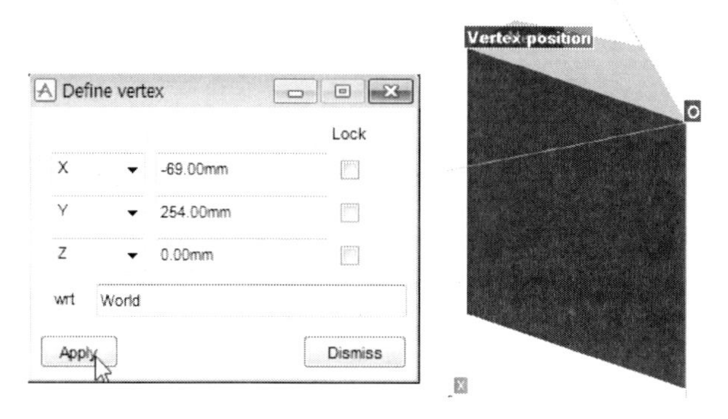

그림 4-5-3: Define Vertex

3. Define Vertex에서 X -69 Y 0 Z 0을 입력하고 Apply를 선택한다.

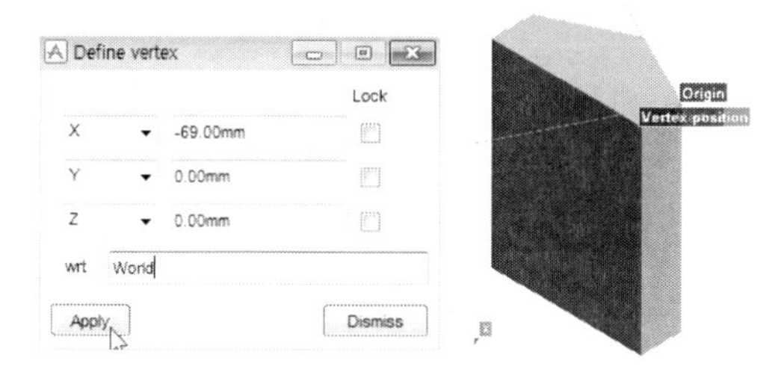

그림 4-5-4: Define Vertex

4. Define Vertex에서 dismiss를 선택한다. Create Extrusion에서 OK를 선택한다.

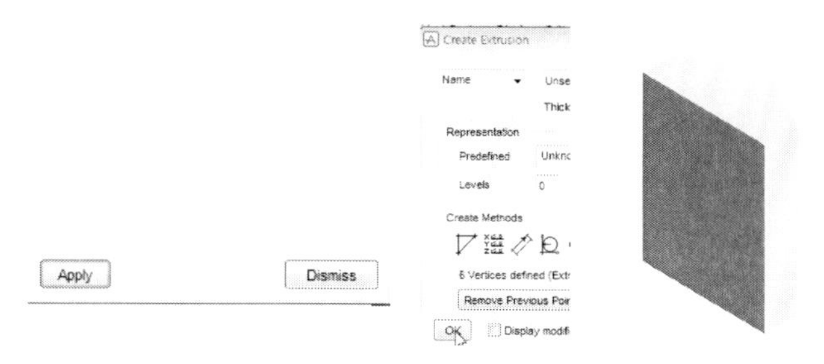

그림 4-5-5: Define Vertex

5. EXTR 1을 선택하고 Position을 X 61 Y 8 Z -390로 변경한다. Orientation에서 Y is -X 63.979 Z and Z is -Y로 변경한다.

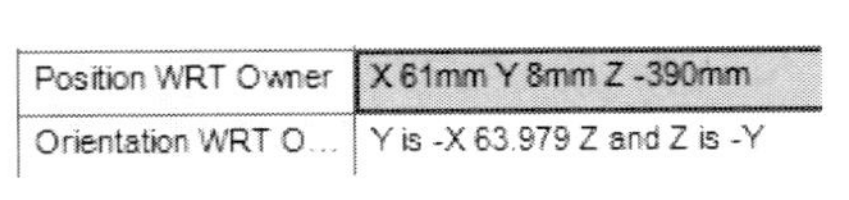

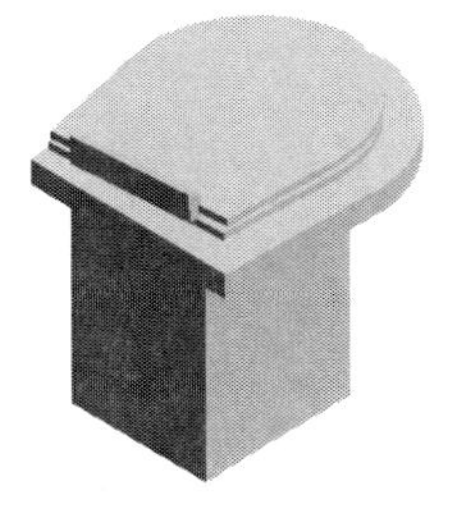

그림 4-5-6: Position

4-6. EQUIPMENT 예제-6

다음 EQUIPMENT을 모델링한다.

Site : MY-EQUI-SITE-01
Zone : MY-EQUI-ZONE-03
Equi : MY-EQUI-4_1

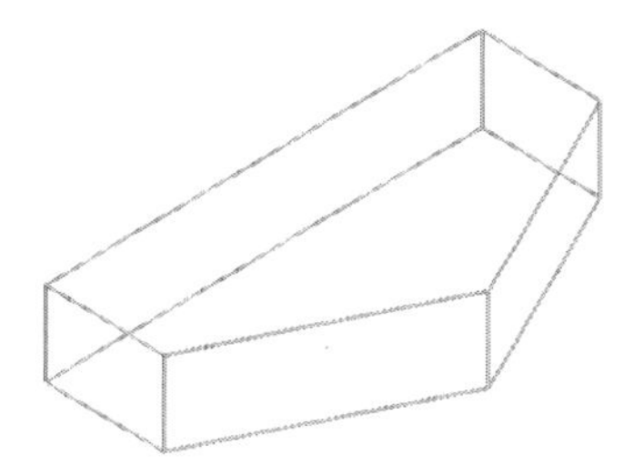

그림 4-6-1: Equipment

1. Extrusion을 선택한다.

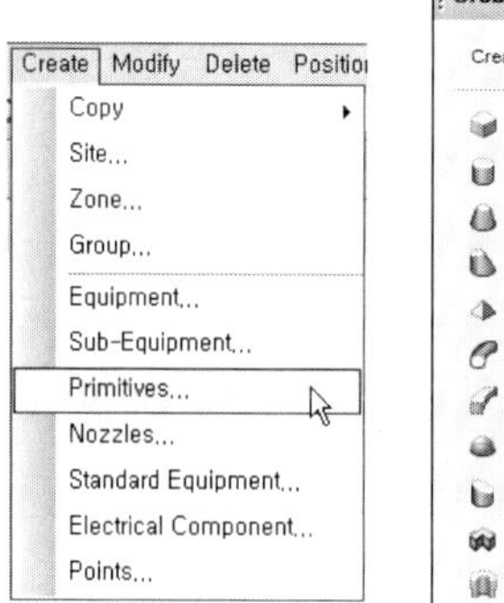

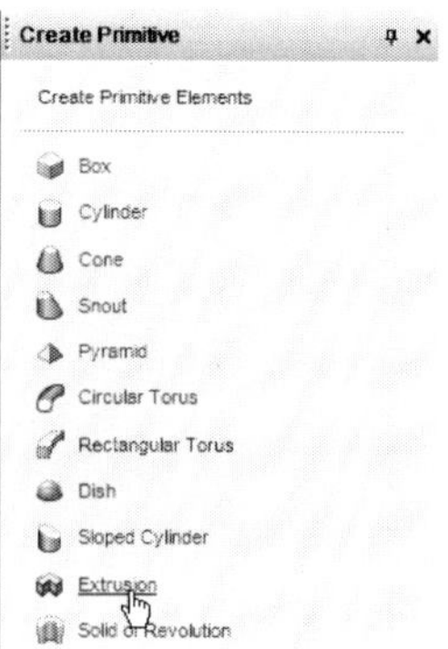

그림 4-6-2: Extrusion

2. Define Vertex에서 X 127 Y 131 Z 0을 입력하고 Apply를 선택한다.

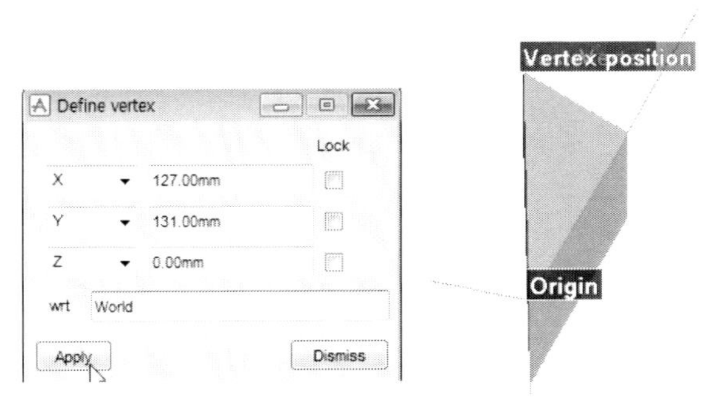

그림 4-6-3: Define Vertex

3. Define Vertex에서 X -127 Y 131 Z 0을 입력하고 Apply를 선택한다.

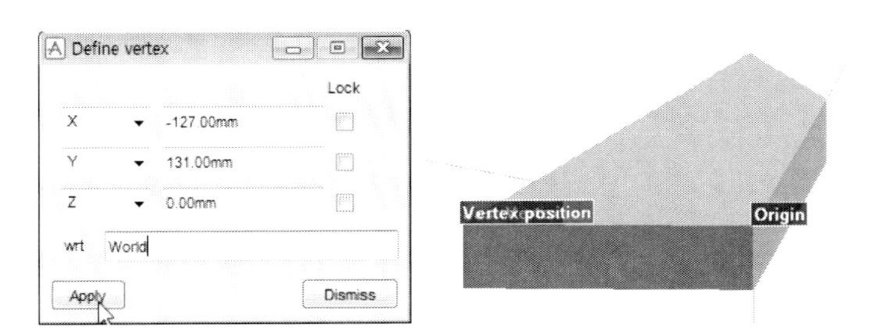

그림 4-6-4: Define Vertex

4. Define Vertex에서 X -127 Y 62 Z 0을 입력하고 Apply를 선택한다.

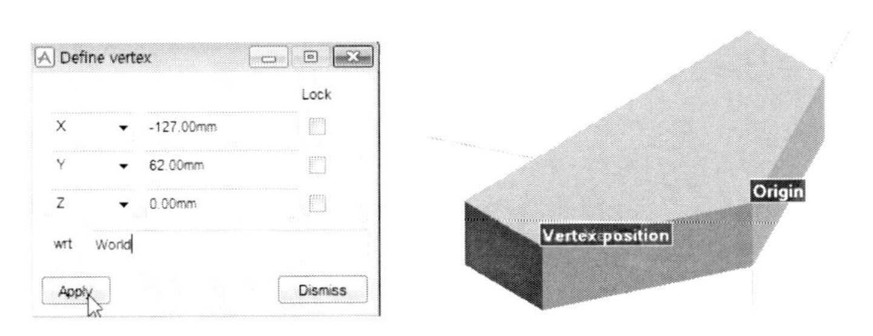

그림 4-6-5: Define Vertex

5. Define Vertex에서 dismiss를 선택한다. Create Extrusion에서 OK를 선택한다.

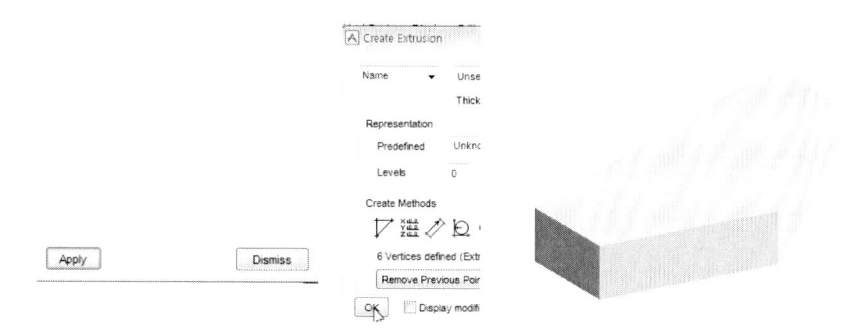

그림 4-6-6: Dismiss

6. EXTR 1을 선택하고 Position을 X 0 Y 0 Z 370로 변경한다. Orientation에서 Y is X 26.021 Z and Z is -Y로 변경한다.

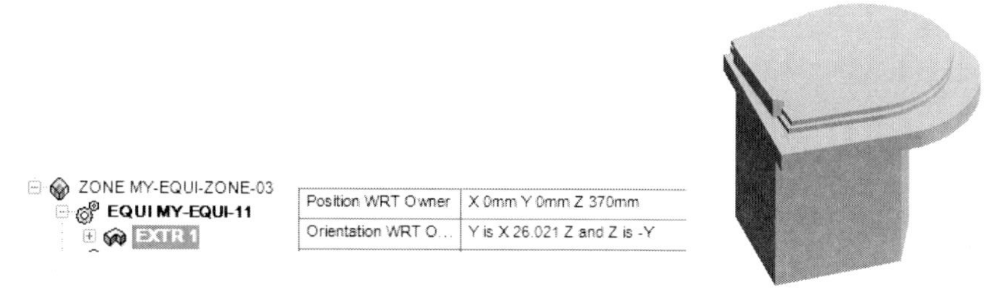

그림 4-6-7: Position

4-7. EQUIPMENT 예제-7

다음 EQUIPMENT을 모델링한다.

Site : MY-EQUI-SITE-01
Zone : MY-EQUI-ZONE-03
Equi : MY-EQUI-4_1

BOX X Length 25 Y Length 25 Z Length 6
CYLINDER DIAM 5 Height 165, CYLINDER DIAM 5 Height 150
CYLINDER DIAM 5 Height 25, CYLINDER DIAM 5 Height 4
CTORUS RINS 15 ROUT 20 ang 90,
CTORUS RINS 15 ROUT 20 ang 75,
CTORUS RINS 5 ROUT 10 ang 58

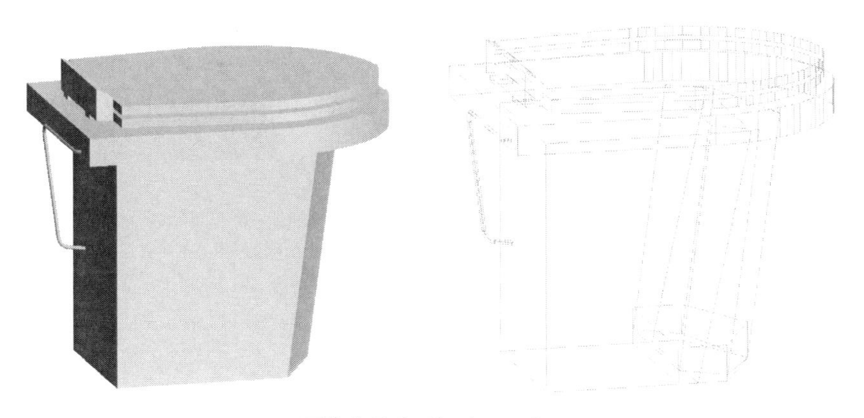

그림 4-7-1: Equipment

1. MY-EQUI-11을 선택한다. X 25, Y 25, Z 6 Box를 생성한다.

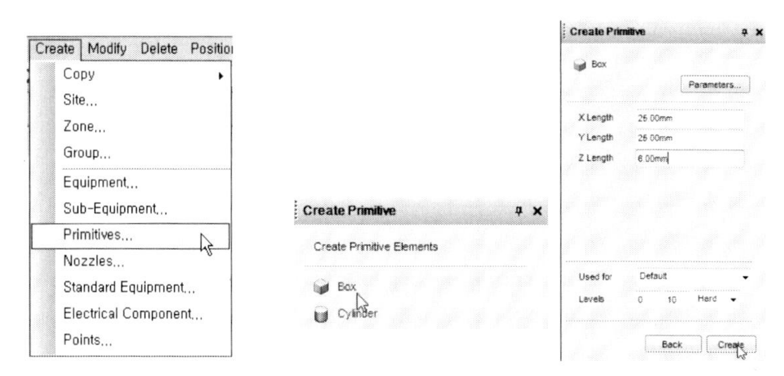

그림 4-7-2: Box

2. Position에서 X 328 Y 380 Z 76 입력하고 Rotate에 Angle 90 Direction About U를 선택하고 Apply Rotation을 선택한다. Next를 선택한다.

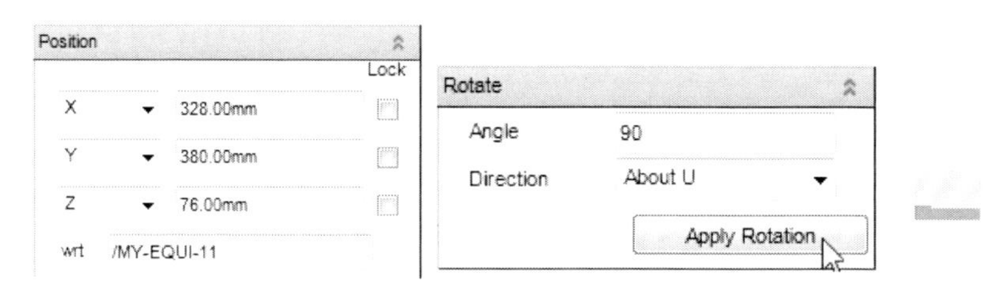

그림 4-7-3: Position

3. BOX 1을 복사한다. BOX 2를 선택하고 Attribute Position에 X 328, Y 380, Z 201을 입력한다.

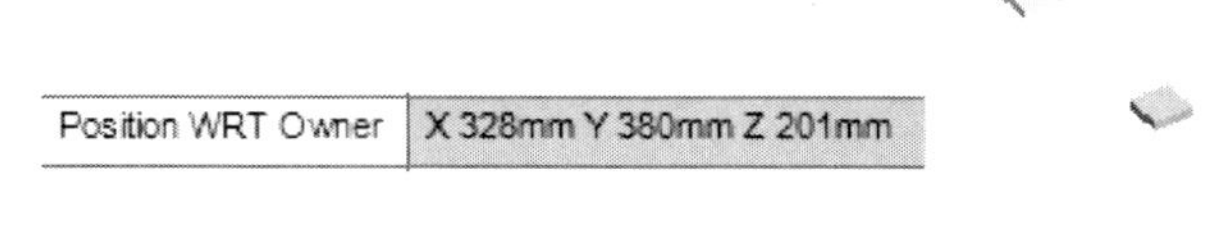

그림 4-7-4: Position

4. 높이 165, 지름 5 Cylinder를 생성한다.

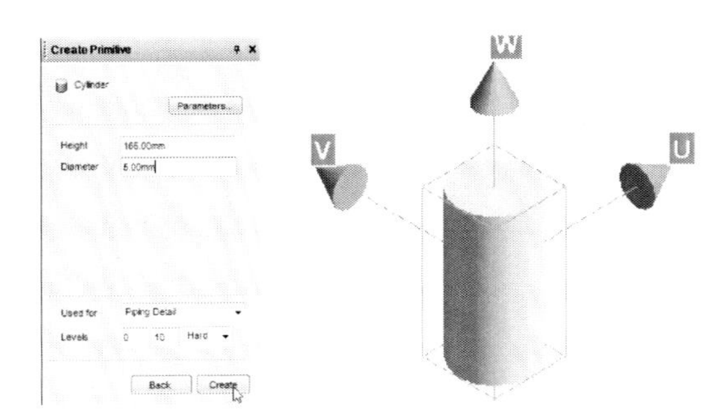

그림 4-7-5: Cylinder

5. Position에서 X 380 Y 347 Z 85 입력하고 Next를 선택한다.

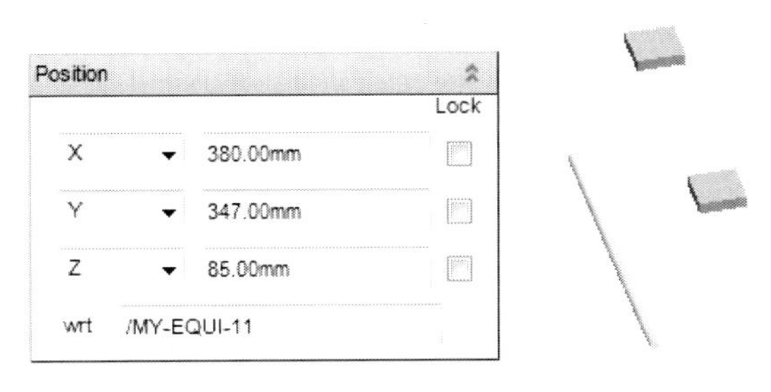

그림 4-7-6: Position

6. 높이 150, 지름 5 Cylinder를 생성한다.

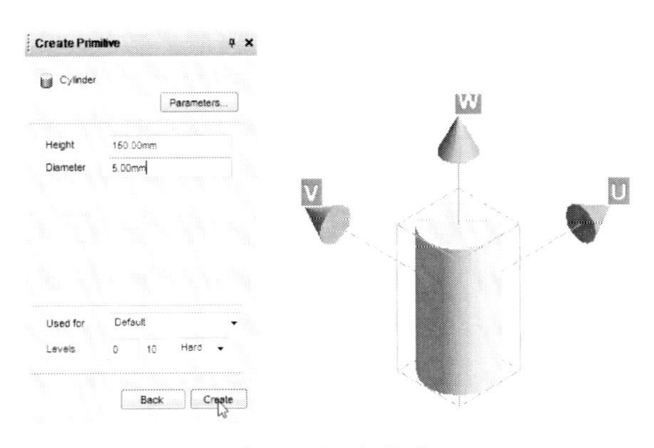

그림 4-7-7: Cylinder

7. Position에서 X 367 Y 255 Z 185 입력하고 Rotate에 Angle 90 Direction About U를 선택하고 Apply Rotation을 선택한다. Next를 선택한다.

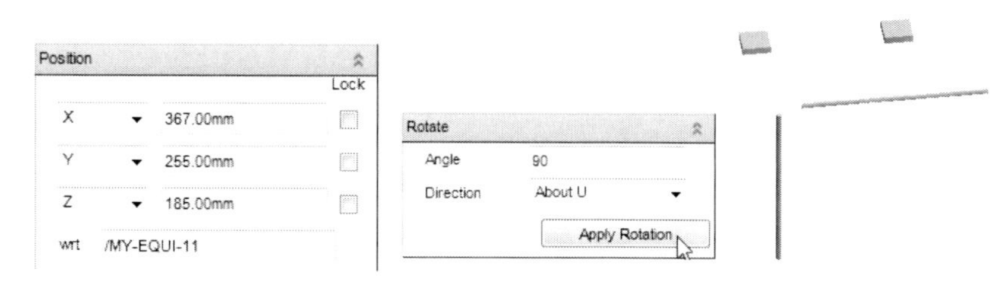

그림 4-7-8: Rotate

8. 높이 25, 지름 5 Cylinder를 생성한다.

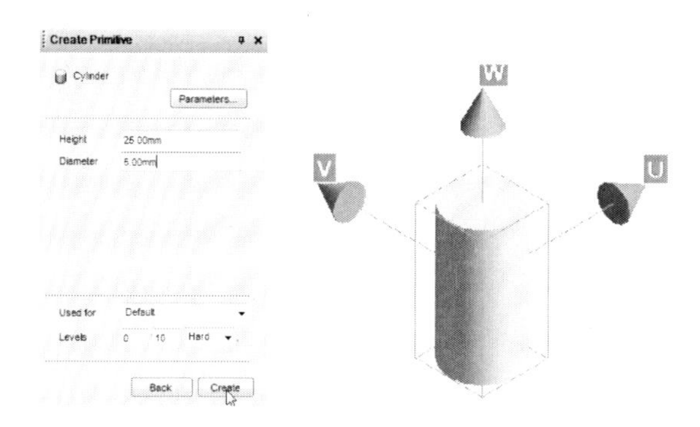

그림 4-7-9: Cylinder

9. Position에서 X 329 Y 163 Z 185 입력하고 Rotate에 Angle 90 Direction About V를 선택하고 Apply Rotation을 선택한다. Next를 선택한다.

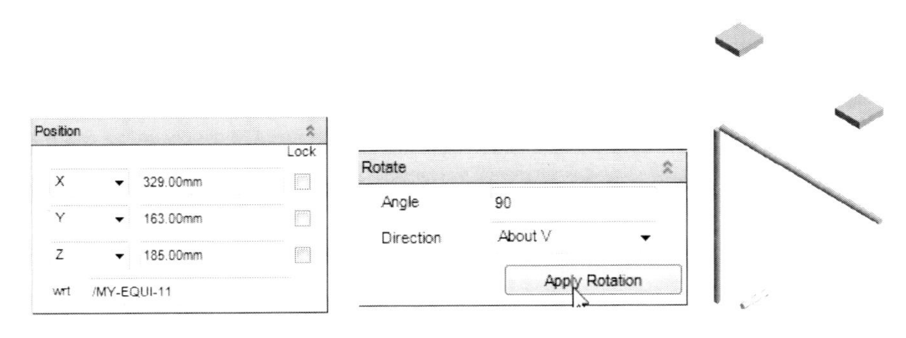

그림 4-7-10: Rotate

10. 높이 4, 지름 5 Cylinder를 생성한다.

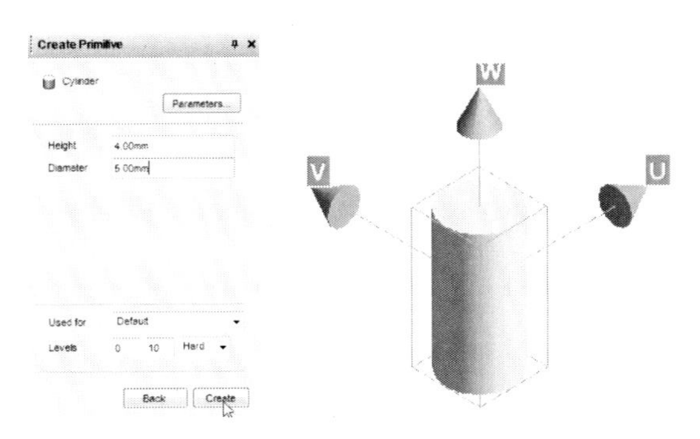

그림 4-7-11: Cylinder

11. Position에서 X 370 Y 347 Z -7 입력하고 Rotate에 Angle 90 Direction About V를 선택하고 Apply Rotation을 선택한다. Next를 선택한다.

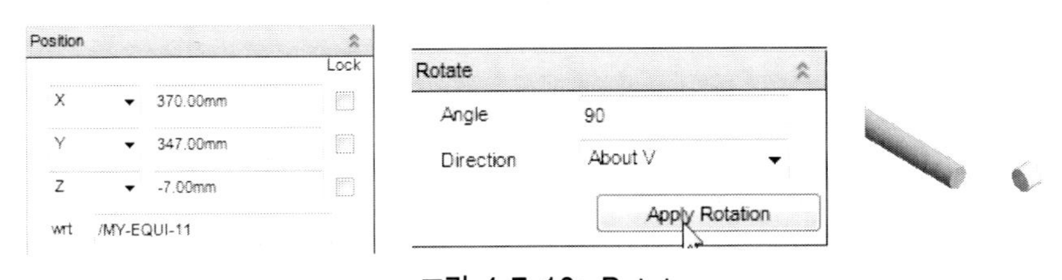

그림 4-7-12: Rotate

12. CYLI 4를 복사한다. CYLI 5를 선택하고 Attribute Position에 X 374, Y 347, Z -5을 입력한다.

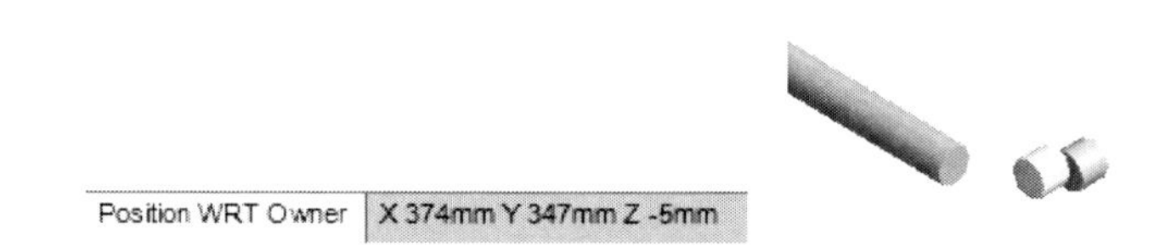

그림 4-7-13: Position

13. Primitives에서 Circular Torus를 선택한다. Inside radius 15, Outside Radius에 20, Angle 90을 입력하고 Create를 선택한다.

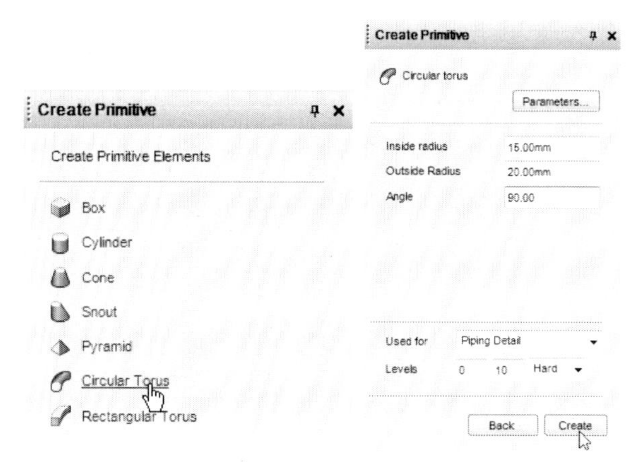

그림 4-7-14: Circular Torus

14. Position에서 X 377 Y 329 Z 168 입력한다. Next를 선택한다.

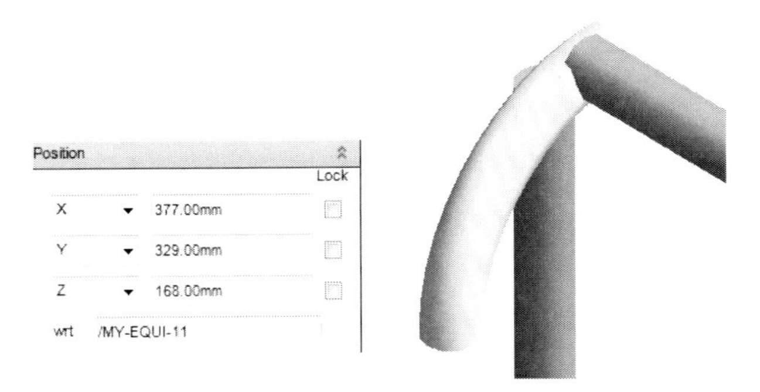

그림 4-7-15: Position

15. Primitives에서 Circular Torus를 선택한다. Inside radius 15, Outside Radius에 20, Angle 75을 입력하고 Create를 선택한다.

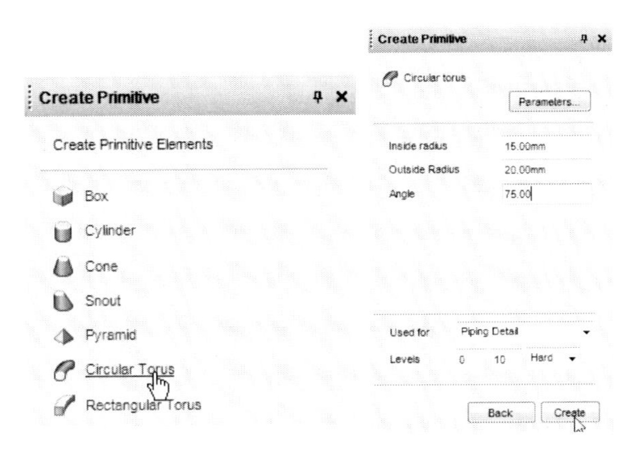

그림 4-7-16: Circular Torus

16. Position에서 X 340 Y 183 Z 185 입력한다. Next를 선택한다.

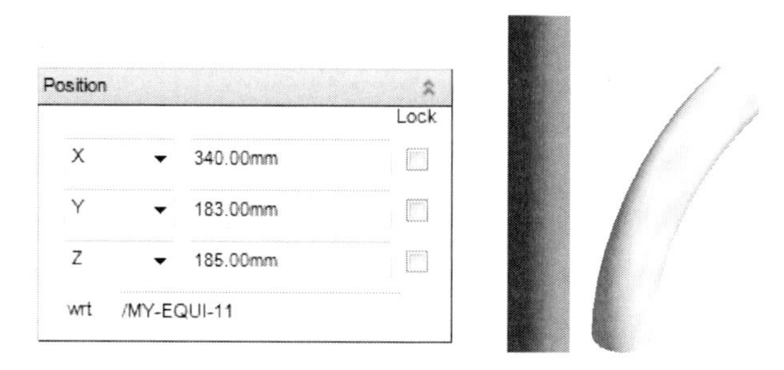

그림 4-7-17: Position

17. Primitives에서 Circular Torus를 선택한다. Inside radius 5, Outside Radius에 10, Angle 58을 입력하고 Create를 선택한다.

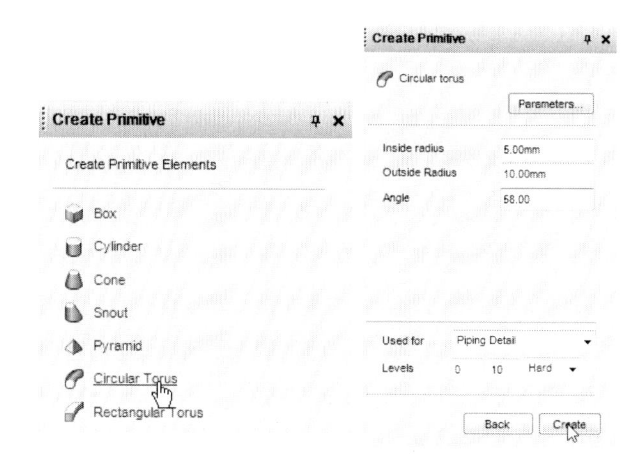

그림 4-7-18: Circular Torus

18. Position에서 X 372 Y 347 Z 2 입력한다. Next를 선택한다.

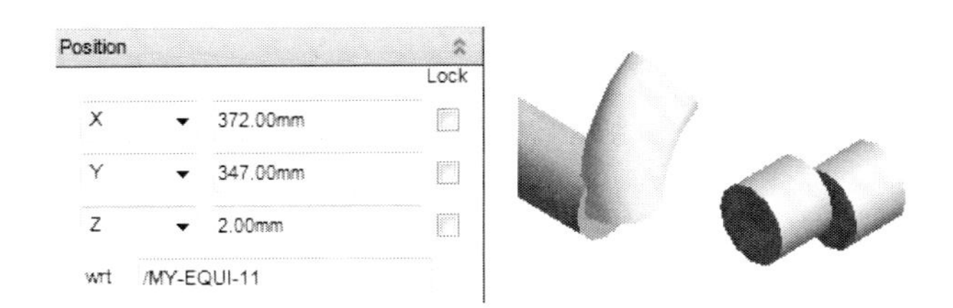

그림 4-7-19: Position

19. 아래 모양을 만든다.

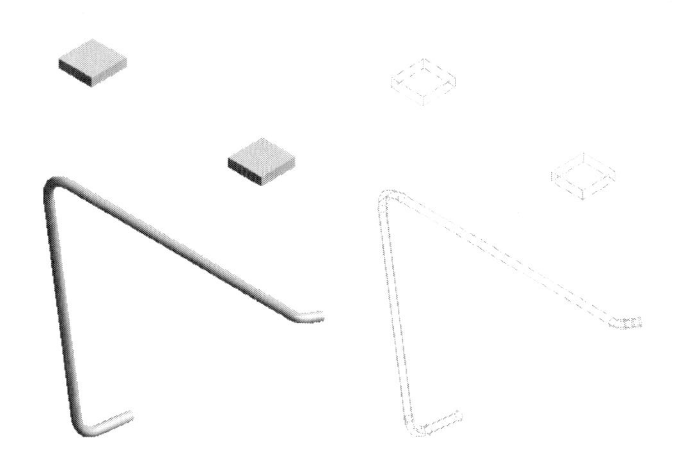

그림 4-7-20: Equipment

20. 아래 모양을 만든다.

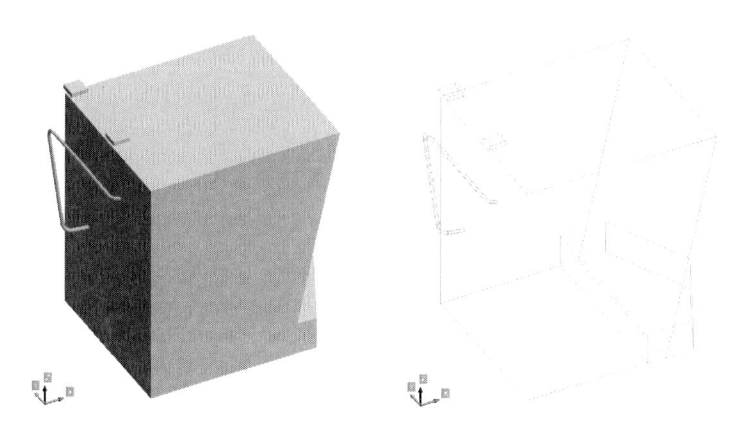

그림 4-7-21: Equipment

21. 아래 모양을 만든다.

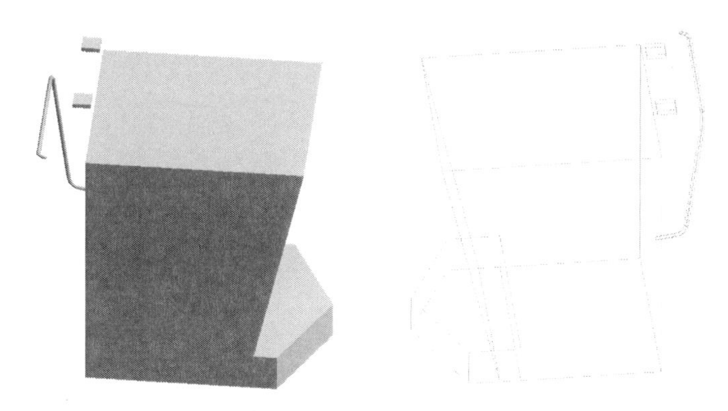

그림 4-7-22: Equipment

저자

이창근

□ (現) 거제대학교 조선기술과 교수

E-mail:lckun@koje.ac.kr

AM OUTFITTING EQUIPMENT 실습 (Aveva Marine 12.1.SP3)

1판 1쇄 인쇄_2017년 12월 05일
1판 1쇄 발행_2017년 12월 13일

지은이_이창근
펴낸이_홍정표
펴낸곳_컴원미디어
등록_제25100-2007-000015호
이메일_edit@gcbook.co.kr

공급처_(주)글로벌콘텐츠출판그룹
대표_홍정표 이사_양정섭 편집디자인_김미미 기획·마케팅_노경민
주소_서울특별시 강동구 천중로 196 정일빌딩 401호
전화_02-488-3280 팩스_02-488-3281
홈페이지_www.gcbook.co.kr

값 15,000원
ISBN 978-89-92475-80-8 93530